“十四五”职业教育国家规划教材

单片机技术项目化教程

C语言版

（第二版）

主　编　彭　勇　聂　进　李　琼

副主编　向云南　徐　明　刘　磊

参　编　谭德权　练红海　袁　泉　蒋志伟

杜　超　易向贤　周　伍　欧明文

龙莉霞　田　琪　陈潇雨　舒紫微

中国轻工业出版社

图书在版编目（CIP）数据

单片机技术项目化教程：C语言版 / 彭勇，聂进，李琼主编. —2版. —北京：中国轻工业出版社，2026. 1

“十四五”职业教育国家规划教材

ISBN 978-7-5184-4920-0

Ⅰ. ①单… Ⅱ. ①彭… ②聂… ③李… Ⅲ. ①单片微型计算机—职业教育—教材 ②C语言—程序设计—职业教育—教材 Ⅳ. ①TP368.1 ②TP312.8

中国国家版本馆CIP数据核字（2024）第069803号

责任编辑：李金慧　　责任终审：简延荣　　设计制作：锋尚设计

策划编辑：张文佳　李金慧　　责任校对：朱　慧　朱燕春　　责任监印：张　可

出版发行：中国轻工业出版社（北京鲁谷东街5号，邮编：100040）

印　　刷：三河市万龙印装有限公司

经　　销：各地新华书店

版　　次：2026年1月第2版第3次印刷

开　　本：787 × 1092　1/16　印张：13.25

字　　数：400千字

书　　号：ISBN 978-7-5184-4920-0　定价：49.80元

邮购电话：010-85119873

发行电话：010-85119832　010-85119912

网　　址：http://www.chlip.com.cn

Email：club@chlip.com.cn

260114J2C203ZBW

第二版前言

《单片机技术项目化教程》一书自2021年出版以来，以其全新的教学理念、鲜明的职业教育特色、仔细认真的内容编辑与精细的编辑出版过程，被评为“十四五”职业教育国家规划教材，为全国广大院校教师与学生所欢迎和使用，同时也收到了很多老师的建议，结合第一版申报“十四五”职业教育国家规划教材时专家给出的审核意见，针对教材选题领域窄、项目选择偏简单等问题，这一版相应做了以下几个方面的修订。

（1）对接汽车电子产品开发、调试、测试等岗位要求，融入技能竞赛要求，依据“1+X”技能证书标准，从点亮、控制、显示、设计、制作五层技能成长路径来重构学习项目。

（2）每个任务由体验任务、探究任务、创新任务层层展开，有机融入思政元素和岗位技能。

（3）将第一版的项目一、二、三、四、五整理压缩后成为这一版的项目一、二；将第一版的项目六分解成这一版的项目三、四；增加A/D检测、EEPROM应用、串口通信等内容到这一版的项目三中。

本教材围绕汽车各相关产品的控制、设计到制作有序展开，能全面落实立德树人的根本任务，培养“懂编程、能调试、会创新”的单片机工程师。本教材主要包括以下几个方面的特点。

1. 技能成才，递进并行，构建育人新生态

紧扣职教特色，力求内容“三新”，搭建“碎片化资源+拓展项目+TT5核心板”多层次资源，支持个性需求；从“点亮、控制、显示、设计、制作”五个层次来提升学生技能，构建课程育人新生态。

2. 青苗成长，多维支持，拓宽育人新维度

突破传统教材结构，融通岗课赛证，将工作流程设置成教学环节，将思政元素融入教学内容，紧扣认知规律与职业活动特征，构建“懂编程—会调试—能创新”能力进阶和“强自信—担使命—凝匠心”素质提升双线，促青苗成长，拓宽协同育人新维度。

3. 目标分层，三步筑梦，形成育人新范式

基于多维资源，开展分层教学：体验任务，“抱着走”，让学生品尝成功，激发学习的积极性；探究任务，“牵着走”，让学生品味成功，激发学习

的能动性；创新任务，“放开走”，让学生品赏成功，激发学习的主动性。形成育人新范式。

本教材由湖南电气职业技术学院彭勇，娄底职业技术学院聂进，湖南工业职业技术学院李琼任主编；湖南理工职业技术学院向云南、澧县职业中专徐明、湖南吉利汽车部件有限公司刘磊任副主编，湖南电气职业技术学院谭德权、练红海、袁泉、蒋志伟、欧明文、龙莉霞、田琪、陈潇雨、舒紫微，澧县职业中专杜超，娄底职业技术学院易向贤、周伍参与编写。彭勇对本书的编写思路和大纲进行了总体规划，指导全书的编写，其中项目一、项目四由彭勇、徐明编写，项目二由聂进、向云南编写，项目三由李琼、刘磊编写，拓展项目由谭德权、练红海、袁泉、蒋志伟、杜超、易向贤、周伍编写，欧明文、龙莉霞、田琪、陈潇雨、舒紫微负责素材搜集、书稿整理和课件制作等。

本书可作为高职高专院校汽车电子技术、新能源汽车技术、汽车智能技术、智能网联汽车技术、应用电子技术、电气自动化技术、电子信息技术、机电一体化等专业的单片机课程教材，也可作为开放大学、成人教育、自学考试、中职学校、培训学校的教材，还可以作为工程技术人员参考书或社会培训机构培训教材。

本书在选题、撰稿到出版的全过程中，得到了湖南吉利汽车部件有限公司、力合科技（湖南）股份有限公司蔡志、杭州海兴电力科技股份有限公司曹强以及湖南电气职业技术学院各位领导和老师的大力支持和帮助，他们提出了许多宝贵的意见和建议，同时在编写过程中参考了多位同行老师的著作及资料，在此一并表示衷心感谢。

为落实推进教育数字化，建设全民终身学习的学习型社会、学习型大国的要求，编写团队以本书为基础搭建《汽车单片机技术》线上课程资源，目前已被湖南省教育厅立项为省级职业教育精品在线开放课程。同时本书配有电子课件、教学视频、硬件电路、软件程序、软件安装包、学习板原理图、PCB图等资源，如有需要请与作者联系，以获得更多免费教学服务支持。

职业教育国家在线精品课程网址：https://www.xueyinonline.com/detail/249968136。

由于时间紧迫和编者水平有限，书中难免会有不妥之处，敬请广大读者和专家批评指正（请发邮件至171865012@qq.com）。

编　者

第一版前言

为全面贯彻中国共产党的教育方针，落实立德树人根本任务，本教材根据高职院校项目式课程教学改革精神，结合编者多年的企业设计与职业教育教学经验，从职业技能要求出发，采用项目引领、任务驱动方式编写。构建了玩转工具软件、玩转LED灯、玩转按键、玩转数码管、玩转定时器、玩转智能小车6个学习项目，每个项目按照知识由简单到复杂、技能由单一到综合的原则设计学习任务。本教材主要包括以下几个方面的特点：

（1）思政融入，修“匠心”

教材编写团队将“工匠精神”“职业精神”“思维教育”“个性教育”等典型案例和精髓渗透到教材行动领域，同时结合知识点与技能点，深度挖掘教材思政元素，将“强信心增本领、树决心勇攀高、铸匠心敢担当、养静心重团结、守恒心谋突破”五心育人与人才培养紧密融合，最大化发挥教材思政的育人价值，达到职业教育的要求，实现“润物细无声”的协同育人效果。

（2）“岗课赛证”融通，磨“匠人”

全书采用项目化设计，以单片机开发人员技能要求为主线设计学习任务，学习任务为仿真任务实施、学习板任务实施、拓展任务实施层层递进。仿真任务和学习板任务的学习内容与岗位技能要求融合，拓展任务的学习内容与技能竞赛融合，每个学习任务的工单与职业技术等级证书标准融合，实现教材教学的“岗课赛证”有机融通，达到丰富课堂的目的。

（3）“三步走”教学策略，筑“匠梦”

“抱着走”：指在仿真任务实施过程中，所有电路搭建过程、程序编制全部由教师给出，学生仅需要跟随步骤一步一步完成即可实现功能，目的在于让学生品尝成功，激发学习的积极性。

“牵着走”：在学生完成仿真任务后，给出学习版学习的任务要求和参考程序，需要学生进行稍加修改才能实现功能，目的在于引导学生开展程序设计，敢于修改程序，让学生品味成功，激发学习的能动性。

“放开走”：在学生完成前面基础任务学习后，进入拓展任务学习，此部分内容只有学习要求，不提供参考电路与参考程序，全部需要学生自己综合前面所学进行电路设计和程序编写与调试来实现功能要求，目的在于让学生品赏成功，激发学习的创新性。

本教材由湖南电气职业技术学院彭勇，娄底职业技术学院聂进，湖南工业职业技术学院李琼任主编；湖南电气职业技术学院覃事刚、练红海，湖南工业职业技术学院彭涛洋任副主编；湖南电气职业技术学院谭德权、彭新、龙莉霞，娄底职业技术学院彭豪、何文静，湖南理工职业技术学院向云南参与编写。彭勇对本书的编写思路和大纲进行了总体规划，指导全书的编写，其中项目一由聂进编写，项目二、项目三由彭勇编写，项目四由李琼编写、项目五由覃事刚编写，项目六由彭涛洋、练红海、谭德权、彭新、向云南、龙莉霞编写，彭豪、何文静负责素材搜集、书稿整理和课件制作等。

本书可作为高职高专院校汽车电子技术专业核心课程、新能源汽车技术专业基础课程《汽车单片机技术》服务，也可作为其他汽车专业、汽车智能技术、汽车智能网联技术、汽车运用技术、应用电子技术、电气自动化技术、电子信息技术、机电一体化等专业的《单片机技术》课程教材，也可作为开放大学、成人教育、自学考试、中职学校、培训学校的教材，还可以作为工程技术人员参考书或社会培训机构培训教材。

本书在选题、撰稿到出版的全过程中，得到了力合科技（湖南）股份有限公司蔡志、杭州海兴电力科技股份有限公司曹强以及湖南电气职业技术学院各位领导和老师的大力支持和帮助，他们提出了许多宝贵的意见和建议，同时在编写过程中参考了多位同行老师的著作及资料，在此一并表示衷心感谢。

为落实推进教育数字化，建设全民终身学习的学习型社会、学习型大国的要求，编写团队以本书为基础搭建《汽车单片机技术》线上课程资源，目前已被湖南省教育厅立项为省级职业教育精品在线开放课程。同时本书配有电子课件、教学视频、硬件电路、软件程序、软件安装包、学习板原理图、PCB图等资源，如有需要请与中国轻工业出版社编辑或作者联系，以获得更多免费教学服务支持。

省级在线开放课程

由于时间紧迫和编者水平有限，书中难免会有不妥之处，敬请广大读者和专家批评指正（请发邮件至171865012@qq.com）。

编　者

学习指南

一、这门课会讲什么?

本书由汽车灯光系统控制、汽车交互系统显示、汽车舒适系统设计、汽车智能控制系统制作、拓展项目五大部分组成，适用于拓展课程、专业课程、核心课程教学。教学任务以仿真软件和学习板为载体展开，依据企业实际工作流程，创设“虚实相生”的教学形态，突破教学重难点，以保证训练内容与工作流程一致。在精心的程序编制中融入匠心，在精细的程序仿真中驱动匠技，在精确的电路设计中体验匠人，在精致的产品调试中感悟匠梦，全面提升学生的核心素养。

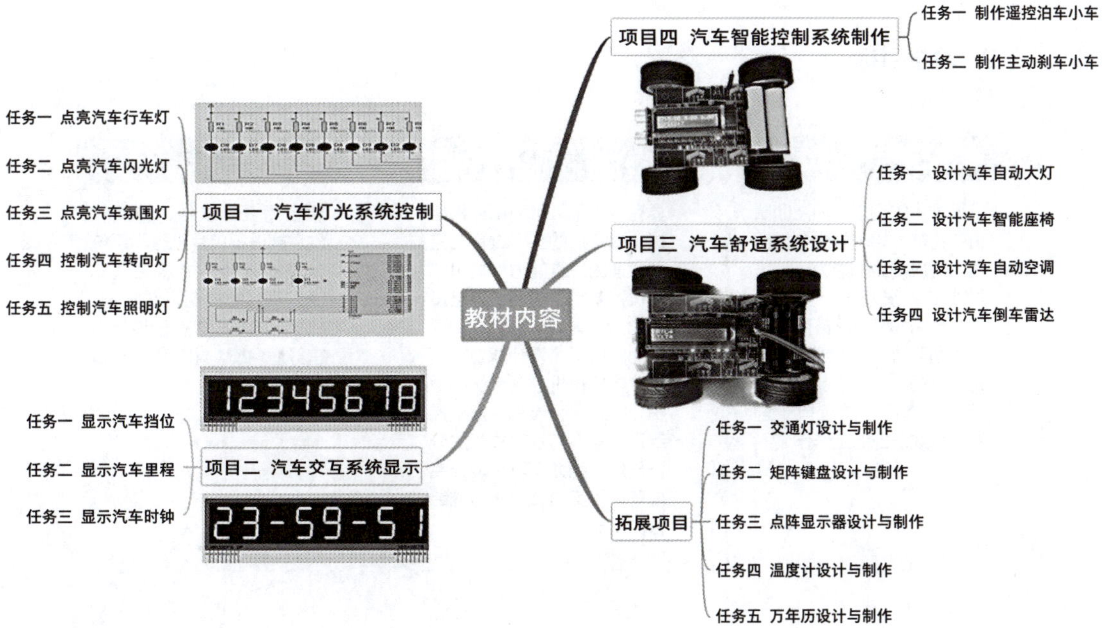

二、你将收获什么?

1. 学习分级路径

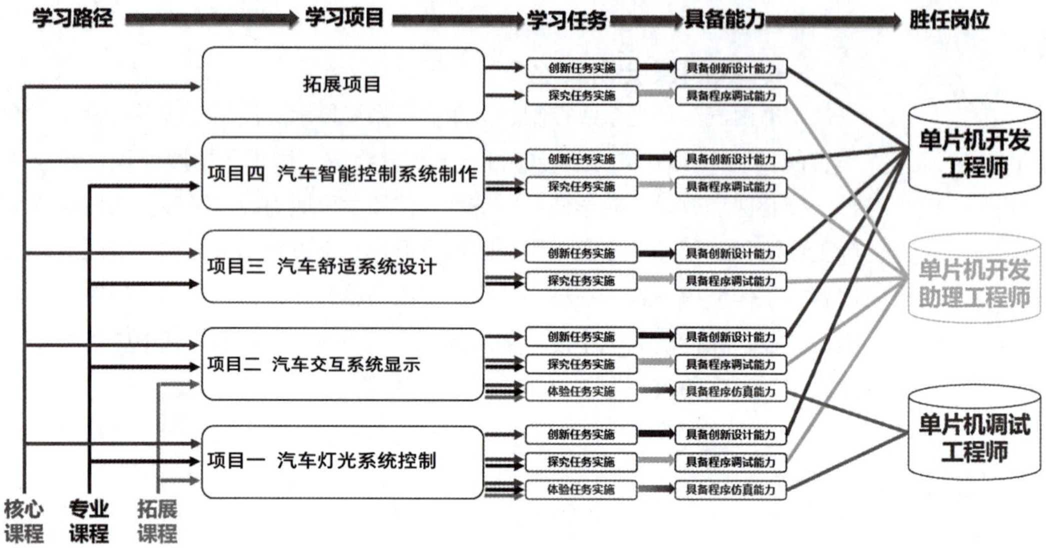

2. 教学目标

素质目标

培养学生的沟通能力及团队协作精神；培养学生分析问题、解决问题的能力；培养学生的质量意识、安全意识、创新意识；具备自主学习、团队协作、精细严谨、持之以恒、守正创新、勇毅前行的态度；具有勇于创新、敬业乐业的工作作风

知识目标

具有分析单片机内部结构组成，单片机的工作过程与控制原理的思维能力；具有单片机控制电路的硬件电路设计能力；具有单片机控制程序的软件程序设计能力；具有分析单片机控制系统的逻辑思维能力；具有单片机控制系统硬件与软件故障的分析与处理能力；具有设计完成各项目实践操作任务的综合应用能力

能力目标

能应用KEIL软件、仿真软件；能进行单片机最小系统电路的设计；能点亮汽车LED灯；能控制汽车按键；能显示汽车仪表；能设计汽车舒适系统；能制作汽车智能控制系统

三、适合什么人学习

本教材针对零基础或者基础薄弱的学习者构建，适用于高等院校及职业院校汽车智能技术、新能源汽车技术、汽车检测与维修技术、应用电子技术、电子通信工程、机电一体化等专业的在校学生，同时也适用于企业员工的技术培训及对单片机感兴趣的社会人士。

四、学习载体

1. KEIL软件及应用

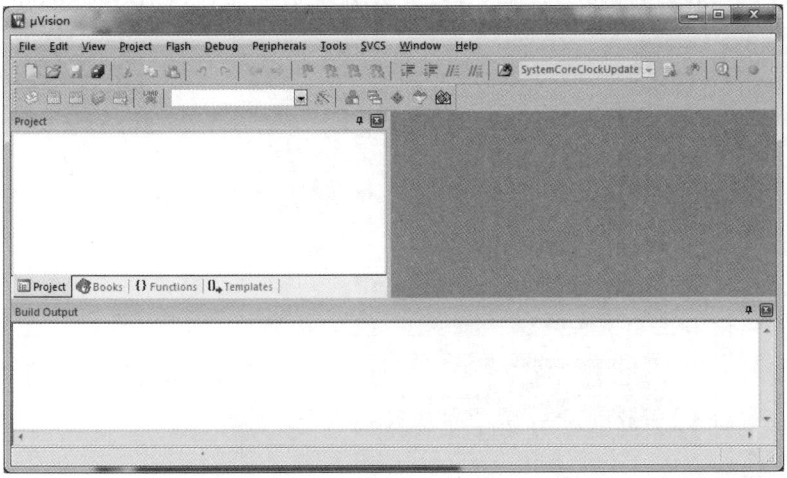

KEIL软件的应用

2. PROTEUS软件及应用

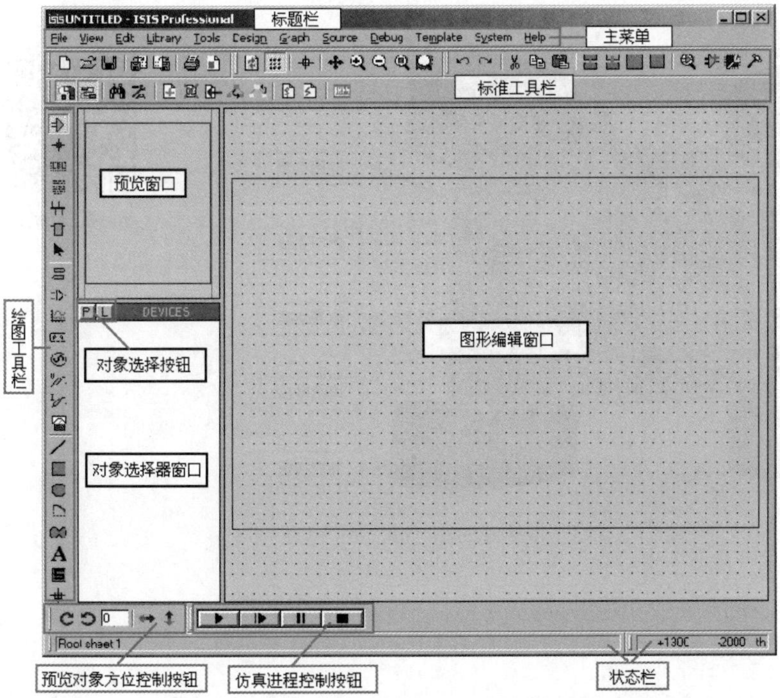

单片机仿真软件应用

3. STC-ISP软件及应用

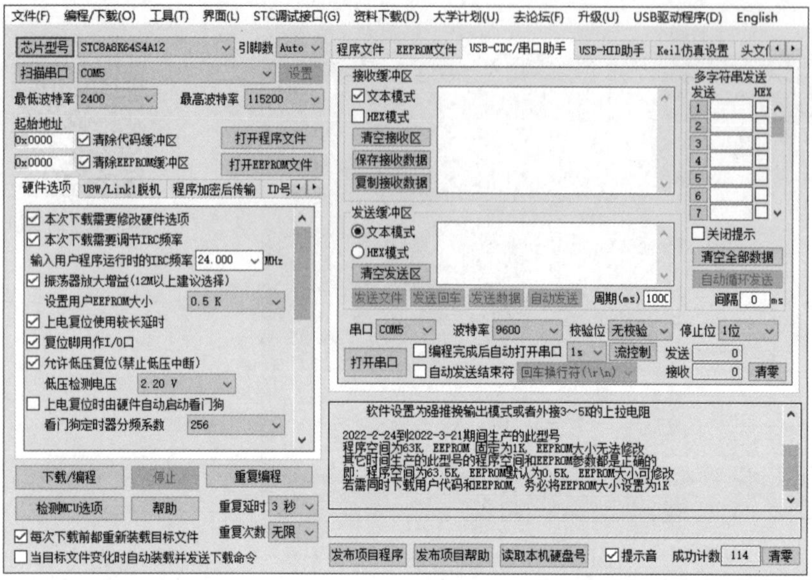

STC-ISP软件应用

4. 学习板TT5

学习板TT5简介

5. 省级在线精品开放课程

学习板TT5组装

省级在线开放课程地址：https://www.xueyinonline.com/detail/241392936。

6. 资源获取方式

学习板TT5的项目任务参考程序、原理图、PCB图以及单片机开发软件、单片机仿真软件等资源的获取请与作者联系（171865012@qq.com）。

目 录

项目一　汽车灯光系统控制

本项目以点亮汽车行车灯、点亮汽车闪光灯、点亮汽车氛围灯、控制汽车转向灯、控制汽车照明灯为实例，介绍C语言的基本指令结构、函数形式、LED点亮、按键控制等知识，通过对Proteus软件仿真、相关知识学习、单片机学习板TT5的实战，创新任务实施，达到对LED灯点亮和按键控制的目标。

引导视频

【知识目标】

1. 能描述C语言的基本指令结构、函数形式、语句、数据类型、常量、变量、赋值运算、进制转换、关系运算、算术运算、自增、自减运算、逻辑运算、位运算、移位运算的基本组成与应用。
2. 能描述单片机的工作条件。
3. 能描述while、if、for语句的基本组成与应用。
4. 能描述按键抖动产生的原因及消除方法。
5. 能描述有无符号字符形变量的区别。

【技能目标】

1. 能设计、搭建点亮汽车行车灯电路，能编制、调试、应用其程序。
2. 能设计、搭建点亮汽车闪光灯电路，能编制、调试、应用其程序。
3. 能设计、搭建点亮汽车氛围灯电路，能编制、调试、应用其程序。
4. 能设计、搭建控制汽车转向灯电路，能编制、调试、应用其程序。
5. 能设计、搭建控制汽车照明灯电路，能编制、调试、应用其程序。

【素质目标】

1. 培养学生的沟通能力及团队协作精神。
2. 培养学生的质量意识、安全意识。

任务一　点亮汽车行车灯

【任务目标】

知识目标	技能目标
1. 能描述C语言的基本指令结构、函数形式、while语句基本组成与应用 2. 能描述单片机的工作条件	1. 能进行汽车行车灯仿真电路搭建 2. 能进行汽车行车灯控制程序编制、硬件调试、创新应用

【任务描述】

本任务要求实现点亮1个LED灯来模拟汽车行车灯。通过本任务学习，要求学习者能进行LED灯控制电路设计、程序编制、仿真调试、硬件调试和创新应用。

【体验任务实施】

体验任务引导视频

1. 任务要求

在仿真软件中点亮一个LED灯。

2. 电路设计

点亮汽车行车灯仿真展示电路设计如图1-1所示。

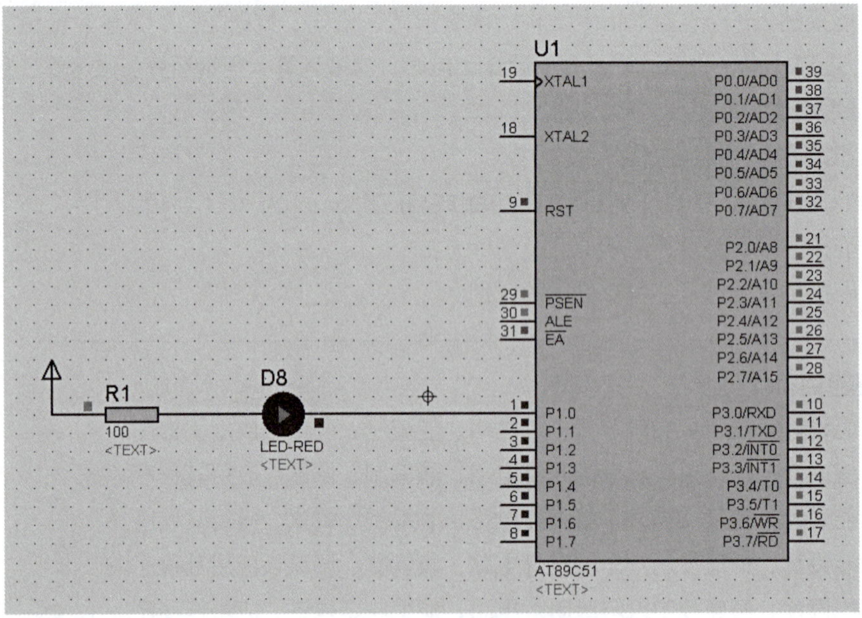

图1-1　点亮汽车行车灯仿真展示电路设计图

3. 程序设计

（1）仿真源程序

```
#include<reg51.h> //引用头文件
void main( )        //主程序
{
while(1)            //循环指令，一直执行下面括号中的内容
{
P1=0X00;            //P1口输出低电平
}
}
```

（2）程序设计流程图

点亮汽车行车灯程序设计流程如图1-2所示。

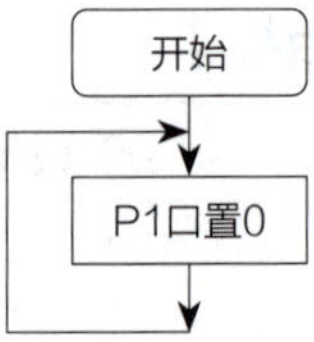

图1-2　点亮汽车行车灯程序设计流程图

4. 仿真调试

（1）启动Keil µVision5，如图1-3所示。

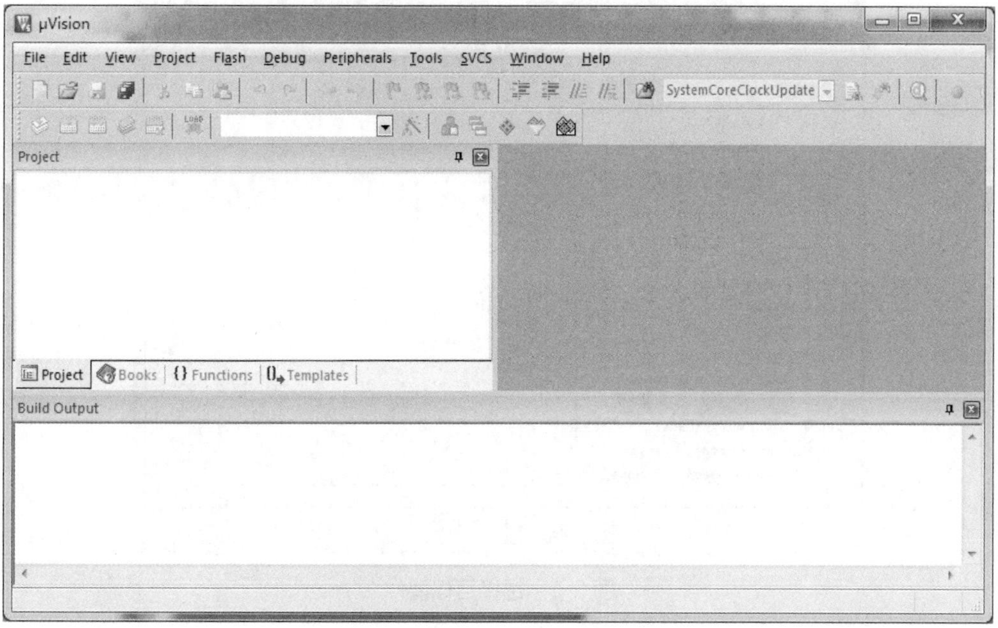

图1-3 Keil µVision5软件界面

（2）新建工程

①单击“Project”→“New µVision Project...”菜单命令，打开“Create New Project”对话框，选择文件夹（自定义），输入文件名（例Test01），单击“保存”，如图1-4所示。

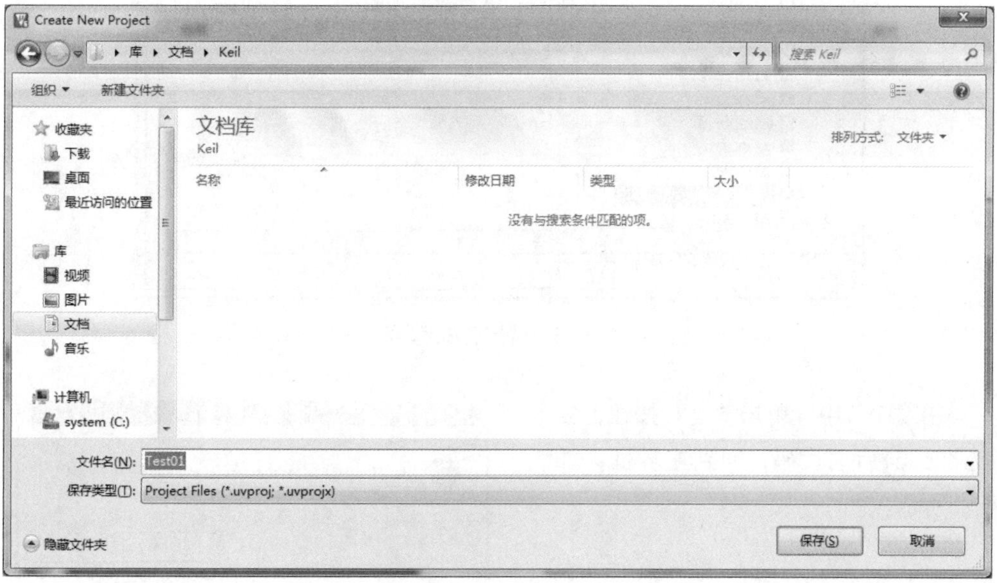

图1-4 建立工程文件

②选择CPU型号，在图1-5中，单击左侧列表中［Atmel］项前面的“+”号，单击选择其中的“AT89C51”，如图1-6所示，然后单击“OK”按钮。

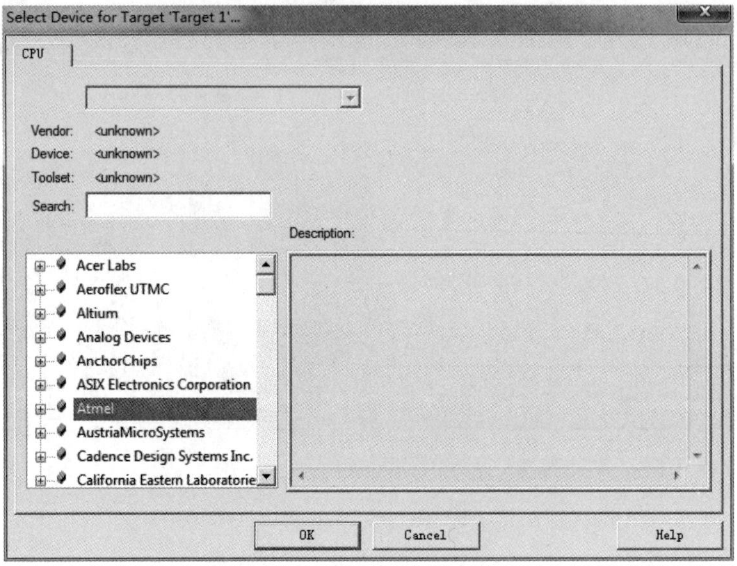

图1-5　选择目标器件

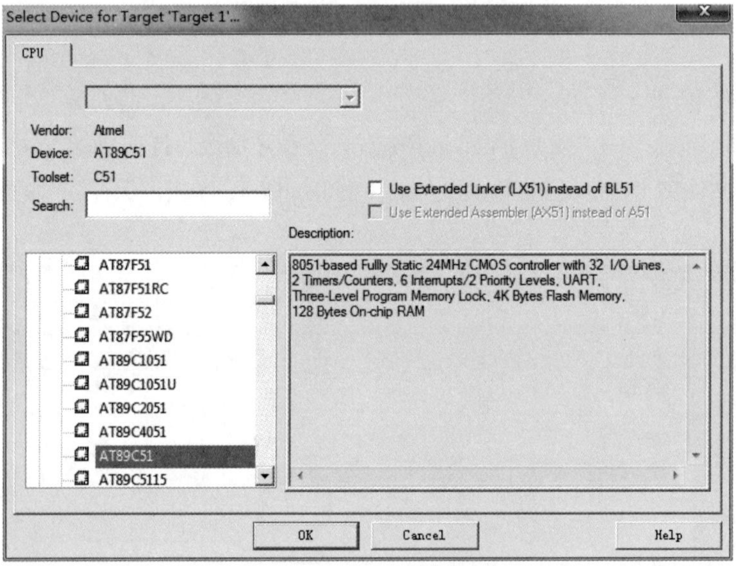

图1-6　选择CPU型号

③在图1-7中，单击“是”按钮，复制标准8051启动代码，回到主界面，如图1-8所示。

图1-7　复制标准8051启动代码选择窗口

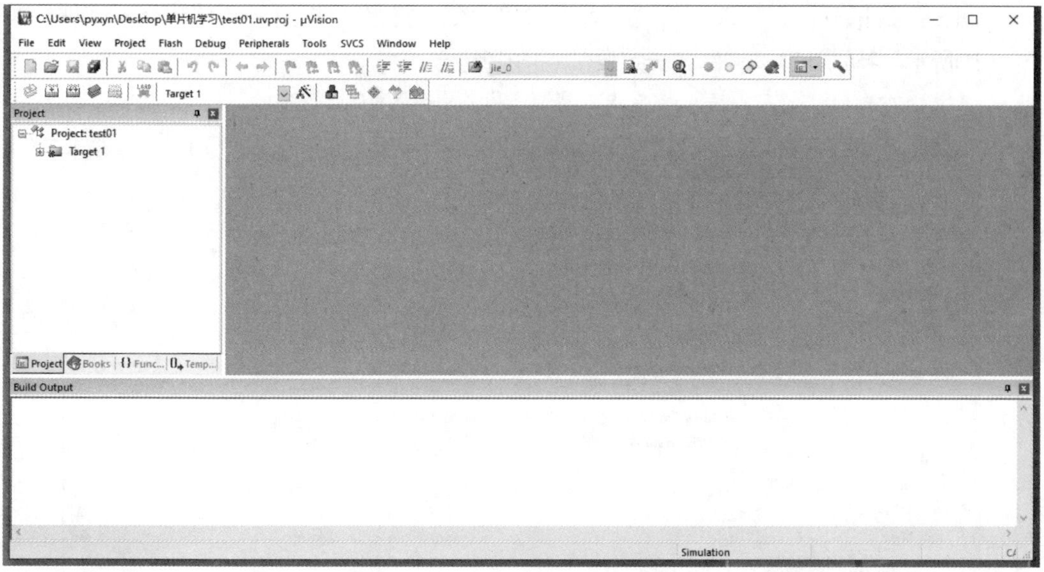

图1-8　建立工程后的主界面

（3）新建文件

①单击“File”→“New”菜单命令，出现如图1-9所示文本编辑窗口，在该窗口中输入源程序。

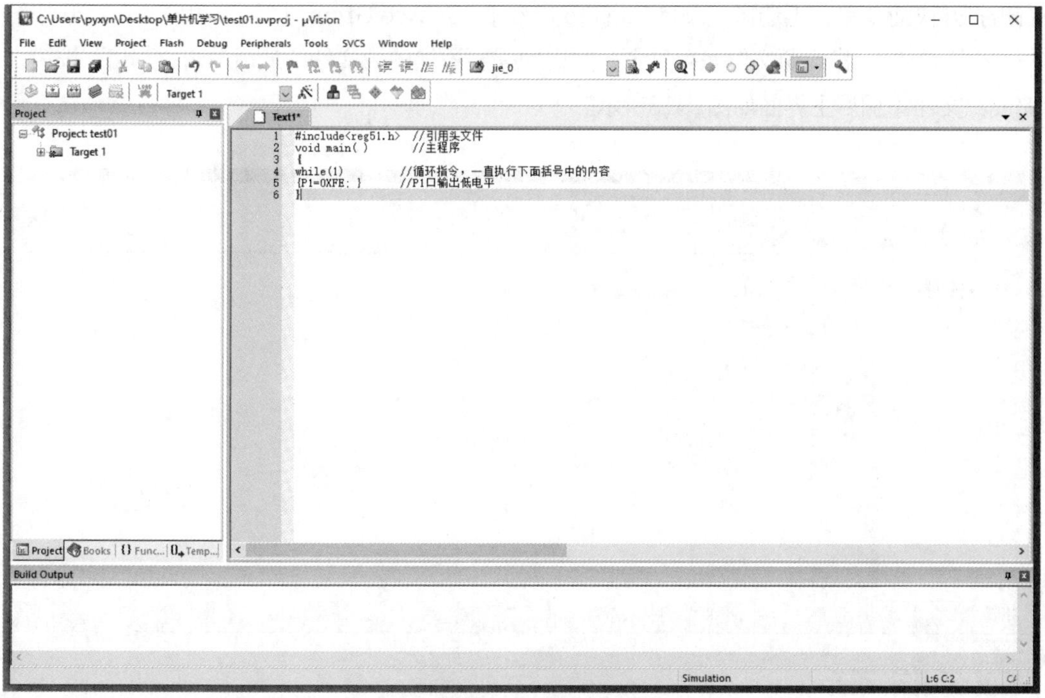

图1-9　文本编辑窗口

②保存文件，单击“File”→“Save”菜单命令，将源文件保存为C语言格式文件，如图1-10所示。特别注意：文件名一定要带.c扩展名。

图1-10　源程序保存

③添加文件到项目工程中，在图1-11中双击工程管理窗口中的“Source Group 1”或右击打开快捷菜单，再选择“Add Files to Group‘Source Group 1’”菜单命令，打开如图1-12所示窗口，找到源文件保存目录，并选中需要添加的源文件，最后单击“Add”按钮，完成源文件添加后主界面如图1-13所示。

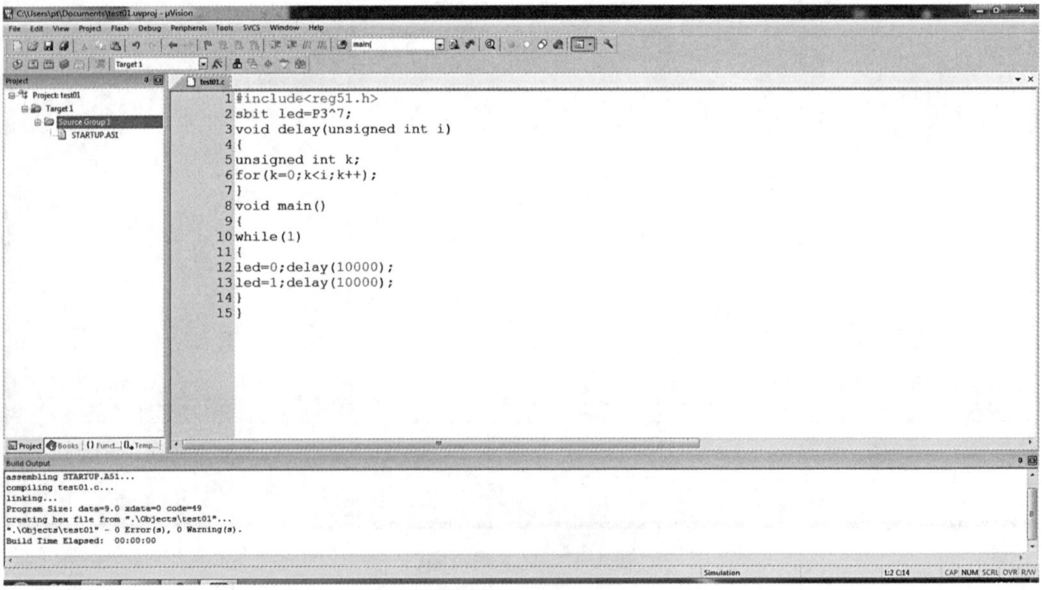

图1-11　添加源文件

图1-12　选择添加源文件

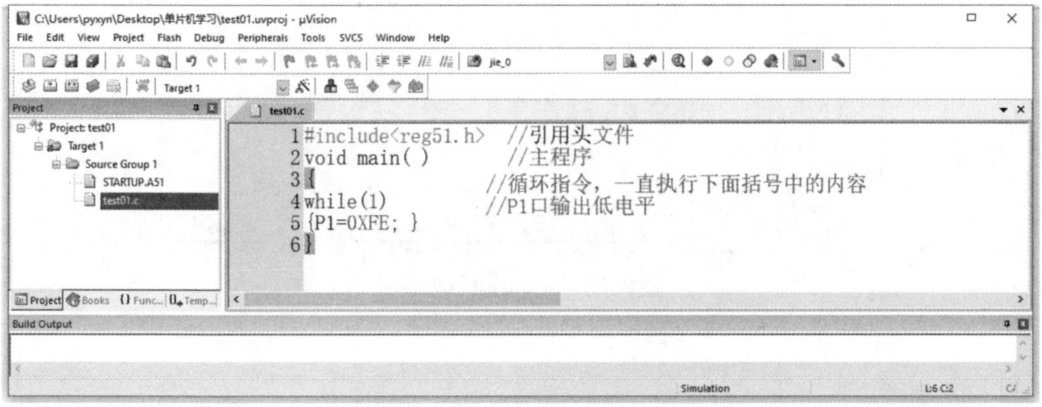

图1-13　添加源文件后的主界面

（4）配置工程属性

①右击“Target 1”位置，选择“Options for Target ‘Target 1’”快捷命令，如图1-14所示。

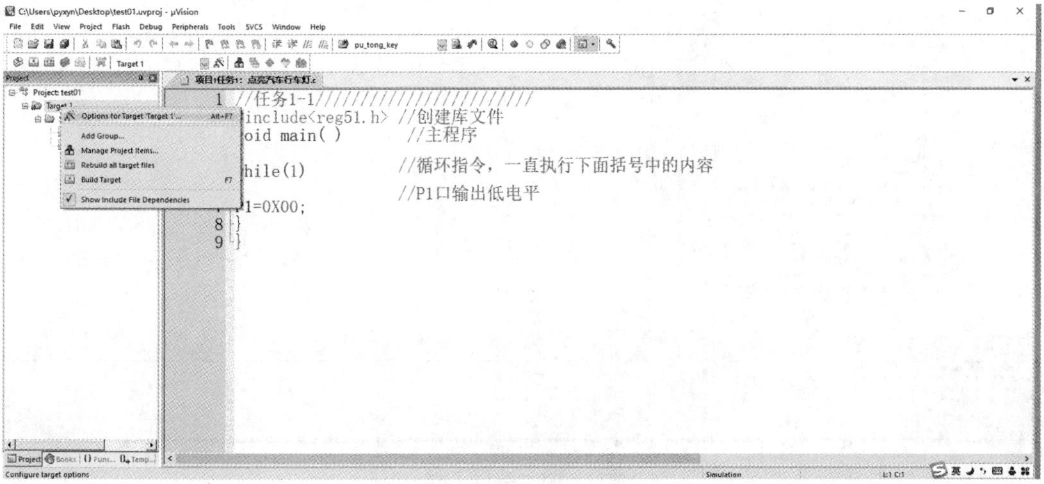

图1-14　配置工程属性

②单击“Output”选项卡，选中“Create HEX File”复选框，再单击“OK”按钮，如图1-15所示。

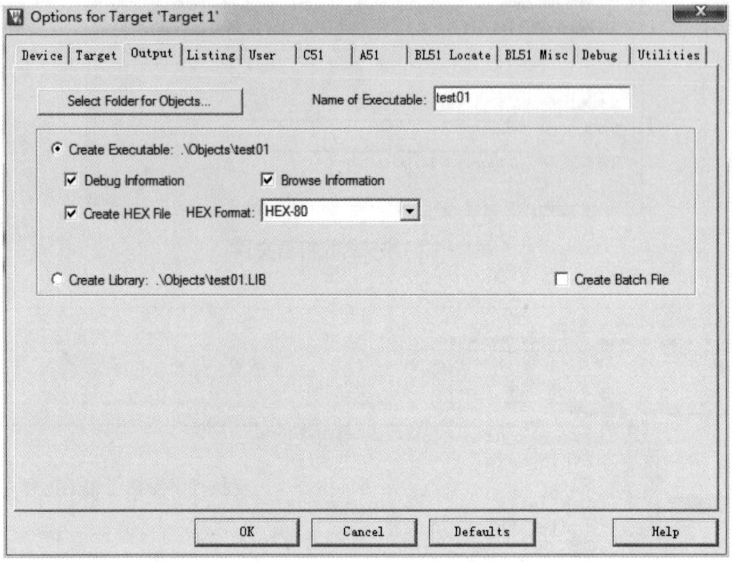

图1-15 “Output”选项卡

（5）编译文件

①在主界面中，单击“Project”→“Build target”菜单命令，对工程进行编译，如图1-16所示。也可单击“Rebuild all target files”对所有工程文件进行重新编译。

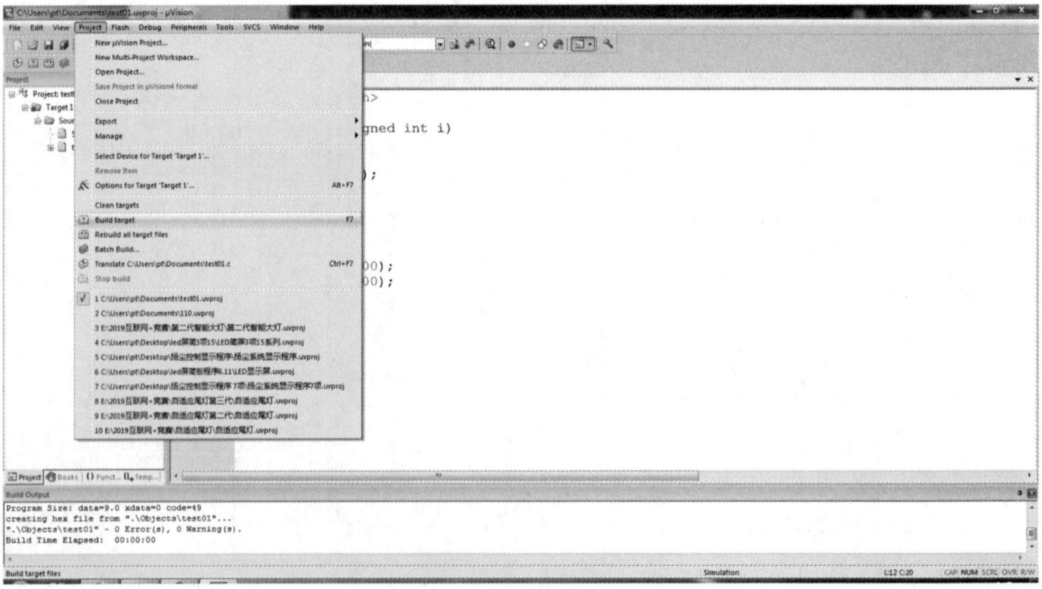

图1-16 编程工程

②编译完成后，在输出窗口查看编译结果信息，如图1-17所示。

输出结果信息意义：

第1行：编辑后程序大小。

第2行：生成HEX文件。

第3行：程序有0个错误，0个警告。

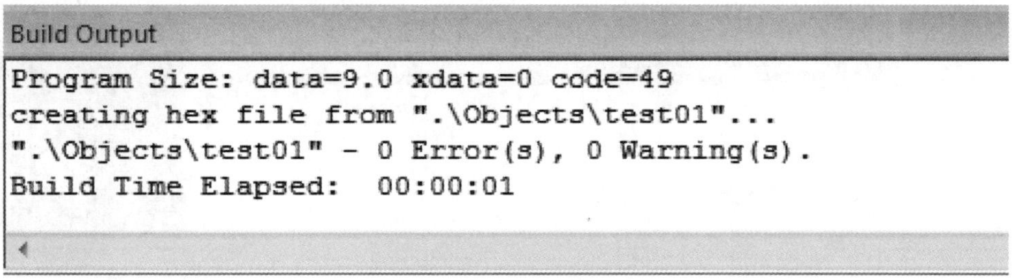

图1-17　编译结果显示

（6）打开单片机仿真软件，放置单片机

在元件放置模式下单击“P”按钮，输入关键字“AT89C51”，选中“AT89C51”元件，单击“OK”按钮，放置单片机到合适位置，如图1-18所示。

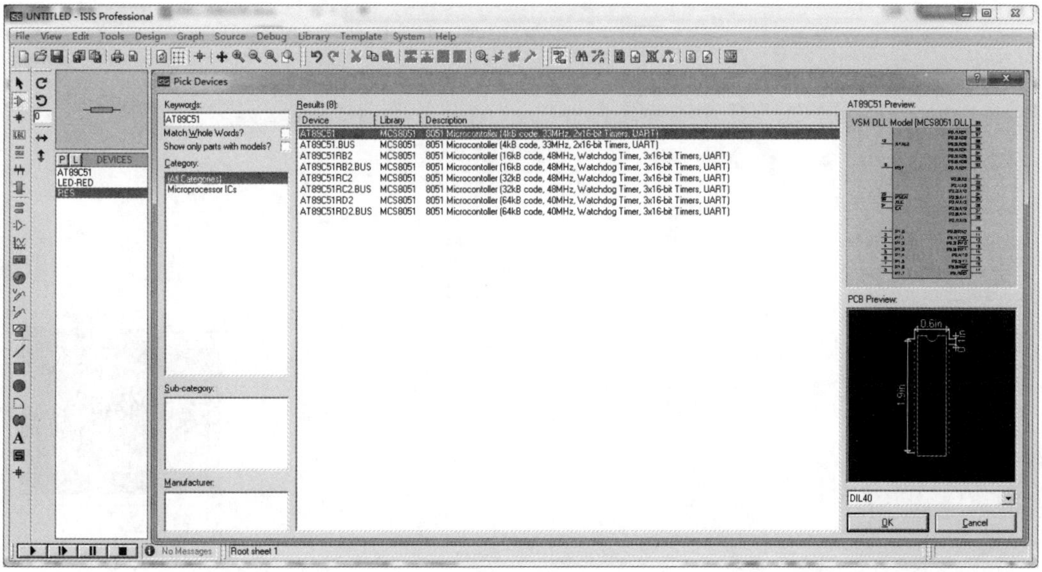

图1-18　放置单片机

（7）放置LED灯

在元件放置模式下单击“P”按钮，输入关键字“led”，选中“LED-RED”元件，单击“OK”按钮，放置LED灯到合适位置，如图1-19所示。

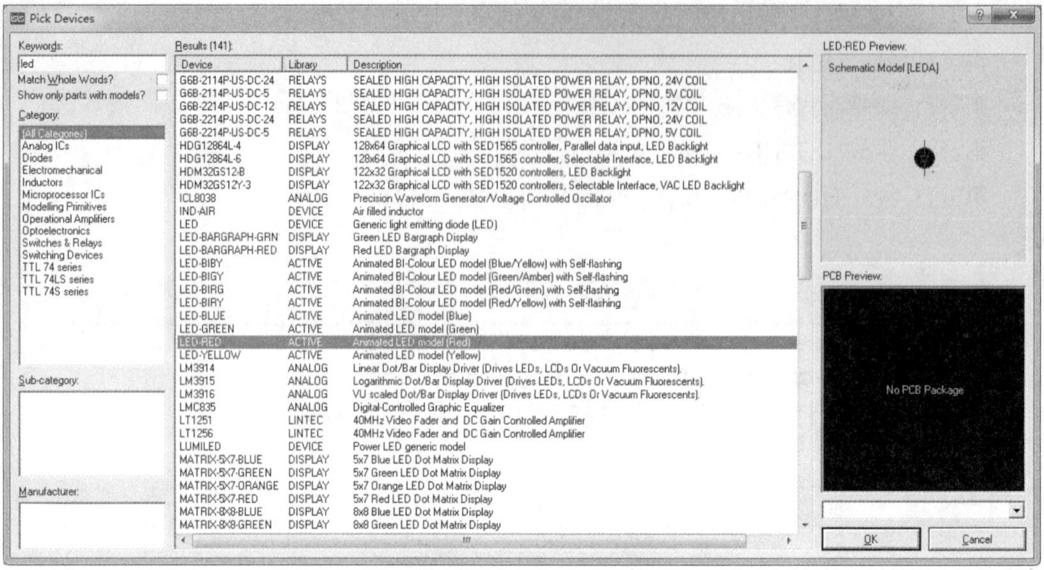

图1-19　放置LED灯

（8）放置电阻

在元件放置模式下单击“P”按钮，输入关键字“res”，选中“RES”元件，单击“OK”按钮，放置电阻到合适位置，如图1-20所示。

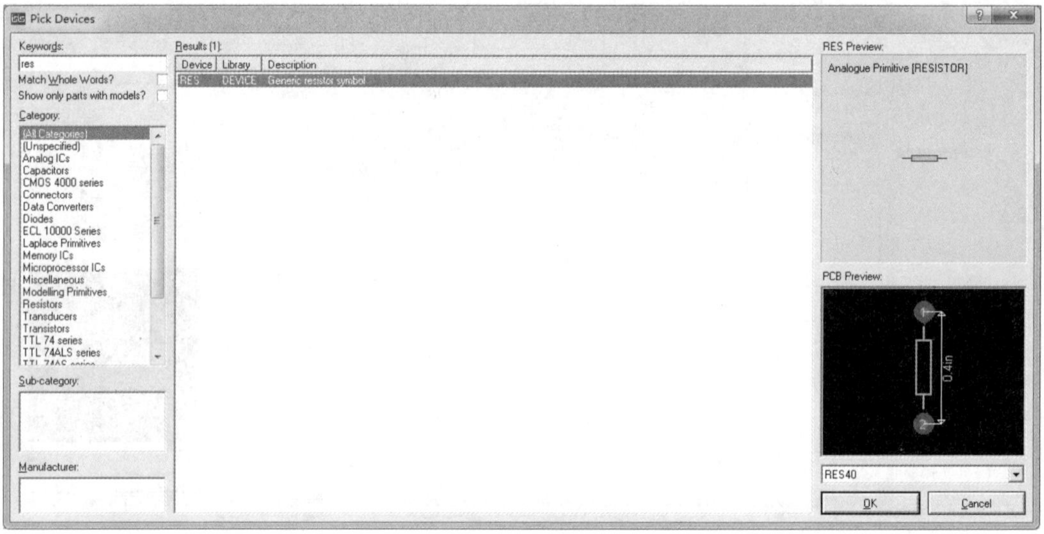

图1-20　放置电阻

（9）修改电阻参数

双击电子元件，在元件属性窗口中的“Resistance”栏输入100，单击“OK”按钮，如图1-21所示。此时设置电阻R1的阻值为100Ω，阻值越大，LED灯亮度越低，一般设计值在100～500Ω。

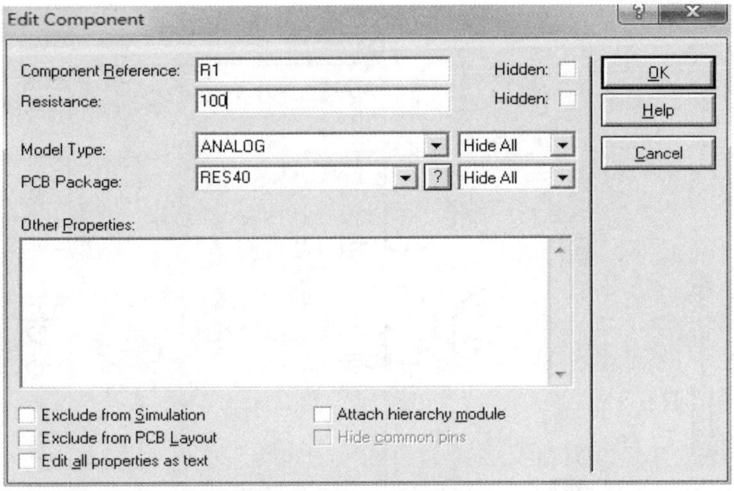

图1-21　修改电阻参数

（10）放置电源

在图形编辑窗口空白区域，右击鼠标选择“Place”、选择“Terminal”、选择“POWER”菜单命令，放置电源到合适位置，如图1-22所示。

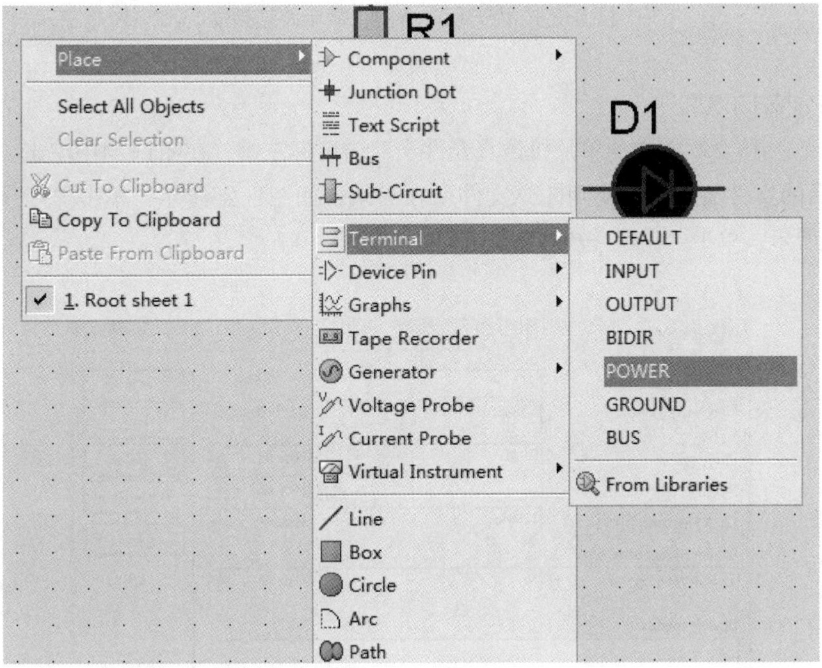

图1-22　放置电源

（11）连接电路

连接电路，如图1-23所示。

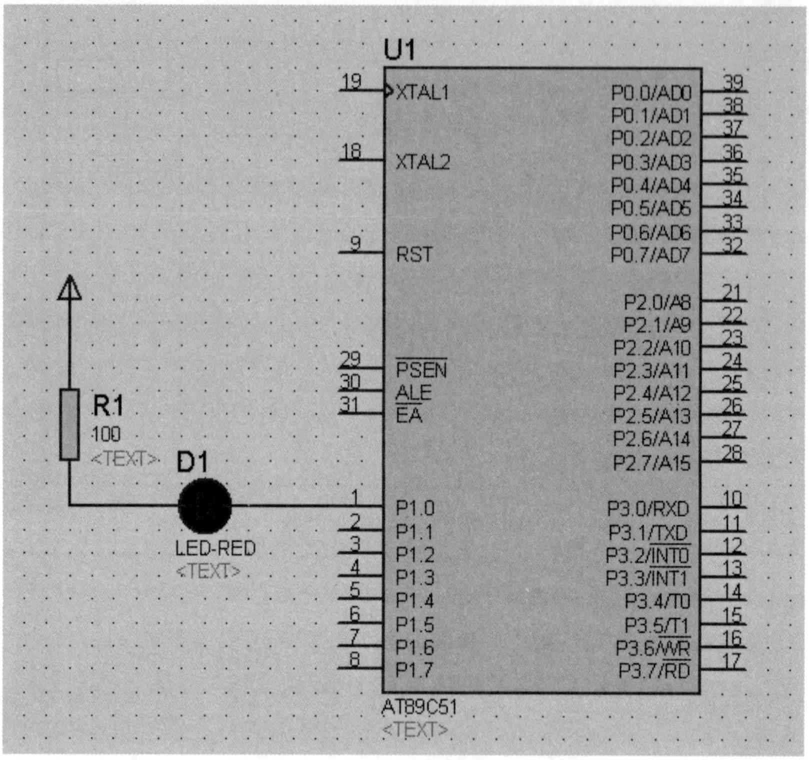

图1-23　点亮汽车大灯仿真电路连接图

（12）加载HEX文件

在Proteus仿真软件中的单片机仿真元件上双击鼠标左键，在图1-24中单击“Program File”栏后的文件夹图标，找到HEX文件所在目录，如图1-25所示，单击“打开”按钮，如图1-26所示，单击“OK”按钮完成HEX文件加载。

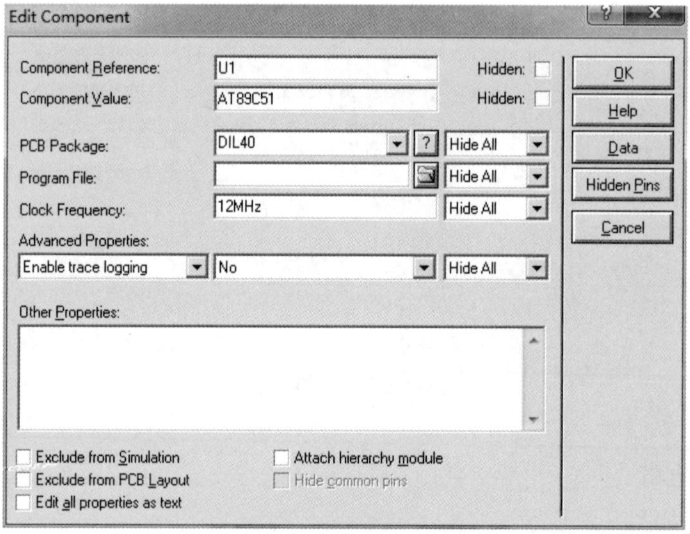

图1-24　加载HEX文件

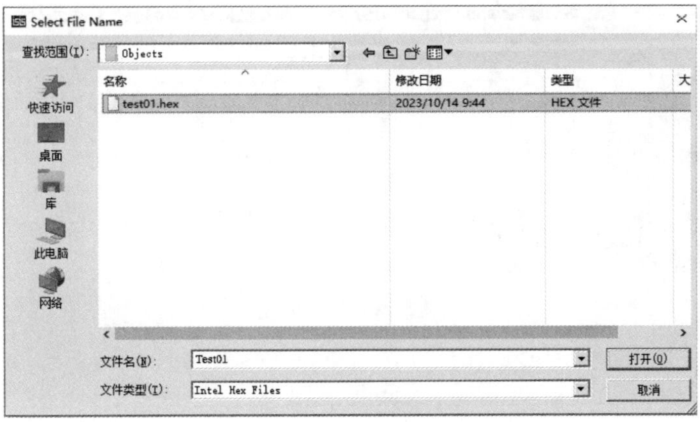

图1-25 找到HEX文件

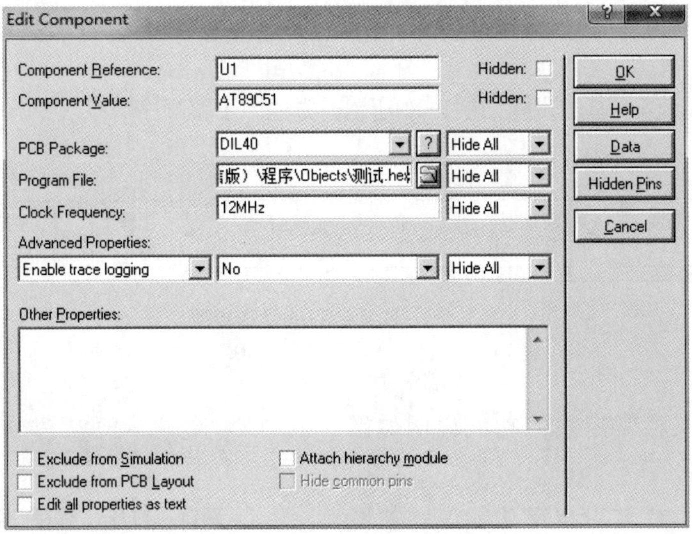

图1-26 加载HEX文件完成

（13）仿真结果

单击图1-27所示图标，可实现全部运行、单步运行、暂停、停止功能。

仿真结果：单击全部运行，LED灯点亮；单击停止，LED灯熄灭。

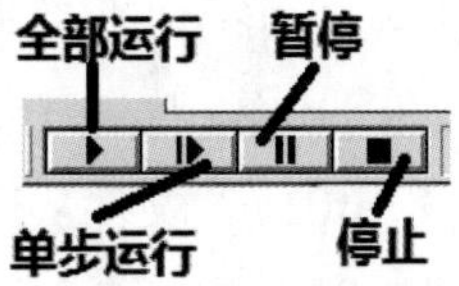

图1-27 仿真按钮功能图示

【注意事项】

①编译出错结果信息如图1-28所示。

错误信息结果分析：

信息： test01.c（12）： error C202： ‘led’： undefined identifier

意义： 文件中12行 错误， ‘led’变量 未定义

在源程序中修改错误，再次编译，直到没有错误才会成功生成十六进制HEX文件。

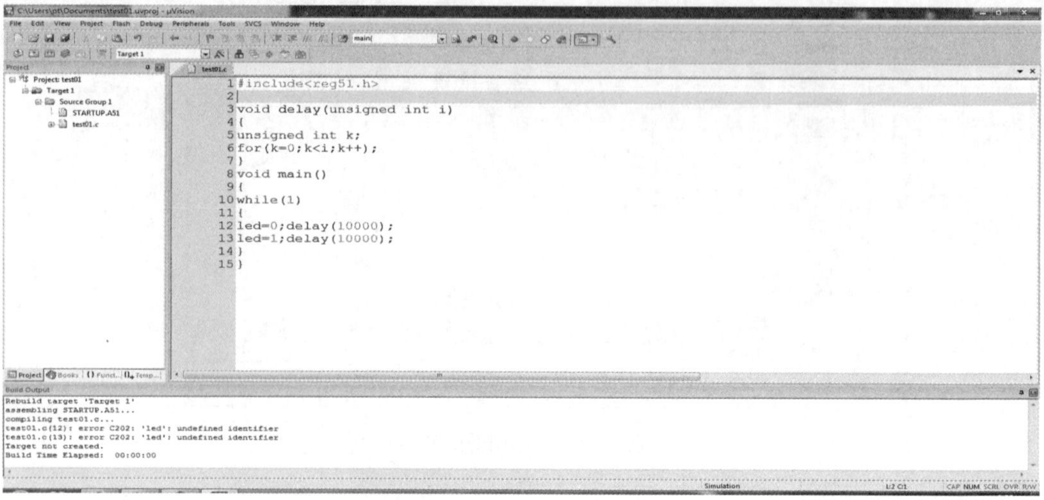

图1-28　编译出错结果信息

②使用Keil C51的基本步骤如图1-29所示，方框中步骤顺序可以改变。

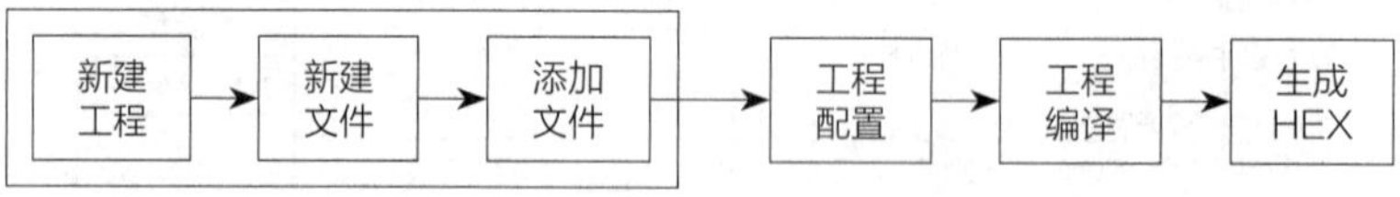

图1-29　Keil C51的基本步骤

③文件工具栏常用按钮功能说明如图1-30所示。

④编译工具栏常用按钮功能说明如图1-31所示。

⑤删除工程中的文件。右击工程管理窗口中的“test01.c”位置，在快捷菜单中选择“Remove File ‘test01.c’”菜单命令，即可将“test01.c”文件从现在工程中移除，操作如图1-32所示。

⑥发光二极管连接方式。

发光二极管在实际电路中有两种连接方式，一是共阳，二是共阴。图1-33所示电路中D1属于共阳连接，单片机I/O口输出“0”时，D1点亮，输出“1”时，D1熄灭。图1-33所示电路中D2属于共阴连接，单片机I/O口输出“1”时，D2点亮，输出“0”时，D2熄灭。

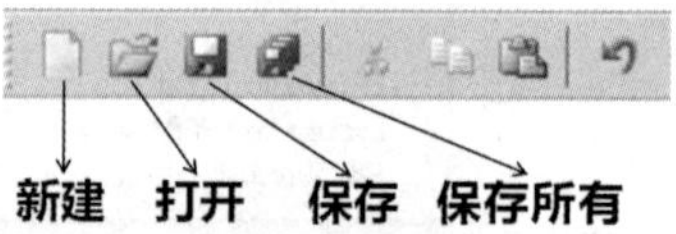

图1-30　文件工具栏常用按钮功能说明

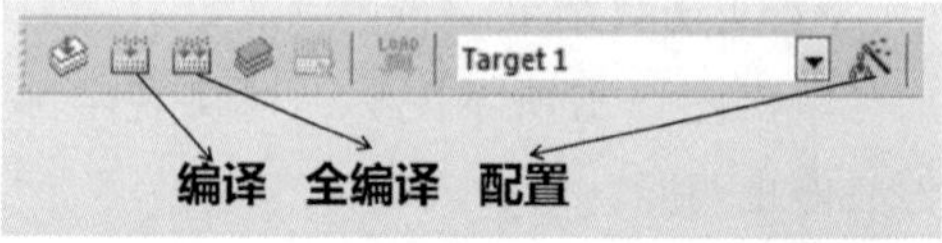

图1-31　编译工具栏常用按钮功能说明

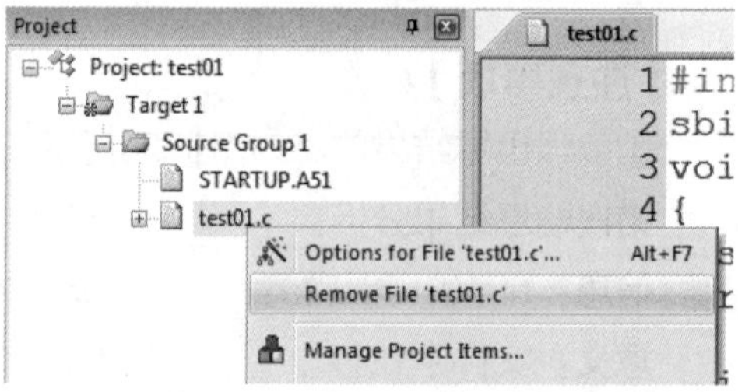

图1-32　文件移除操作

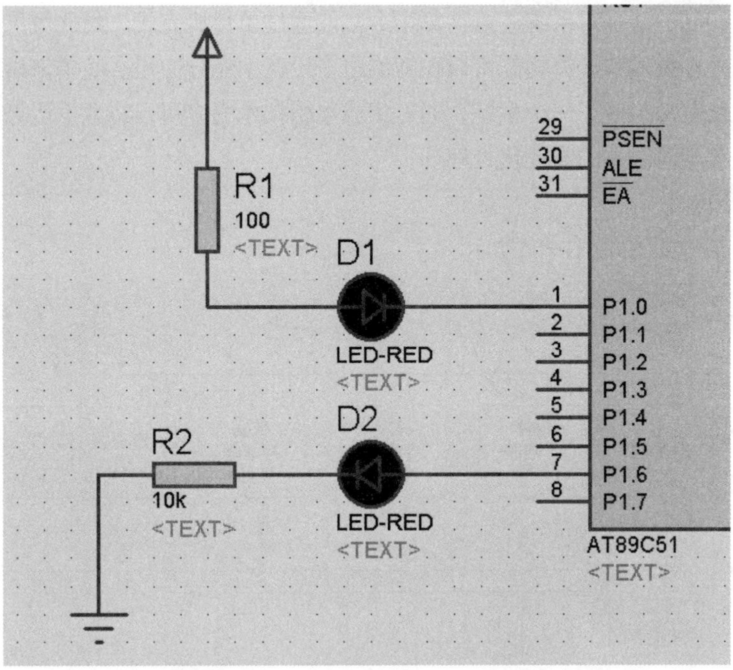

图1-33　发光二极管共阳、共阴连接

实际工程应用中一般为共阳连接，有以下两点理由：

a. 由于单片机在复位后所有I/O口均保持“1”状态，如果是共阴连接，LED灯在单片机复位时会点亮，影响电路的正常功能。

b. 实际中由于单片机I/O口输出电流有限，约为10mA，直接驱动D2，会影响D2的点亮亮度。有时需要外加上拉电阻，才能实现“1”输出有效，此举增加了电路的复杂性和不稳定性。

⑦发光二极管限流电阻的估算方法。

以5V供电以例，电阻两端的电压等于5V减去LED灯的压降，LED灯的压降根据发光颜色不同而不同，一般在2V左右，估算时可以按2V计算，那么电阻压降为3V，一般设计LED灯的工作电流在10～30mA，若选择30mA，则限流电阻为100Ω。

注意：此计算仅为工程估算，实际计算过程中应结合各元器件选用手册进行计算。

【知识链接】

1. 单片机的由来

单片机又称单片微控制器，它不是完成某一个逻辑功能的芯片，而是把一个计算机系统集成到一个芯片上，相当于一个微型的计算机。和计算机相比，单片机只缺少了I/O设备。概括地讲：一块芯片就成了一台计算机。它的体积小、质量轻、价格便宜，为学习、应用和开发提供了便利条件。同时，学习使用单片机是了解计算机原理与结构的最佳选择。

单片机介绍

单片机属于一种集成式电路芯片。在单片机中主要包含CPU、只读存储器ROM和随机存储器RAM等，多样化数据采集与控制系统能够让单片机完成各项复杂的运算，无论是对运算符号进行控制，还是对系统下达运算指令都能通过单片机完成。由此可见，单片机凭借着强大的数据处理技术和计算功能可以在智能电子设备中充分应用。简单来讲，单片机就是一块芯片，这块芯片组成了一个系统，通过集成电路技术的应用，将数据运算与处理能力集成到芯片中，实现对数据的高速化处理。

2. 基本结构

单片机的结构框图如图1-34所示。

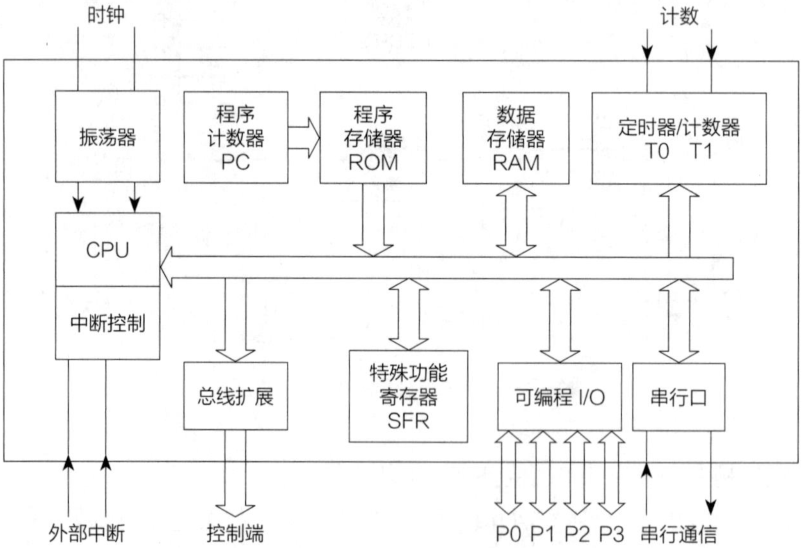

图1-34 单片机结构框图

（1）CPU

CPU也叫中央处理器，是单片机的核心部件，主要完成单片机的运算和控制功能。

①运算器：包括算术逻辑单元ALU、布尔处理器、累加器ACC、寄存器B、暂存器TMP1和TMP2、程序状态字PSW寄存器及十进制调整电路等。

②控制器：包括定时控制逻辑、指令寄存器、译码器以及信息传送控制部件等，以实现控制功能。

（2）内部存储器

单片机内部的存储器包括程序存储器和数据存储器，它们是相互独立的。

①程序存储器（ROM）：为只读存储器，用于存放程序指令，常数及数据表格。

②数据存储器（RAM）：为随机存储器，用于存放数据。数据存储器又可分为内部数据存储器和外部数据存储器。

在单片机内部有256个RAM单元来存放可读写的数据，其中，后128个单元被专用寄存器占用，作为寄存器供用户使用的只是前128个单元。

（3）定时器/计数器

MCS-51单片机内部有2个16位的定时器/计数器，用于实现内部定时或外部计数的功能，并以其定时或计数的结果（查询或中断方式）来实现控制功能。

（4）中断系统控制器

MCS-51单片机具有中断功能，以满足控制应用的需要。MCS-51共有5个中断源（52系列有6个中断源），即外部中断2个，定时器/计数器中断2个，串行口中断1个。全部中断可分为高级和低级两个优先级别。

（5）并行I/O口

MCS-51单片机内部共有四个8位的并行I/O口（P0、P1、P2、P3），以实现数据的并行输入和输出。

（6）全双工串行口

MCS-51单片机还有一个全双工的串行口，以实现单片机与外部之间的串行数据传送。

（7）OSC

OSC是单片机的时钟电路。时钟电路用于单片机产生时钟脉冲序列，协调和控制单片机的工作。

3. 应用领域

（1）节能控制

智能电子设备可能会经常外出携带，这些设备对能耗的要求是非常高的。经常会设计一些节能控制模块，以提高智能电子设备的待机时长。单片机技术在节能控制中的应用主要体现在以下几个方面：第一，智能电子设备在外出状态下，大部分是处于轻负载的模式，这时候就需要通过节能控制，确保其基本功能的前提下，进一步降低电量的消耗，单片机通过对智能电子设备中数据的收集，可以大致推断当前设备处于较低的负载，这时可以降低电压及电流的输出，达到节能的目的。第二，单片机可以控制能耗的节奏，例如：在小米手环中，收集人体的心率、睡眠和运动步数等数字，这些数字收集后会在本地进行存储，然后以分钟级的频率进行上报；信息未上报时，设备处于低能耗的状态，信息上报时，会出现一些网络传输方面的消耗，单片机可以控制能耗的节奏，将手环的大部分时间控制在低能耗的状态下，可以使得待机时间长达72h以上。

（2）智能语音设备

为了更好地提高智能电子设备的智能性，可以允许通过简单的语言进行控制，实现语音人机交互的目的。目前，语音处理芯片已经开发完成，并开始运用到智能电子设备中。单片机在智能语音设备中的应用，主要体现在以下两个方面：第一，软件设置方面，由于单片机可以通过编程的方式，处理一些业务逻辑，因此就能够对智能语音处理过程进行操作。例如：在导航智能电子设备中，可以将其中的一些道路名称、距离等进行提取，然后进行播报；同时，还可以选择不同的名人口吻进行播报，真正实现智能化的定制操作，更好地满足用户的需求；第二，硬件设计方面，由于智能语音设备对资源的消耗比较大，因此为了更好地延长产品的待机时间，会使用单片机技术动态控制产品的功率，进一步降低对电量的消耗。同时，还可以通过单片机技术，缩短硬件的响应时间，进一步提高用户的体验。

（3）报警控制

对于部分电子设备来讲，会拥有自动报警的设置，报警控制也是单片机技术经常使用的领域，主要体现在以下几个方面：第一，对于一些自动报警装置来讲，例如，家里经常使用的火灾报警器，就是在外界环境达到一定条件下开启智能报警的设备，如果室内的烟雾浓度达到某种水平，或者是收集外界的数据达到某种状态时，就会自动触发报警设置，从而实现智能报警的功能；第二，对于一些智能电子设备来讲，如果外在环境超过设备的工作环境范围时，或者是设备存在一些异常情况时，就会触发自身的报警机制，让用户能够及时了解设备的运作详情，并且根据报警信息提供解决方案。例如，在一些工厂中，经常会安装一些设备，对工厂的生产环境进行监控，当出现某些异常数据时，就会发生报警，为确保设备的正常运转，设备维护人员需要及时进行处理，避免产生较大的故障。

（4）医疗设备

随着医疗技术水平的不断提升，单片机开始在医疗设备中进行广泛的应用，主要体现在：第一，对病人的身体特征数据进行智能监控，可以将一些医疗设备安装在病人身上，并对其身体的数据进行收集，然后与后台的控制系统进行交互，如果发现病人的身体特征异常时，会及时报警。例如，部分医疗设备可以针对病人的心跳、脉搏、血压等进行监控，如果发现异常会及时呼叫医生进行处理；第二，在手术过程中，也会使用一些智能电子设备，例如，部分手术需要在病人的体内进行，在避免开刀的情况下，可以通过控制智能设备完成手术的过程，进一步降低病人的痛苦，提高病人身体恢复的速度；第三，智能体检数据分析设备，可以将用户的体检数据输入到分析设备后，通过与正常数据的对比，及时对用户的身体疾病进行预测和诊断。

（5）汽车领域

近年来，汽车中的半导体电子元器件成分及复杂程度一直呈增长的趋势。据统计，目前汽车中90%的新发明都与电子器件的运用直接相关。某些欧洲高档车型中的电子控制单元（ECU）已多达80个以上。这些ECU依靠网络相互通信联系，形成一个庞大复杂的系统。它们的工作情况，直接影响到汽车的性能。众所周知，每个ECU中一般至少有一个“大脑”——单片机。这些单片机的性能、功能和可靠性，对ECU能否正常工作是至关重要的。

4. 应用特点

单片机拥有以下几个应用特点。

①拥有良好的集成度。

②单片机自身体积较小。

③单片机拥有强大的控制功能，同时运行电压比较低。

④单片机拥有简易携带等优势，同时性价比较高。单片机主要应用于下列领域：办公自动化、机电一体化、尖端武器和国防军事领域、航空航天领域、汽车电子设备、医用设备领域、商业营销设备、计算机通信、家电领域、日常生活和实时控制领域等。

5. 51单片机

51单片机是对所有兼容Intel 8031指令系统的单片机的统称。该系列单片机的始祖是Intel的8004单片机，后来随着Flash Rom技术的发展，8004单片机取得了长足的发展，成为应用广泛的8位单片机之一，其代表型号是ATMEL公司的AT89系列，它广泛应用于工业测控系统之中。很多公司都有51系列的兼容机型推出，今后很长的一段时间内将占有大量市场。

虽然目前单片机的品种很多，但其中最具代表性的当数Intel公司的MCS-51单片机系列。MCS-51以其典型的结构、完善的总线、SFR的集中管理模式、位操作系统和面向控制功能的丰富的指令系统，为单片机的发展奠定了良好的基础。MCS-51系列的典型芯片是80C51（CHMOS型的8051）。为此，众多厂商都介入了以80C51为代表的8位单片机的研发与生产，如Philips、Siemens（Infineon）、Dallas、ATMEL等公司，我们把这些公司生产的与80C51兼容的单片机统称为80C51系列。特别是在近年来，80C51系列又有了许多发展，推出了一些新产品，主要是改善单片机的控制功能，如内部集成了高速I/O口、ADC、PWM、WDT等，以及低电压、微功耗、电磁兼容、串行扩展总线和控制网络总线性能等。

6. 单片机的发展趋势

（1）制作工艺CHMOS化（全盘CHMOS化）。出于对低功耗的普遍要求，目前各大厂商推出的各类单片机产品都采用了CHMOS工艺。

80C51系列单片机采用两种半导体工艺生产：一种是HMOS工艺，即高密度短沟道MOS工艺；另一种是CHMOS工艺，即互补金属氧化物的HMOS工艺。CHMOS是CMOS和HMOS的结合，除保持了HMOS的高速度和高密度的特点之外，还具有CMOS低功耗的特点。例如8051的功耗为630mW，而80C51的功耗只有120mW。在便携式、手提式或野外作业仪器设备上低功耗是非常有益的。因此，在这些产品中必须使用CHMOS的单片机芯片。

（2）尽量实现单片化。尽管我们常说，单片机是将中央处理器、存储器和I/O接口电路等主要功能部件集成在一块集成电路芯片上的微型计算机，但由于工艺和其他方面的原因，很多功能部件并未集成在单片机芯片内部。于是，用户通常的做法是根据系统设计的需要在外围扩展功能芯片。随着集成电路技术的快速发展和“以人为本”思想在单片机设计上的体现，很多单片机生产厂家充分考虑到用户的需求，将一些常用的功能部件，如A/D（模/数转换器）、D/A（数/模转换器）、PWM（脉冲产生器）以及LCD（液晶）驱动器等集成到芯片内部，尽量做到单片机化；同时，用户还可以提出要求，由厂家量身定做（SOC设计）或自行设计。

（3）共性与个性共存。如今市场上的单片机产品丰富多样。从宏观上讲，有RISC和CISC两大类型；从微观上说，有Intel、Motorola、Philips、Microchip、EMC等公司的相关产品。在未来相当长的时间内，单片机市场都将维持这种群雄并起、共性与个性共存的局面。究其原因，主要有以下两点。

首先，以80C51为代表的单片机的基础地位不会动摇。这是因为80C51的架构和指令系统为后来的单片机提供了参考基准和强大支持，凡是学过80C51的人再去学用其他类型的单片机很容易，有关这方面的教材建设在出版界也得到了共识，取得斐然的成果，这足以解释为什么在课堂上大家都以80C51的教材来进行教与学了。

其次，个性化的产品如专用单片机等在满足用户需求方面得到了大家的认可，在应用领域大有后来居上的架势。它们由于先天的优势，在80C51的基础上扬长避短，以用户需要为根本，在市场上受到了欢迎。

7. STC单片机

STC（宏晶科技）1999年成立于深圳，目前是全球最大的8051单片机设计公司，新一代增强型8位单片微型计算机标准的制定者和领导厂商。公司主要从事STC增强型8051内核单片微型计算机（简称单片机或MCU）的研发、生产和销售，拥有独立知识产权，是国内重要的8051内核单片机厂商。目前，公司已有STC89C51系列、STC90C51系列、STC11/10XX系列、STC12系列以及STC15系列单片机，可支持仿真。现推广的产品有：STC增强型8051系列FLASH单片机、低成本MCU型DSP微处理器、复位电源监控电路、高性能SRAM、SDRAM、FLASH、RS-232 RS-485接口电路、USB型MCU。

单片机介绍

STC15系列单片机是高速、低功耗、超强抗干扰的新一代8051单片机，指令代码完全兼容传统8051，但速度快8～12倍，内部集成MAX810专用复位电路。8路PWM、8路高速10位A/D转换，针对不同的电机供应商，适应强干扰场合，成为继51单片机后一个全新系列单片机。

8. STC15W4K32S4系列单片机简介

STC15W4K32S4系列单片机是STC生产的单时钟/机器周期（1T）的单片机，是宽电压、高速、高可靠、低功耗、超强抗干扰的新一代8051单片机，采用STC第九代加密技术，无法解密，指令代码完全兼容传统8051，但速度快8～12倍。内部集成高精度R/C时钟（±0.3%），±1%温飘（-40～85℃），常温下温飘±0.6%（-20～65℃），ISP编程时5～30MHz宽范围可设置，可彻底省掉外部昂贵的晶振和外部复位电路（内部已集成高可靠复位电路，ISP编程时16级复位门槛电压可选）。8路10位PWM，8路高速10位A/D转换（30万次/秒），内置4K字节大容量SRAM，4组独立的高速异步串行通信端口（UART1/UART2/UART3/UART4），1组高速同步串行通信端口SPI，针对多串行口通信/电机控制/强干扰场合。内置比较器，功能更强大。增强型8051 CPU，1T，单时钟/机器周期，指令代码完全兼容传统8051，内部功能如图1-35所示。

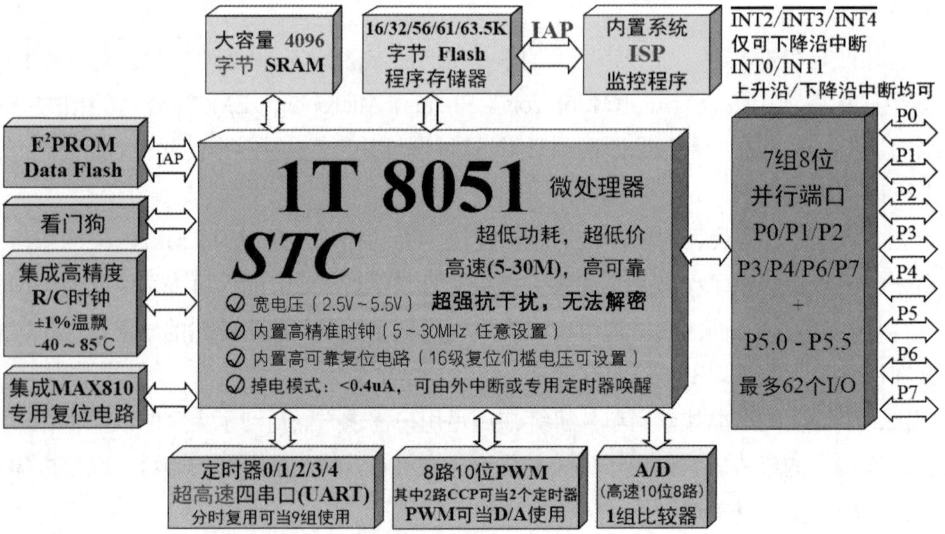

图1-35　STC15W4K32S4系列单片机内部功能

现今STC15系列单片机采用STC-Y5超高速CPU内核，在相同的时钟频率下，速度又比STC早期的1T系列单片机（如STC12系列/STC11系列/STC10系列）的速度快20%。

9．STC15W4K32S4系列单片机功能

①工作电压：2.5～5.5V。

②16K/32K/40K/48K/56K/58K/61K/63.5K字节片Flash程序存储器，擦写次数10万次以上。

③片内大容量4096字节的RAM，包括常规的256字节RAM（data）和扩展的3840字节XRAM（xdata）。

④大容量片EEPROM，擦写次数10万次以上。

⑤ISP/IAP，在系统可编程/在应用程序可编程，无须编程器/仿真器。

⑥8通道10位高速A/D，速度可达30万次/秒，8路PWM还可当8路D/A使用。

⑦6通道15位专门的高精度PWM（带死区控制）+2通道CCP（利用它的高速脉冲输出功能可实现11～16位PWM）。

⑧可用来再实现8路D/A，或2个16位定时器，或2个外部中断（支持上升沿/下降沿中断）。

⑨内部高可靠复位，ISP编程时16级复位门槛电压可选，可彻底省掉外部复位电路。

⑩工作频率范围：5～28MHz，相当于普通8051的60～336MHz。

⑪内部高精度R/C时钟（±0.3%），±1%温飘（-40～85℃），常温下温飘±0.6%（-20～65℃），ISP编程时内部时钟从5～35MHz可设（5.5296MHz/11.0592MHz/22.1184MHz/ 33.1776MHz）。

⑫不需外部晶振和外部复位，还可对外输出时钟和低电平复位信号。

⑬四组完全独立的高速异步串行通信端口，分时切换可当9组串口使用。

串口1（RxD/P3.0，TxD/P3.1）可以切换到（RxD_2/P1.6，TxD_2/P1.7），还可以切换到（RxD_3/P3.6，TxD_3/P3.7）。

串口2（RxD2/P1.0，TxD2/P1.1）可以切换到（RxD2_2/P4.6，TxD2_2/P4.7）。

串口3（RxD3/P0.0，TxD3/P0.1）可以切换到（RxD3_2/P5.0，TxD3_2/P5.1）。

串口4（RxD4/P0.2，TxD4/P0.3）可以切换到（RxD4_2/P5.2，TxD4_2/P5.3）。

⑭一组高速同步串行通信端口SPI。

⑮支持程序加密后传输，防拦截。

⑯支持RS485下载。

⑰低功耗设计：低速模式，空闲模式，掉电模式/停机模式。

⑱将掉电模式/停机模式唤醒的定时器：有内部低功耗掉电唤醒专用定时器。

⑲可将掉电模式/停机模式唤醒的资源有：INT0/P3.2，INT1/P3.3（INT0/INT1上升沿下降）。

⑳7个定时器，5个16位可重装载定时器/计数器。

㉑先进的指令集结构，兼容普通8051指令集，有硬件乘法/除法指令。

㉒通用I/O口（42/38/30/26个），复位后为：准双向口/弱上拉（普通8051传统I/O口）可设置成四种模式：

a. 准双向口/弱上拉；

b. 强推挽/强上拉；

c. 仅为输入/高阻；

d. 开漏。

每个I/O口驱动能力均可达到20mA，但40-pin及40-pin以上单片机的整个芯片最大不要超过120mA，20-pin以上及32-pin以下（包括32-pin）单片机的整个芯片最大不要超过90mA。

㉓工作温度范围：-40～85℃（工业级）/0～75℃（商业级）。

㉔封　装：LQFP-44，LQFP-32，SOP-32，SOP-28，SKDIP-28，PDIP-40，PLCC-44（请尽量不要选择此封装）。

㉕开发环境：在Keil C开发环境中，选择Intel 8052编译即可。

10. STC15W4K32S4系列单片机管脚图

STC15W4K32S4系列单片机PDIP40封装管脚图如图1-36所示。

STC15W4K32S4系列单片机LQFP64L封装管脚图如图1-37所示。

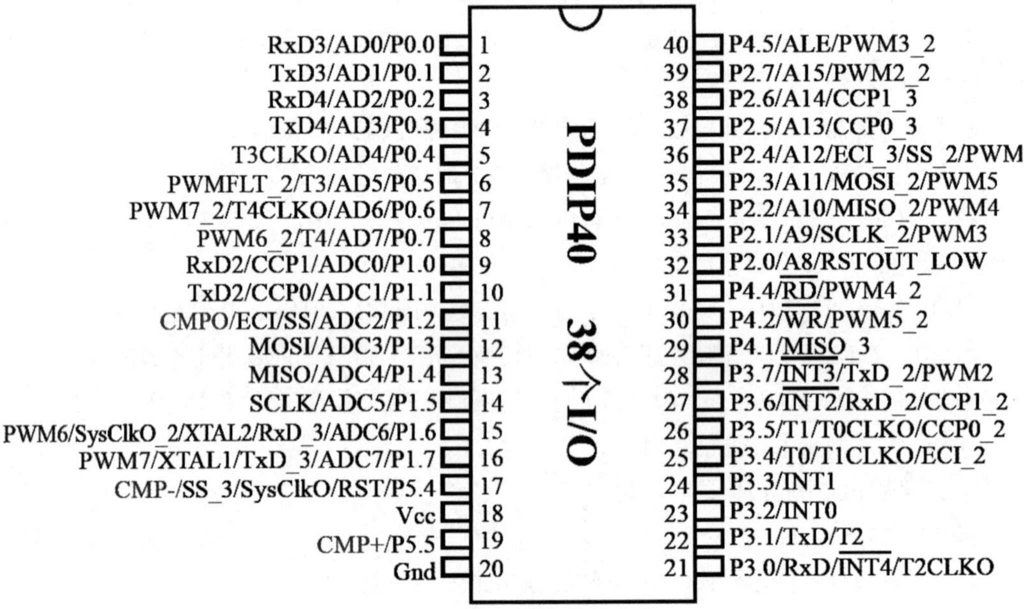

图1-36　STC15W4K32S4系列单片机PDIP40封装管脚图

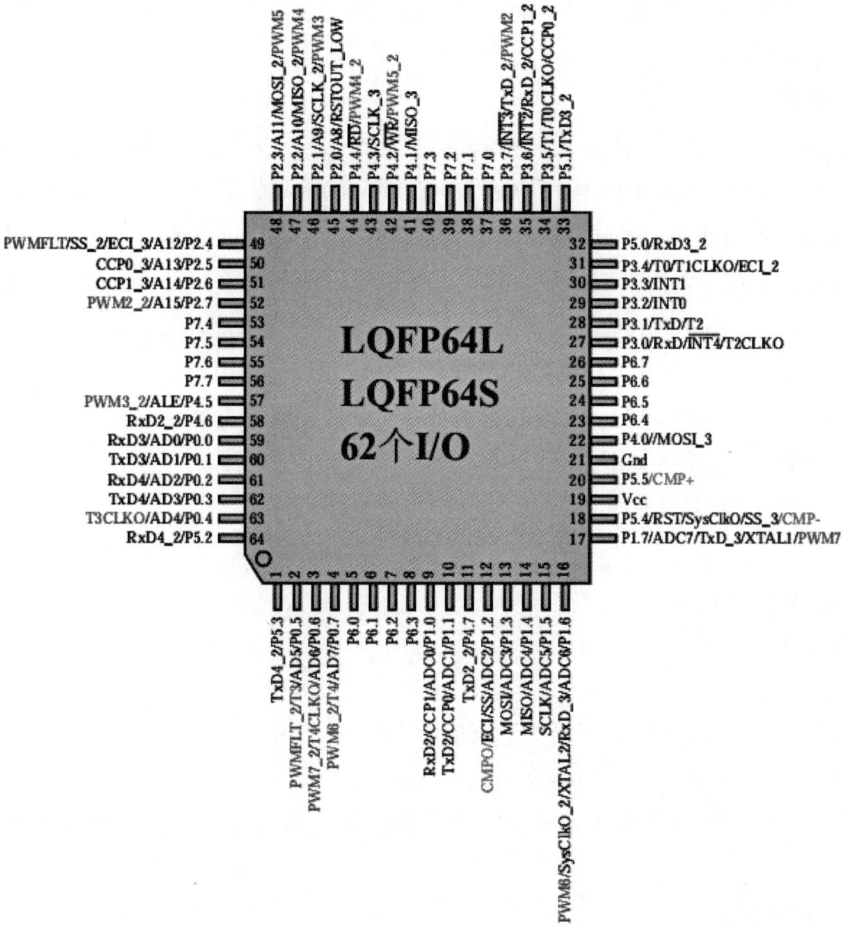

图1-37　STC15W4K32S4系列单片机LQFP64L封装管脚图

11. C语言的基本语句

C语言程序的执行部分由语句组成。C语言提供了丰富的程序控制语句，按照结构化程序设计的基本结构：顺序结构、选择结构和循环结构，组成各种复杂程序。这些语句主要包括表达式语句、复合语句、选择语句和循环语句等。

C语言的基本语句、函数、注释语句

表达式语句是最基本的C语言语句。表达式语句由表达式加上分号“；”组成，其一般形式如下：

表达式；

执行表达式语句就是计算表达式的值。

在C语言中有一个特殊的表达式语句，称为空语句。空语句中只有一个分号“；”，程序执行空语句时需要占用一条指令的执行时间，但是什么也不做。在C51程序中常常把空语句作为循环体，用于消耗CPU时间等待事件发生的场合。

把多个语句用大括号{}括起来，组合在一起形成具有一定功能的模块，这种由若干条语句组合而成的语句块称为复合语句。在程序中应把复合语句看成单条语句，而不是多条语句。

复合语句在程序运行时，{}中的各行单语句是依次顺序执行的。在C语言的函数中，函数体就是一个复合语句。

12. 函数

C语言程序采用函数结构，每个C语言程序由一个或多个函数组成，在这些函数中至少应包含一个主函数main( )，也可以包含一个main( )函数和若干个其他的功能函数。不管main( )函数放于何处，程序总是从main( )函数开始执行，执行到main( )函数结束则结束。可以在main( )函数中调用其他函数，其他函数也可以相互调用，但main( )函数只能调用其他的功能函数，而不能被其他的函数所调用。

功能函数可以是C语言编译器提供的库函数，也可以是由用户定义的自定义函数。在编制C程序时，程序的开始部分一般是预处理命令、函数说明和变量定义等。

函数定义的一般格式如下：

```
函数类型　函数名（形式参数表）
{
  局部变量定义
  函数体
}
```

函数类型：函数类型说明了函数返回值的类型。

函数名：函数名是用户为自定义函数取的名字，以便调用函数时使用。

形式参数表：形式参数表用于列录在主调函数与被调用函数之间进行数据传递的形式参数。

13. 注释语句

Keil C编译器所支持的注释语句。一种是以“//”符号开始的语句，符号之后的语句都被视为注释，直到有回车换行；另一种是在“/*”和“*/”符号之内的被视为注释。注释部分内容不会被C编译器所编译。

14. 单片机工作条件

①电源。V_{CC}引脚一般需要接入+5V电源。

②接地。GND引脚接供电电源的地线，为0V。

③复位电路。RES引脚维持高电平时间大于24个振荡周期，单片机完成复位工作（时钟周期=12×振荡周期，振荡周期=1/f）。

④时钟电路。单片机的工作是在统一时钟下工作的，所以必须有时钟电路。STC15W4K32S4单片机内部提供高精度R/C时钟（±0.3%），±1%温飘（-40～85℃），常温下温飘±0.6%（-20～65℃），内部时钟从5～35MHz可设置，程序下载时在下载软件中勾选“使用内部IRC时钟”，并选择好相应的频率，一般选择11.0592MHz或22.1184MHz。

注意：目前市面上PIC、STC等各大厂家生产的单片机均带有内部复位和内部时钟电路，故在仿真过程中均没有考虑复位与时钟问题。若需要外部复位和时钟电路的请参考图1-38。

⑤单片机内部必须具有相应的程序。

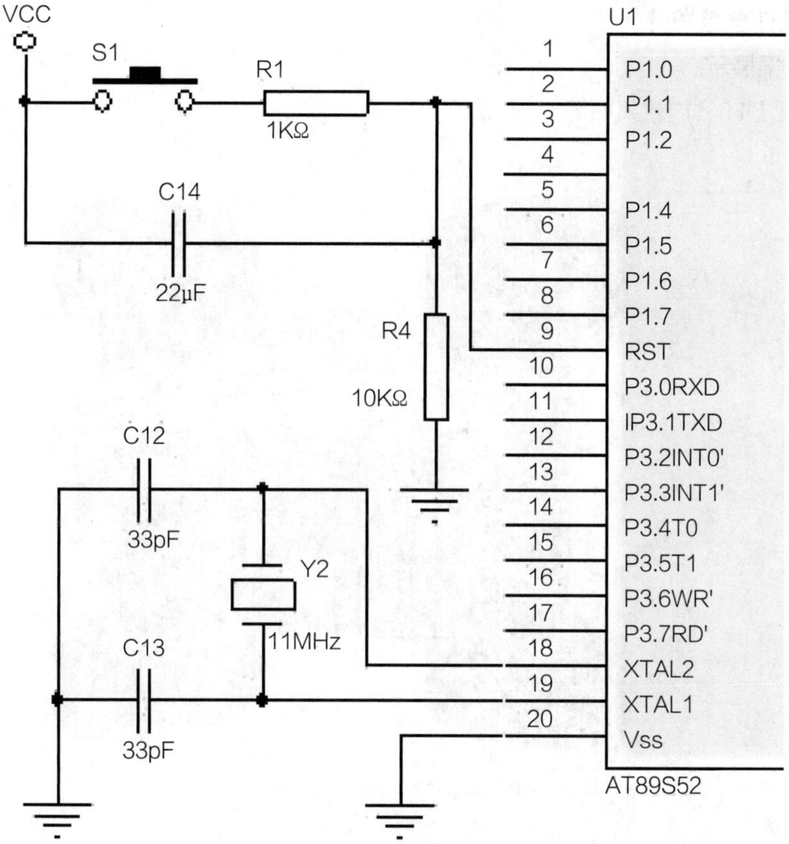

图1-38　单片机外部复位与时钟电路

15. while指令

格式：while（循环继续的条件表达式）

{

语句组；

}

while指令

while语句用来实现“当型”循环，执行过程：首先判断表达式，当表达式的值为真（非0）时，反复执行循环体中的语句组。为假（0）时执行循环体外面的语句。

假如：

while(1)　{　语句组；　}　则无条件反复执行循环体中的语句组。

while(1)；　程序执行到此处时程序进入死循环，并不进行任何操作。

while指令执行过程如图1-39所示。

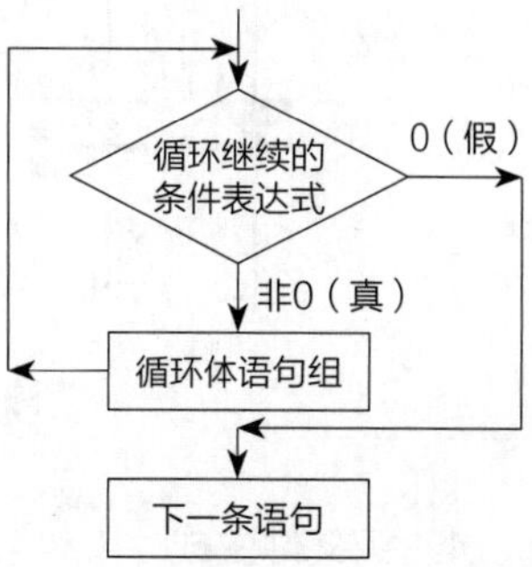

图1-39　while指令执行流程图

【探究任务实施】

1. 效果展示

学习板TT5实施效果如图1-40所示。

硬件演示

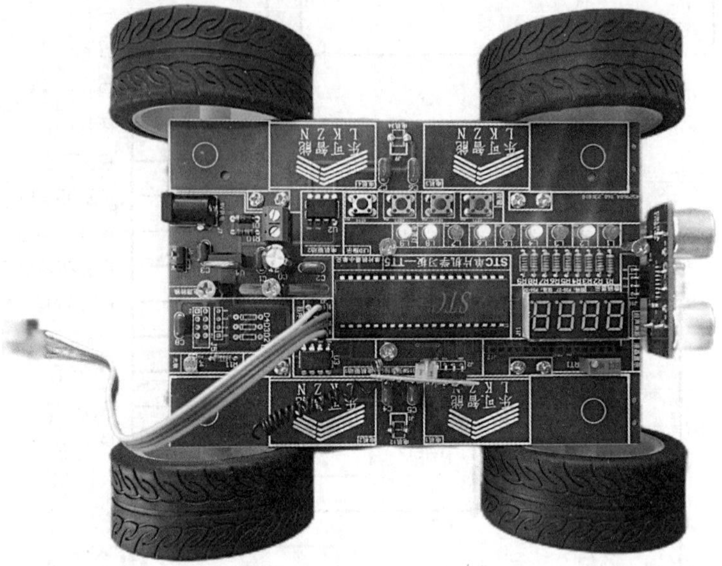

图1-40 学习板TT5实施效果

2. 任务要求

在学习板TT5上点亮1个LED灯。

3. 电路设计

学习板TT5 LED指示灯I/O分配如图1-41所示。

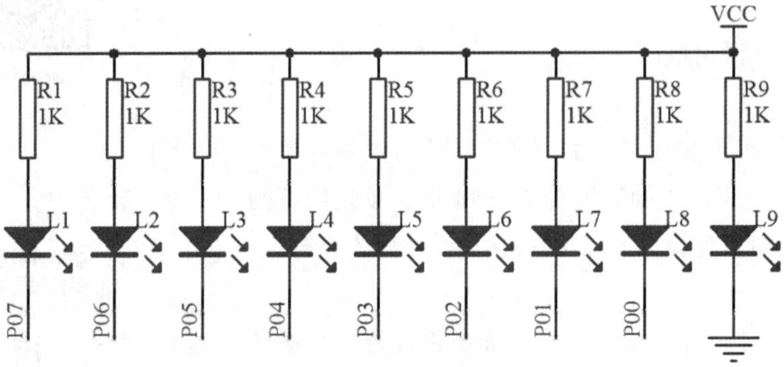

图1-41 学习板TT5 LED指示灯I/O分配图

4. 头文件生成

（1）打开“STC-ISP”软件，选中“头文件”选项卡，如图1-42所示。

（2）选择“STC15W××/STC15F××系列”，单击“保存文件”，如图1-43所示。

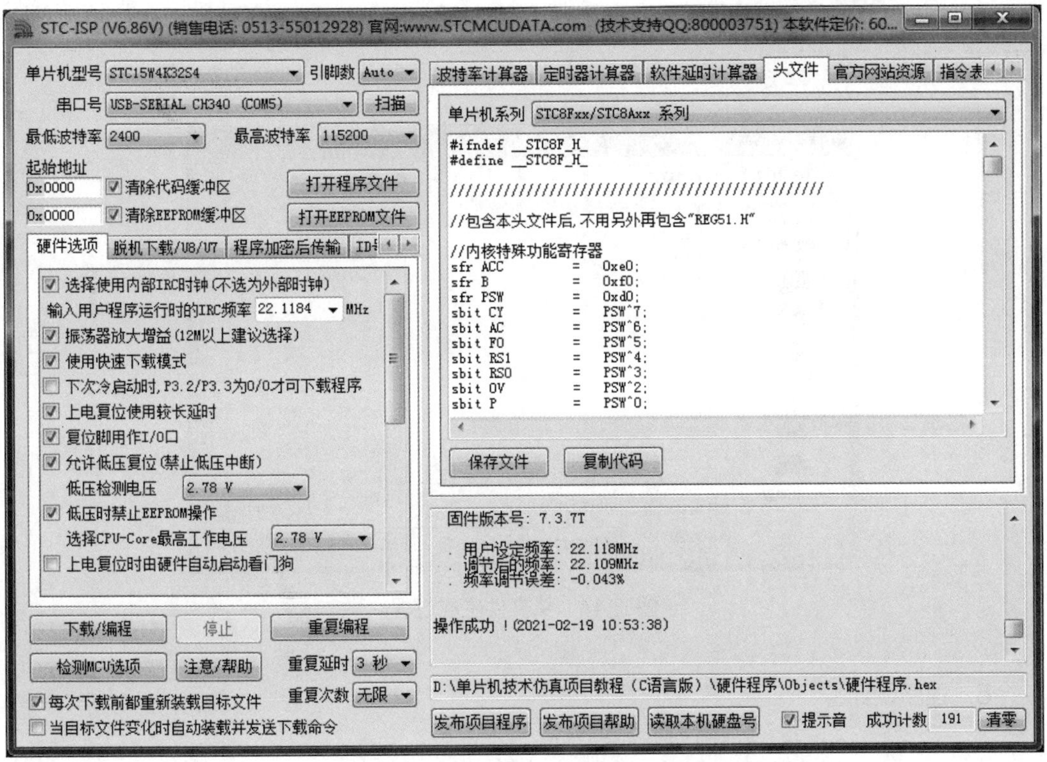

图1-42　头文件生成过程（1）

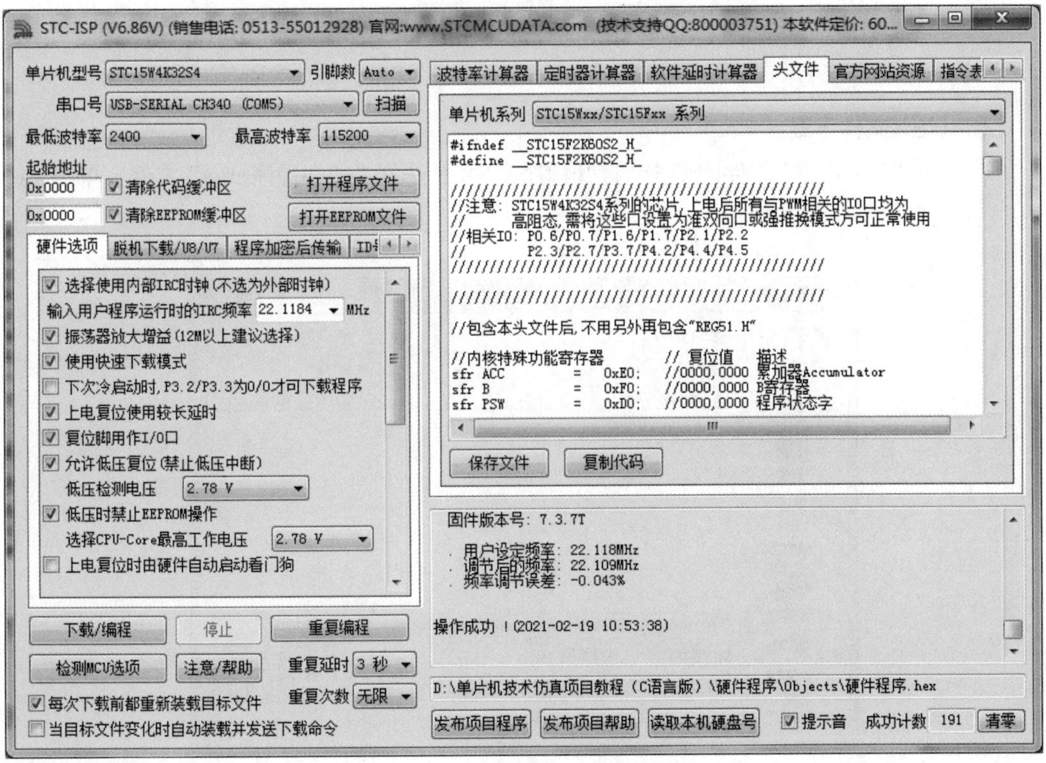

图1-43　头文件生成过程（2）

（3）文件名中输入“STC15F2K60S2”，将文件保存目录选择到程序所在目录，单击“保存”，如图1-44所示。

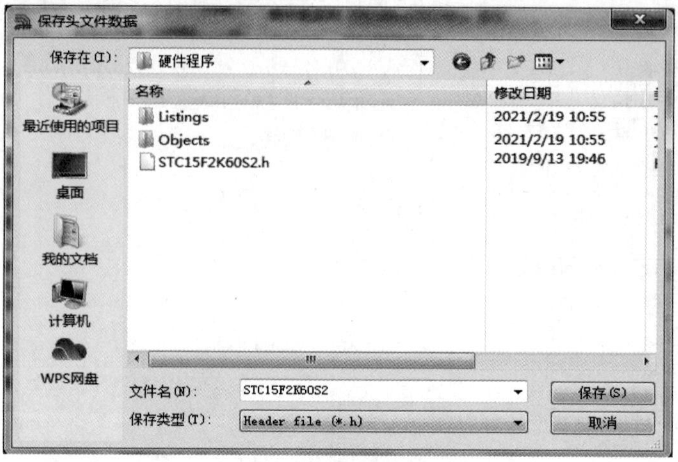

图1-44　头文件生成过程

5. 程序设计

```
#include "STC15F2K60S2.h"    // 包含头文件
void main()                  // 主函数
{
P0M1=0x00;P0M0=0x00;         //设置P0口为传统51端口
while(1)                     // while循环指令
{
P0=0XFE;                     //P0.0 口输出低电平
}
}
```

6. HEX文件下载

（1）在“STC-ISP”软件中单击“打开程序文件”，选择“硬件程序.hex”文件，单击“打开”，如图1-45所示。

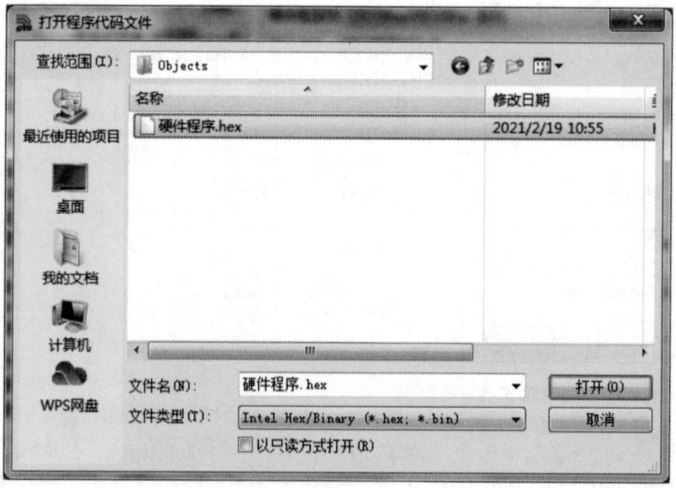

图1-45　打开HEX文件

（2）选择“22.1184”频率，单击“下载/编程”，程序自动进入下载状态，成功后显示“操作成功”，如图1-46所示。

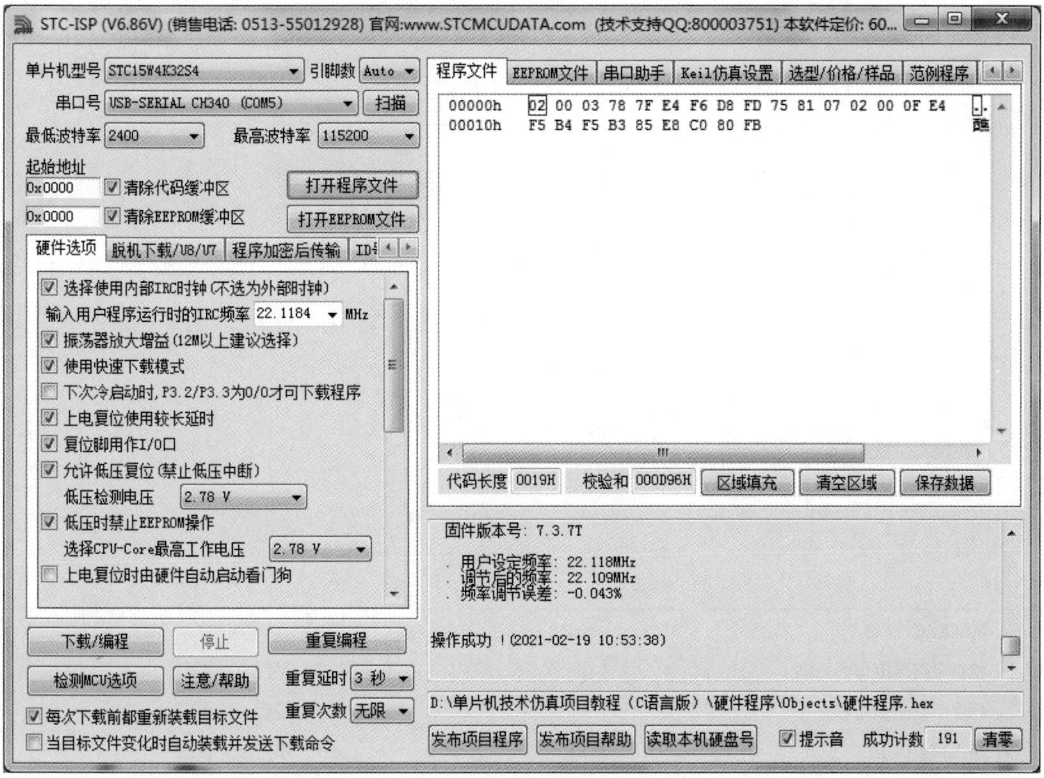

图1-46　下载程序

7. 功能测试

（1）检查电路连接是否正确：　　是□　　否□

（2）程序下载是否正常：　　是□　　否□

（3）学习板TT5中LED灯点亮是否正常：　　是□　　否□

【创新任务实施】

<table>
<tr><td>项目一</td><td colspan="2">汽车灯光系统控制</td><td>任务一</td><td colspan="2">点亮汽车行车灯</td><td>学时</td><td>2</td></tr>
<tr><td>姓名</td><td></td><td>学号</td><td></td><td>班级</td><td></td><td>日期</td><td></td></tr>
<tr><td>团队成员</td><td colspan="7"></td></tr>
<tr><td>任务要求</td><td colspan="7">点亮4个LED灯</td></tr>
</table>

续表

一、电路设计

二、程序设计

三、功能测试

（1）检查电路连接是否正确：　是□　否□

（2）程序下载是否正常：　是□　否□

（3）是否有4个LED灯点亮：　是□　否□

四、检查展示

1. 小组成员自查和互查，进行补充完善

2. 各小组推荐优秀作品进行展示

五、总结评价

序号	评价项目	配分	自评分	组长评分	教师评分	备注
1	电路设计	15				
2	程序思路	20				
3	任务完成	35				
4	检查展示	10				
5	劳动纪律	5				
6	积极主动	5				
7	工匠精神	5				
8	贡献大小	5				
合计		100				

综合得分=自评分×20%+组长评分×30%+教师评分×50%=

续表

六、反思

【任务测试】

1. 表达式语句由表达式加上＿＿＿＿＿＿＿＿＿＿号。
2. main( ) 函数能调用其他的功能函数，也能被其他的函数所调用，是否正确。(　　)
3. “void 123py( )” 定义函数是正确的。(　　)
4. 单片机的工作条件必须有＿＿＿＿＿＿＿＿＿＿＿＿＿＿＿＿＿＿＿＿。

任务二　点亮汽车闪光灯

【任务目标】

知识目标	技能目标
1. 能描述C语言的数据类型、常量、变量、赋值运算基本组成与应用 2. 能描述for语句的基本组成与应用	1. 能进行汽车闪光灯仿真电路搭建 2. 能进行汽车闪光灯控制程序编制、硬件调试、创新应用

【任务描述】

本任务要求实现点亮LED灯闪烁来模拟汽车闪光灯。通过本任务学习，要求学习者能进行LED灯闪烁电路设计、程序编制、仿真调试、硬件调试和创新应用。

【体验任务实施】

1. 任务要求

在仿真软件中实现一个LED灯闪烁。

2. 电路设计

点亮汽车闪光灯（点亮、熄灭）仿真展示电路设计如图1-47所示。

体验任务引导视频

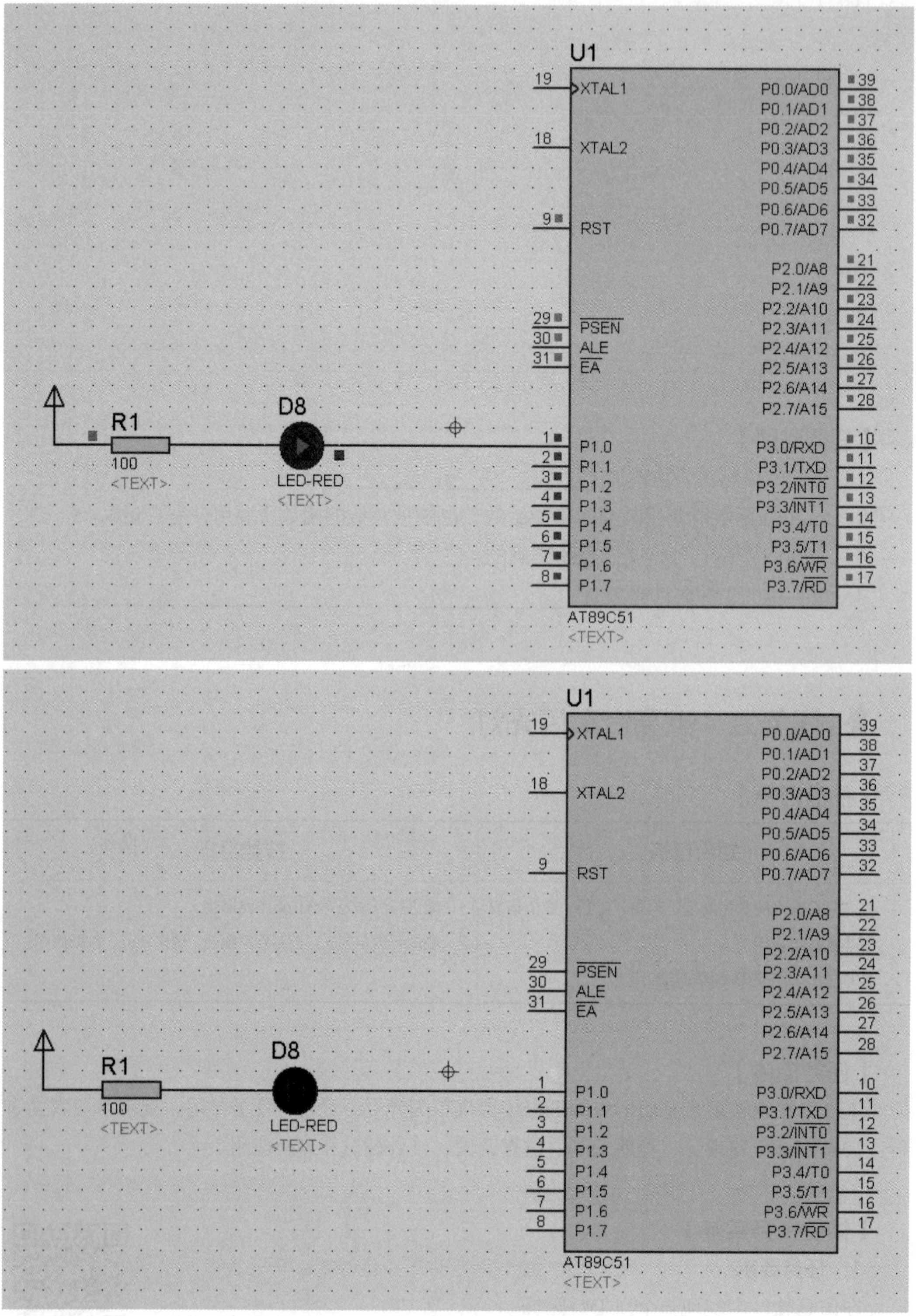

图1-47　点亮汽车闪光灯（点亮、熄灭）仿真展示电路设计图

3. 程序设计

（1）仿真源程序

```
#include<reg51.h>              //引用头文件
void delay(unsigned int i)     //1ms延时函数
{
unsigned int j,k;
for(j=0;j<i;j++)
   for(k=0;k<120;k++);
}
void main( )                   //主程序
{
while(1)                       //循环指令，一直执行下面括号中的内容
{
P1=0X00;                       //P1口输出低电平
delay(1000);                   //调用1s延时程序
P1=0xFF;                       //P1口输出高电平
delay(1000);                   //调用1s延时程序
}
}
```

（2）程序设计流程图

点亮汽车闪光灯程序设计流程如图1-48所示。

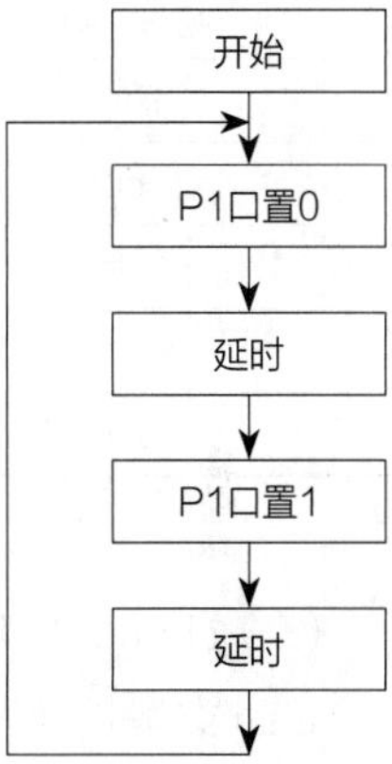

图1-48　点亮汽车闪光灯程序设计流程图

4. 仿真调试

（1）加载HEX文件

在Proteus仿真软件中的单片机仿真元件上双击鼠标左键，单击“Program File”栏后的文件夹图标，找到HEX文件所在目录，单击“打开”按钮，最后单击“OK”按钮完成HEX文件加载（图1-49）。

（2）仿真结果

单击如图1-50所示图标，可实现全部运行、单步运行、暂停、停止功能。

仿真结果：单击全部运行，LED灯闪烁；单击停止，LED灯熄灭。

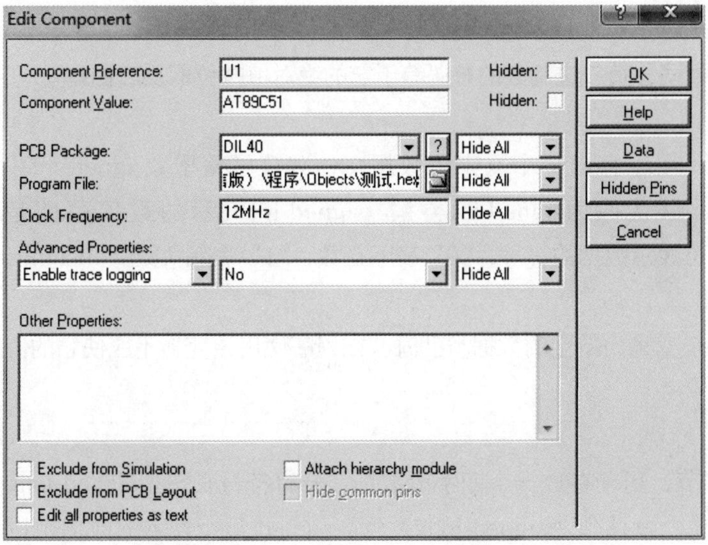

图1-49　完成HEX文件加载

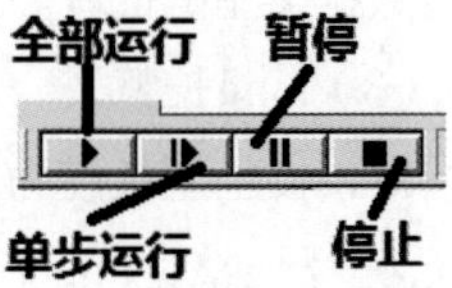

图1-50　仿真按钮功能图示

【知识链接】

1. 数据类型

每写一个程序，总离不开数据的应用，在学习C51编程的过程中掌握理解数据类型很关键。表1-1中列出了单片机C语言编译器所支持的数据类型。

数据类型

表1-1　　单片机C语言编译器所支持的数据类型

数据类型	长度	值域
unsigned char	单字节	0~255
signed char	单字节	-128~127
unsigned int	双字节	0~65535
signed int	双字节	-32768~32767
unsigned long	四字节	0~4294967295
signed long	四字节	-2147483648~2147483647
float	四字节	（±1.175494E-38）~（±3.402823E+38）
bit	位	0或1
sfr	单字节	0~255
sfr16	双字节	0~65535
sbit	位	0或1

（1）char字符类型

char类型长度为一个字节，通常用于定义处理字符数据的变量或常量，分无符号字符类型unsigned char和有符号字符类型signed char，默认值为signed char类型。unsigned char类型用字节中所有的位来表示数值，所能表达的数值范围是0~255。 signed char类型用字节中最高位字节表示数据的符号，“0”表示正数，“1”表示负数，负数用补码表示。所能表示的数值范围是-128~127。unsigned char常用于处理ASCII字符或用于处理小于或等于255的整型数。正数的补码与原码相同，负二进制数的补码等于它的绝对值按位取反后加1。

（2）int整型

int整型长度为两个字节，用于存放一个双字节数据，分有符号整型数signed int和无符号整型数unsigned int，默认值为signed int类型。signed int表示的数值范围是-32768~32767，字节中最高位表示数据的符号，“0”表示正数，“1”表示负数。unsigned int表示的数值范围是0~65535。

必须注意的是，当定义一个变量为特定的数据类型时，在程序使用该变量不应使它的值超过数据类型的值域。

（3）long长整型

long长整型长度为四个字节，用于存放一个四字节数据，分有符号长整型signed long和无符号长整型unsigned long，默认值为signed long类型。signed long表示的数值范围是-2147483648~2147483647，字节中最高位表示数据的符号，“0”表示正数，“1”表示负数。unsigned long表示的数值范围是0～4294967295。

（4）float浮点型

float浮点型在十进制中具有7位有效数字，是符合IEEE—754标准的单精度浮点型数据，占用四个字节。

（5）bit位标量

bit位标量是C51编译器的一种扩充数据类型，利用它可以定义一个位标量，但不能定义位指针，也不能定义位数组。它的值是一个二进制位，不是0就是1，类似一些高级语言中的Boolean类型中的True和False。

（6）sfr特殊功能寄存器

sfr也是一种扩充数据类型，采用一个内存单元，值域为0～255。利用它能访问51单片机内部的所有特殊功能寄存器。如sfr P1=0x90，定义P1为片内寄存器。用P1=255，对P1端口的所有引脚置高电平。这样可以对特殊功能寄存器进行相应操作。

（7）sfr16 16位特殊功能寄存器

sfr16占用两个内存单元，值域为0～65535。sfr16和sfr一样用于操作特殊功能寄存器，不一样的是它用于操作占两个字节的寄存器，如定时器T0和T1。

（8）sbit可录址位

sbit同样是单片机C语言中的一种扩充数据类型，利用它能访问芯片内部的RAM中的可寻址位。

sbit LED =P3^7；这样定义后在以后的程序语句中就能用LED来对P3.7引脚进行读写操作了。

举个例：P3口相当于一个宿舍房间号，如817房由8名同学组成。现在给个指令，817宿舍去操场，说明817的8名同学都得去操场；又如817的1号床去操场，这时仅有817房间的1号床位同学需要去操场。单片机的端口操作和位操作也是同样的道理。

2. 常量

常量是在程序运行过程中不能改变值的量，而变量是能在程序运行过程中不断变化的量。变量的定义能使用所有C语言编译器支持的数据类型，而常量的数据类型只有整型、浮点型、字符型、字符串型和位标量。

例如：

```
#define False 0x0;     //用预定义语句能定义常量
#define True 0x1;      //这里定义False为0，True为1
                       //在程序中用到False编译时自动用0替换，同理True替换为1
```

3. 变量

（1）关键字介绍

既然是编程语言那么就得有自己的规则，其实单片机C语言和标准C语言区别并不是很大，毕竟是利用标准C语言扩展来的。既然说到规则定义，那我们从单片机C语言的关键字说起。ANSIC的关键字有32个，其中包括9种控制语句，如下：

变量、赋值运算符

auto、const、signed、unsigned、static、extern、char、long、short、int、float、double、void、volatile、register、union、struct、enum、sizeof、typedef、if、while、break、case、continue、default、do、else、for、goto、return、switch

单片机中除了上面的关键字还有自己的变量：

bit：定义位变量的关键字；sbit：定义特殊功能寄存器的位变量；sfr：定义特殊功能寄存器变量；sfr16：定义16位特殊功能寄存器变量。除此之外还有单片机特有的存储器类型：

data：直接访问内部数据存储器，访问速度最快。

bdata：可位寻址内部数据存储器，允许位与字节混合访问。

idata：间接访问内部数据存储器，允许访问全部内存地址。

pdata：分页访问外部数据存储器，等效汇编movx @Ri访问。

xdata：外部数据存储器访问，等同汇编的movx @DPTR。

code：程序存储器访问，等同汇编的movc @A+DPTR。

举个例：data相当于手机内存，一般手机有128G内存，刚开始时可以随便用，但随着使用时间加长，内存越来越小，单片机也一样，片内存储器很有限（51系列128byte，52系列256byte），作为新学者一般问题不大，但随着使用时间越来越长，内存也会存在不够用的时候，那么就需要外扩内存。对于手机而言，有几种方式：一是加内存卡（idata），二是加外部存储器（xdata），三是直接换256G内存手机（换52系列或更高级单片机）。code存储时要注意，数据只能读出，不能写入，编译时直接将这部分数据放在程序存储空间内。

（2）命名规则介绍

所谓的变量就是对存储空间的区域进行命名，其内存区域存储的值可以改变。变量定义必须放在变量使用之前，一般放在函数体的开头部分。

标识符由字母（A-Z，a-z）、数字（0~9）、下划线“_”组成，并且首字符不能是数字。例如，正确的标识符：Led，PT1，LY_1等。不能把C语言关键字作为用户标识符，例如int、for、goto等。标识符长度是由机器上的编译系统决定的，一般限制为8字符。标识符对大小写敏感，即严格区分大小写。

4. 赋值运算符

赋值语句的作用是把某个常量或变量或表达式的值赋值给另一个变量。赋值语句左边必须是变量或寄存器，且必须先定义。常量不能出现在左边。

简单的赋值运算符：=

例如：	LED=0	将“0”赋给变量LED，此时P3.7端口输出低电平，电压为零。
	LED=1	将“1”赋给变量LED，此时P3.7端口输出高电平，电压为5V。
	AD_T=0X84	将十六进制数“84”赋给变量AD_T。

复合的赋值运算符：+=、-=、*=、%=、/=

例如：	i+=2	等价于	i=i+2
	a*=b+5	等价于	a=a*(b+5)
	x%=3	等价于	x=x%3

5. for语句

for语句的一般形式：

for（循环变量赋初值；循环继续条件；循环变量增值）

　{　循环体语句组；

　　}

for指令

for语句执行流程如图1-51所示。

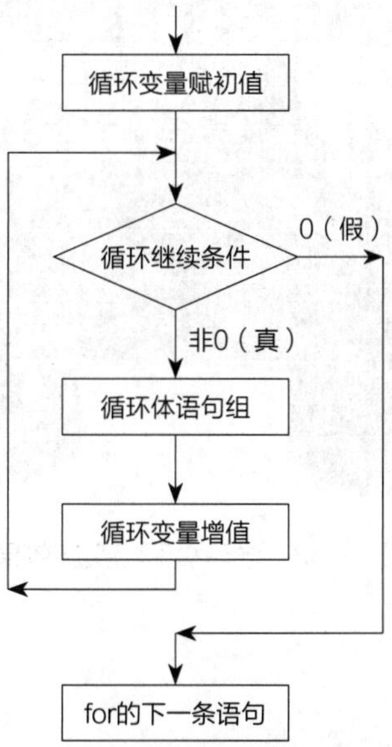

图1-51　for语句执行流程图

for语句应用举例：

for(i=0; i<10; i++){y=y+i;}

分析：

i=0时，满足i<10的条件，执行循环体y=y+i，完成后执行i++。i=1，y=0。

i=1时，满足i<10的条件，执行循环体y=y+i，完成后执行i++。i=2，y=1。

i=2时，满足i<10的条件，执行循环体y=y+i，完成后执行i++。i=3，y=3。

i=3时，满足i<10的条件，执行循环体y=y+i，完成后执行i++。i=4，y=6。

i=4时，满足i<10的条件，执行循环体y=y+i，完成后执行i++。i=5，y=10。

i=5时，满足i<10的条件，执行循环体y=y+i，完成后执行i++。i=6，y=15。

i=6时，满足i<10的条件，执行循环体y=y+i，完成后执行i++。i=7，y=21。

i=7时，满足i<10的条件，执行循环体y=y+i，完成后执行i++。i=8，y=28。

i=8时，满足i<10的条件，执行循环体y=y+i，完成后执行i++。i=9，y=36。

i=9时，满足i<10的条件，执行循环体y=y+i，完成后执行i++。i=10，y=45。

i=10时，不满足i<10的条件，不再执行循环体，跳出for循环，执行后面语句。

【探究任务实施】

1. 效果展示

学习板TT5实施效果如图1-52所示。

硬件演示

图1-52　学习板TT5实施效果

2. 任务要求

在学习板TT5上实现LED灯交替闪烁。

3. 电路设计

学习板TT5 LED指示灯I/O分配如图1-53所示。

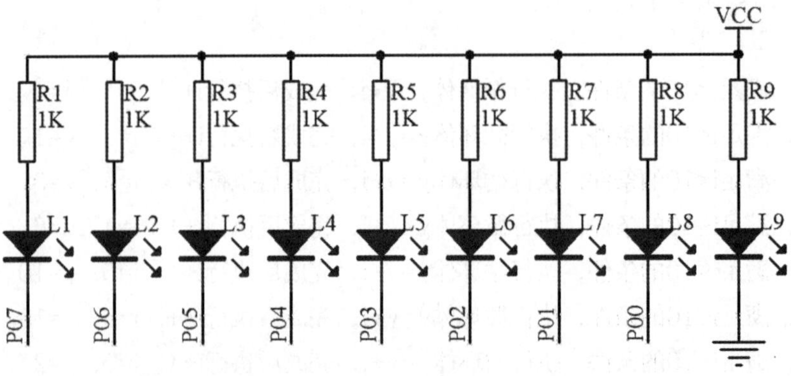

图1-53　学习板TT5 LED指示灯I/O分配图

4. 程序设计

```
#include "STC15F2K60S2.h"     // 引用头文件
void delay(unsigned int i)    //约1ms延时函数，i为延时ms数
{
unsigned int j,k;
for(j=0;j<i;j++)
   for(k=0;k<1200;k++);
}
void main()                  // 主函数
{
P0M1=0x00;P0M0=0x00;         //设置P0口为传统51端口
while(1)                     // while循环指令
{
P0=0xAA;                     //P0口输出
delay(1000);                 //调用1秒延时程序
P0=0x55;                     //P0口输出
delay(1000);                 //调用1秒延时程序
}
}
```

5. HEX文件下载

单击“打开程序文件”选择需要下载的HEX文件，选择运行时钟为22.1184MHz，单击“下载/编程”按钮，进入自动程序下载过程，操作成功后如图1-54所示。

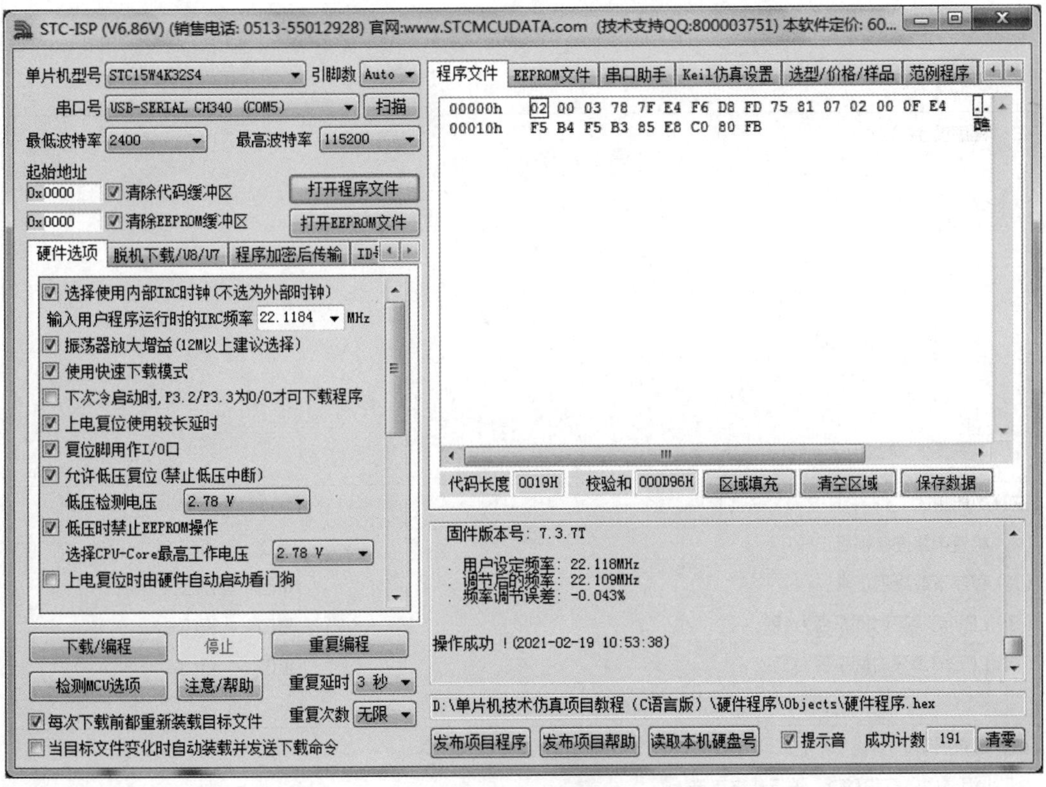

图1-54　下载程序

6. 功能测试

（1）检查电路连接是否正确： 是□ 否□

（2）程序下载是否正常： 是□ 否□

（3）TT5学习板中LED灯点亮是否闪动： 是□ 否□

【创新任务实施】

<table>
<tr><td>项目一</td><td colspan="2">汽车灯光系统控制</td><td>任务二</td><td colspan="2">点亮汽车闪光灯</td><td>学时</td><td>2</td></tr>
<tr><td>姓名</td><td></td><td>学号</td><td></td><td>班级</td><td></td><td>日期</td><td></td></tr>
<tr><td>团队成员</td><td colspan="7"></td></tr>
<tr><td>任务要求</td><td colspan="7">控制LED灯，要求亮1秒，灭3秒</td></tr>
<tr><td colspan="8">一、电路设计</td></tr>
<tr><td colspan="8">二、程序设计</td></tr>
<tr><td colspan="8">三、功能测试
（1）检查电路连接是否正确： 是□ 否□
（2）程序下载是否正常： 是□ 否□
（3）LED灯点亮时间是否为1秒： 是□ 否□
（4）LED灯熄灭时间是否为3秒： 是□ 否□</td></tr>
<tr><td colspan="8">四、检查展示
1. 小组成员自查和互查，进行补充完善
2. 各小组推荐优秀作品进行展示</td></tr>
</table>

续表

五、总结评价

序号	评价项目	配分	自评分	组长评分	教师评分	备注
1	电路设计	15				
2	程序思路	20				
3	任务完成	35				
4	检查展示	10				
5	劳动纪律	5				
6	积极主动	5				
7	工匠精神	5				
8	贡献大小	5				
合计		100				

综合得分=自评分×20%+组长评分×30%+教师评分×50%=

六、反思

【任务测试】

1. unsigned int定义变量时，需要使用________字节的存储空间。
2. 定义变量时将变量命名成“09PT”是否正确？(　)
3. y=0; for(i=0; i<10; i++){y=y+i;}执行后y=________。
4. i+=2等价于________。
5. a*=b+5等价于________。

任务三　点亮汽车氛围灯

【任务目标】

知识目标	技能目标
能描述C语言的进制转换、关系运算、算术运算、自增、自减运算、逻辑运算、位运算、移位运算等指令的基本组成与应用	1. 能进行汽车氛围灯仿真电路搭建 2. 能进行汽车氛围灯控制程序编制、硬件调试、创新应用

【任务描述】

本任务要求实现LED灯从右至左依次循环点亮来模拟汽车氛围灯。通过本任务学习，要求学习者能进行汽车氛围灯控制电路设计、程序编制、仿真调试、硬件调试和创新应用。

【体验任务实施】

体验任务引导视频

1. 任务要求

在仿真软件中点亮汽车氛围灯。

2. 电路设计

点亮汽车氛围灯（逐一点亮）仿真展示电路设计如图1-55所示。

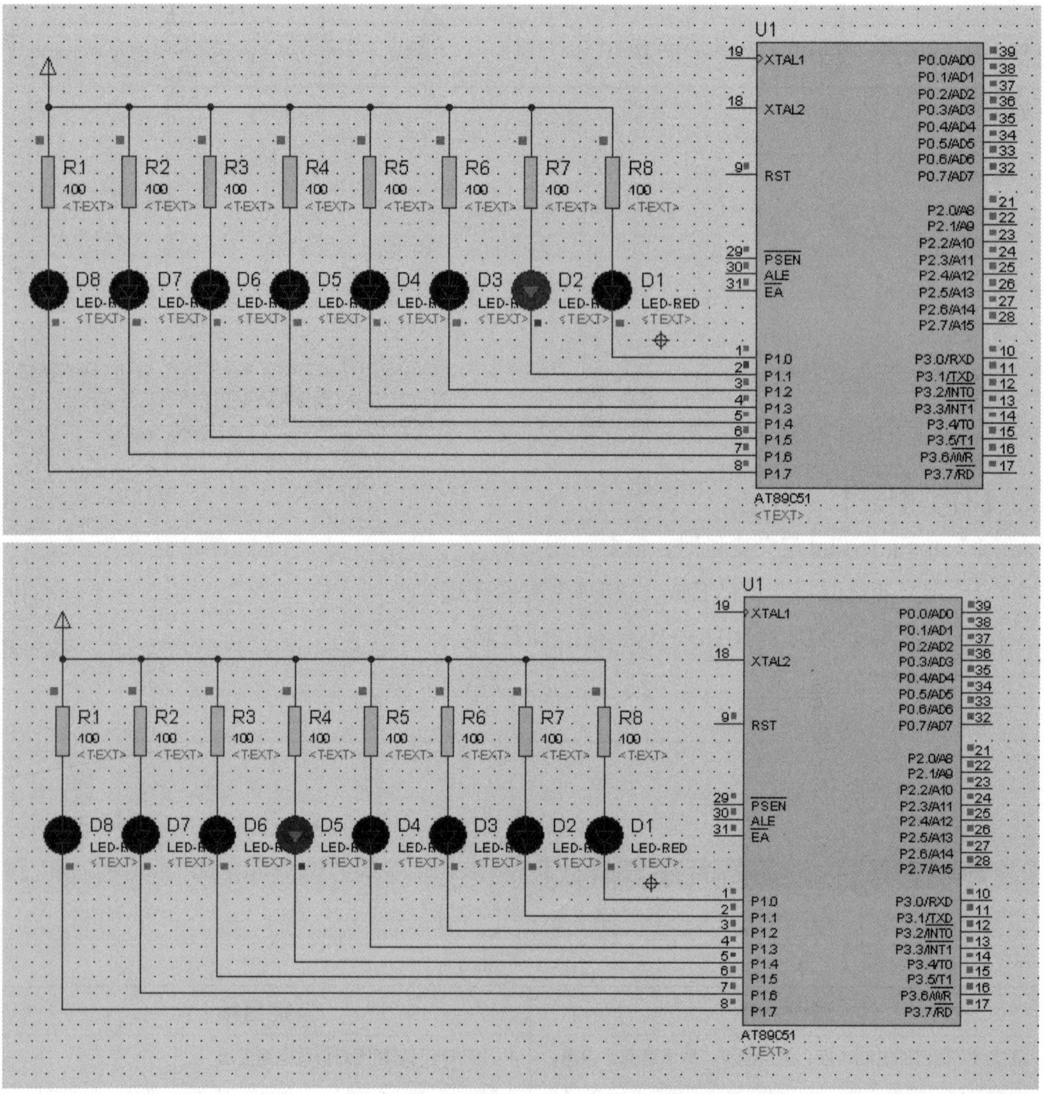

图1-55　点亮汽车氛围灯（逐一点亮）仿真展示电路设计图

3. 程序设计

（1）仿真源程序

```
#include<reg51.h>          //引用头文件
void delay(unsigned int i) //1ms延时函数
{unsigned int j,k;
for(j=0;j<i;j++)
  for(k=0;k<120;k++);
}
void main()               //主程序
{
while(1)                  //循环指令，一直执行下面括号中的内容
{P1=0XFE;                 //点亮第1个灯
delay(1000);              //调用1s延时程序
P1=0xFD;                  //点亮第2个灯
delay(1000);              //调用1s延时程序
P1=0xFB;                  //点亮第3个灯
delay(1000);              //调用1s延时程序
P1=0xF7;                  //点亮第4个灯
delay(1000);              //调用1s延时程序
P1=0xEF;                  //点亮第5个灯
delay(1000);              //调用1s延时程序
P1=0xDF;                  //点亮第6个灯
delay(1000);              //调用1s延时程序
P1=0xBF;                  //点亮第7个灯
delay(1000);              //调用1s延时程序
P1=0x7F;                  //点亮第8个灯
delay(1000);              //调用1s延时程序
}
}
```

（2）程序设计流程图

点亮汽车氛围灯程序设计流程如图1-56所示。

4. 仿真调试

（1）加载HEX文件

在Proteus仿真软件中的单片机仿真元件上双击鼠标左键，单击“Program File”栏后的文件夹图标，找到HEX文件所在目录，单击“打开”按钮，最后单击“OK”按钮完成HEX文件加载，如图1-57所示。

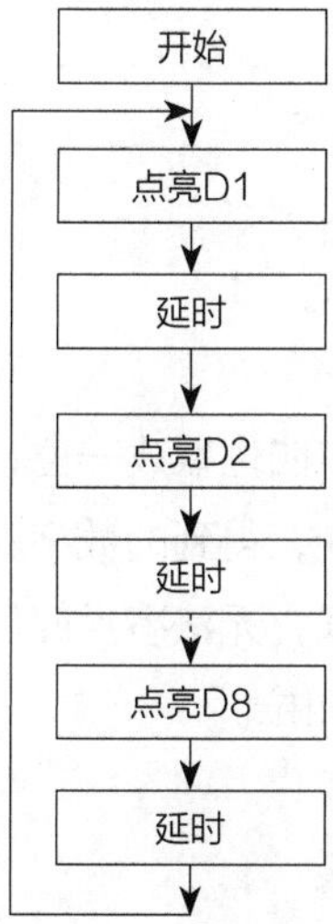

图1-56　点亮汽车氛围灯程序设计流程图

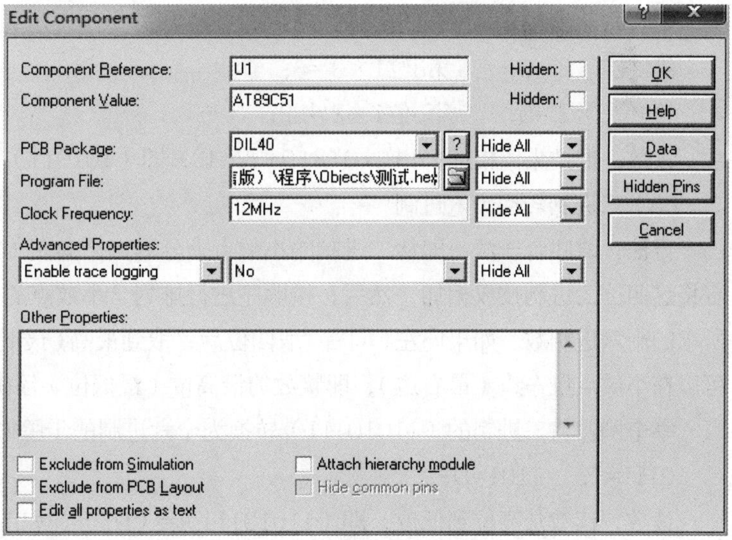

图1-57　完成HEX文件加载

（2）仿真结果

单击如图1-58所示图标，可实现全部运行、单步运行、暂停、停止功能。

仿真结果：单击全部运行，LED灯从右到左流水式点亮；单击停止，所有LED灯熄灭。

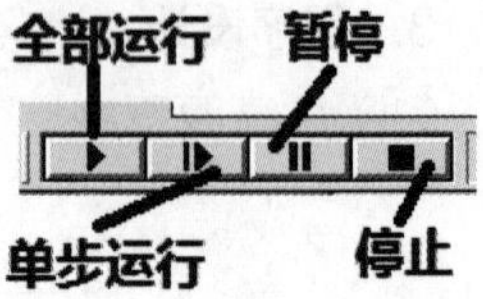

图1-58　仿真按钮功能图示

【知识链接】

1. 进制转换

进制转换、算术运算符、自增、自减运算

（1）十进制（Decimal）

基数是10，它有10个数字符号（数码），即0，1，2，3，4，5，6，7，8，9，其中最大数码是基数减1，即9，最小数码是0。

（2）二进制（Binary）

基数是2，它只有两个数字符号，即0和1。这就是说，如果在给定的数中，除0和1外还有其他数，例如1012，它就绝不会是一个二进制数。

（3）十六进制（Hexadecimal）

基数是16，它有16个数字符号，除了十进制中的10个数外，还使用了6个英文字母。它的16个数字依次是0，1，2，3，4，5，6，7，8，9，A，B，C，D，E，F，其中A至F分别代表十进制数的10至15，最大的数字也是基数减1。

（4）二进制转换十进制

二进制数从低位到高位（即从右往左）计算，第0位的权值是2的0次方，第1位的权值是2的1次方，第2位的权值是2的2次方，依次递增下去，把最后的结果相加的值就是十进制的值了。

举个例：将二进制的 $(101011)_B$ 转换为十进制的步骤如下：

第0位 $1\times2^0=1$；　　第1位 $1\times2^1=2$；

第2位 $0\times2^2=0$；　　第3位 $1\times2^3=8$；

第4位 $0\times2^4=0$；　　第5位 $1\times2^5=32$；

读数，把结果值相加，1+2+0+8+0+32=43，即 $(101011)_B=(43)_D$。

（5）二进制转换十六进制

方法：取四合一法，即从二进制的小数点为分界点，向左（向右）每四位取成一位，接着将这四位二进制按权相加，然后，按顺序进行排列，小数点的位置不变，得到的数字就是所求的十六进制数。如果向左（向右）取四位后，取到最高（最低）位时候，无法凑足四位，可以在小数点最左边（最右边），即整数的最高位（最低位）添0，凑足四位。

举个例：将二进制的 $(11010111)_B$ 转换为十六进制的步骤如下：

0111=7；　1101=D；

读数，读数从高位到低位，即 $(11010111)_B=(D7)_H$，如图1-59所示。

（6）十六进制转换十进制

方法：十六进制数从低位到高位（即从右往左）计算，第0位的权值是16的0次方，第1位的权值是16的1次方，第2位的权值是16的2次方，依次递增下去，把最后的结果相加的值就是十进制的值了。

十六进制就是逢16进1。

举个例：将十六进制的（2B）$_H$转换为十进制的步骤如下：

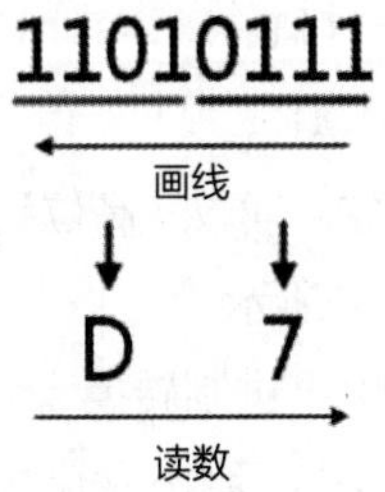

图1-59　图解二进制转换十六进制

第0位B×16^0=11；

第1位2×16^1=32；

读数，把结果值相加，11+32=43，即（2B）$_H$=（43）$_D$。

（7）十进制转换二进制

方法：除2取余法，即每次将整数部分除以2，余数为该位权上的数，而商继续除以2，余数又为上一个位权上的数，这个步骤一直持续下去，直到商为0为止，最后读数的时候，从最后一个余数读起，一直到最前面的一个余数。

举个例：将十进制的（43）$_D$转换为二进制的步骤如下：

将商43除以2，商21余数为1；

将商21除以2，商10余数为1；

将商10除以2，商5余数为0；

将商5除以2，商2余数为1；

将商2除以2，商1余数为0；

将商1除以2，商0余数为1；

读数，因为最后一位是经过多次除以2才得到的，因此它是最高位，读数字从最后的余数向前读，101011，即（43）$_D$=（101011）$_B$，如图1-60所示。

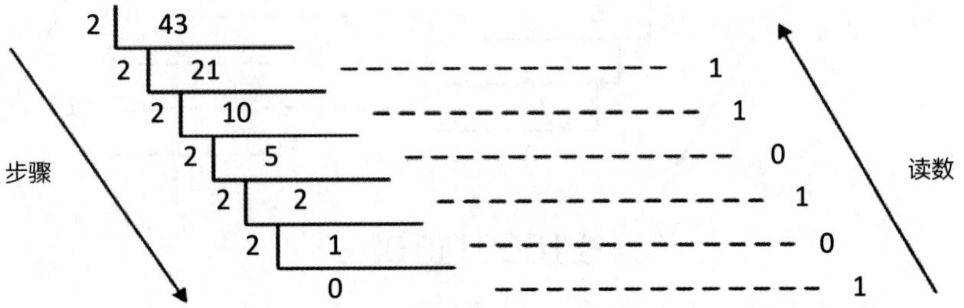

图1-60　图解十进制转换二进制

（8）十六进制转换二进制

方法：取一分四法，即将一位十六进制数分解成四位二进制数，用四位二进制按权相加去凑这位十六进制数，小数点位置照旧。

举个例：将十六进制的（E9）$_H$转换为二进制的步骤如下：

E=1111；

9=1001；

读数，读数从高位到低位，即（E9）$_H$=（11111001）$_B$，如图1-61所示。

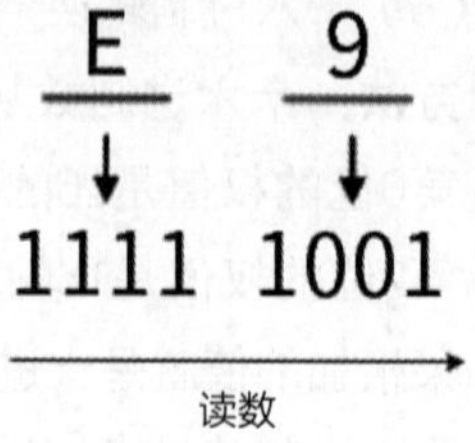

图1-61　图解十六进制转二进制

（9）十进制转换十六进制

方法1：除16取余法，即每次将整数部分除以16，余数为该位权上的数，而商继续除以16，余数又为上一个位权上的数，这个步骤一直持续下去，直到商为0为止，最后读数的时候，从最后一个余数起，一直到最前面的一个余数，如图1-62所示。

举个例：将十进制的（796）$_D$转换为十六进制。

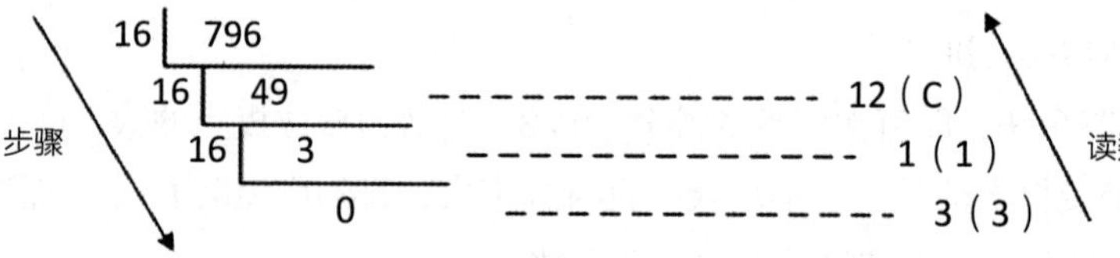

图1-62　图解十进制转换十六进制方法1

方法2：使用间接法，先将十进制转换成二进制，然后将二进制再转换成十六进制，如图1-63所示。

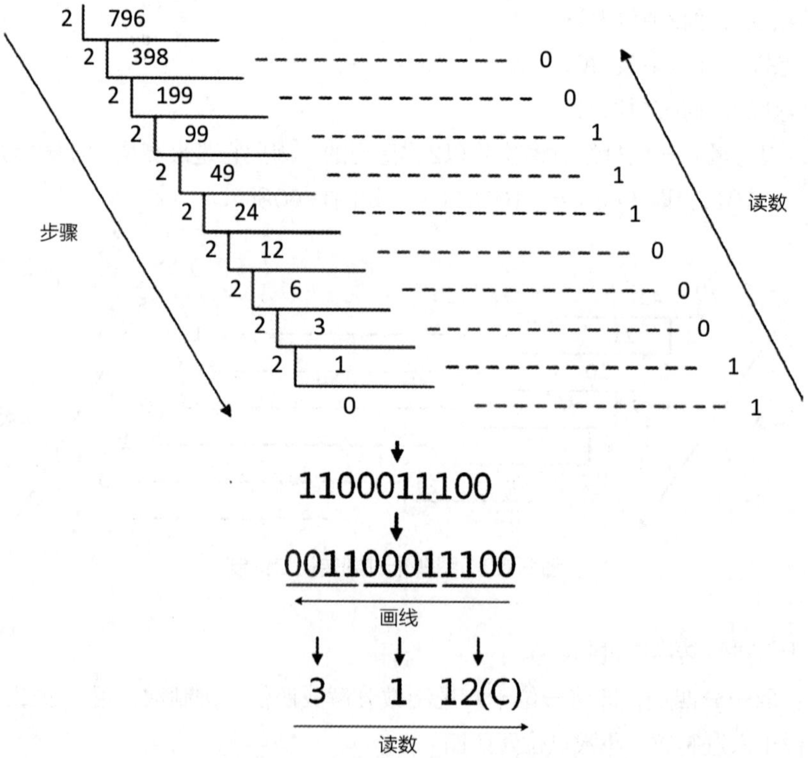

图1-63　图解十进制转换十六进制方法2

举个例：

①点亮第一盏灯时。

根据实际电路连接，LED灯为共阳连接，分析可得，单片机输出“0”电平时LED灯点亮，单片机输出“1”电平时LED灯熄灭，如图1-64所示。

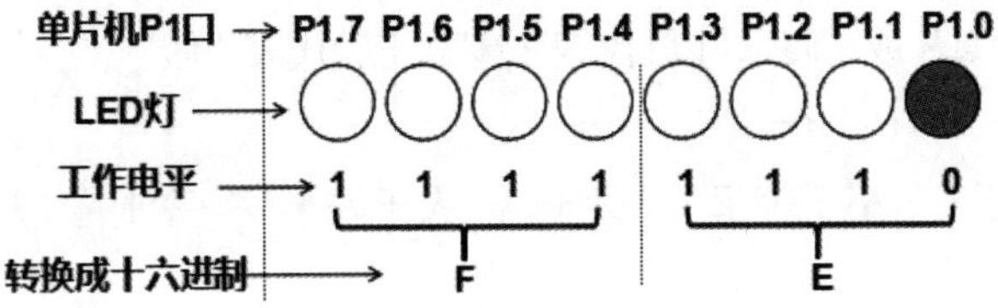

图1-64　点亮第一盏灯

②点亮任意一盏灯时。

根据实际电路连接，LED灯为共阳连接，分析可得，单片机输出“0”电平时LED灯点亮，单片机输出“1”电平时LED灯熄灭，如图1-65所示。

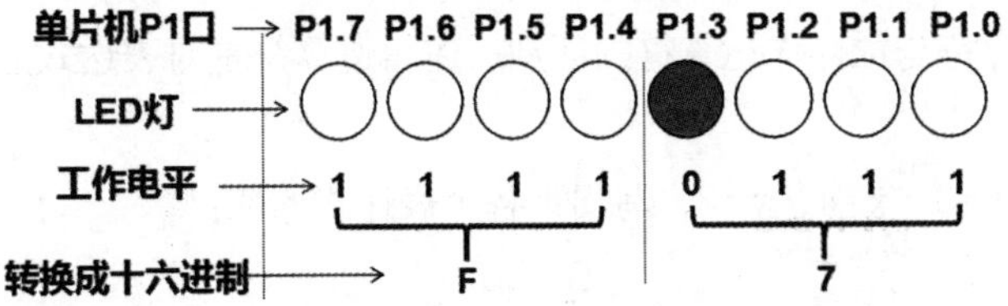

图1-65　点亮任意一盏灯

2. 算术运算符

+（加法运算）　　-（减法运算）

*（乘法运算符）　/（除法运算符）

%（求余运算符，或称模运算符）如4%2=0

两个整数相除结果为整数，如8/5的结果为1，舍去小数部分。如果参加运算的两个数中有一个数为实数，则结果是实型。求余运算要求%两侧都是整型数据。

3. 自增、自减运算

自增运算符（++）和自减运算符（--）：

（1）前置运算：++变量、--变量。

即先增减、后运算。

（2）后置运算：变量++、变量--。

即先运算、后增减。

举个例：

```
unsigned int x=6, y, z, m, n;
y=++x;    //执行此行程序后，y=7，x=7
z=x--;    //执行此行程序后，z=7，x=6
```

m=y/z;　　//执行此行程序后，m=1

n=z%x;　　//执行此行程序后，x=1

关系运算符、逻辑运算符、位运算、按位取反操作

4. 关系运算符

用关系运算符将两个表达式（可以是算术表达式、关系表达式、赋值表达式或逻辑表达式）连接起来的式子，称为关系表达式。关系表达式的值为逻辑值“真”或“假”，以1代表“真”，以0代表“假”。

关系运算符：	<	<=	>	>=	==	!=
含义：	小于	小于等于	大于	大于等于	等于	不等于

例如：

KEY==0　若KEY变量为“0”时，此表达式成立，为真；若KEY变量为“1”时，此表达式不成立，为假。

KEY！=0　若KEY变量为“1”时，此表达式成立，为真；若KEY变量为“0”时，此表达式不成立，为假。

5. 逻辑运算符

!（逻辑非）　　&&（逻辑与）　　||（逻辑或）

注意：逻辑运算符与位操作运算符的区别，逻辑运算符是对表达式进行逻辑运算。

举个例：

若a=1，b=2，c=3，x=4，y=3，写出下各个表达式的值：

a+b>c&&b==c　　　　0

!（x=a）&&（y=c）　　　　0

6. 运算优先级

运算优先级如图1-66所示。

运算类型	运算符	优先级	结合性
括号运算符	( )	1	从左至右
逻辑非和按位取反	! ~	2	从右至左
算术运算	* / %	3	从左至右
	+ -	4	从左至右
左移、右移运算	<< >>	5	从左至右
关系运算	< <= > >=	6	从左至右
	== !=	7	从左至右
位运算	&	8	从左至右
	^	9	从左至右
	|	10	从左至右
逻辑与	&&	11	从左至右
逻辑或	||	12	从左至右
赋值运算与复合赋值运算	= +=、-=、*=、/=、%=、&=、^=、|=、<<=、>>=	14	从右至左

图1-66　运算优先级

举个例：

x<y&& m<n　　　等效于(x<y) && (m<n)

a= =b || c= =d　　等效于(a= =b) ||(c= =d)

!a && b>c　　　等效于(!a) && (b>c)

7. 位运算

（1）与操作

按位与操作符：&

格式：x&y

规则：对应位均为1时才为1，否则为0。

举个例：

i=i&0x0f；若i=0x38，执行本语句后i=0x08。

主要用途：取（或保留）1个数的某（些）位，其余各位置0。

（2）或操作

按位或操作符：|

格式：x|y

规则：对应位均为0时才为0，否则为1。

举个例：

i=i|0x0f；若i=0x38，执行本语句后i=0x3f。

主要用途：将1个数的某（些）位置1，其余各位不变。

（3）异或操作

按位异或操作符：^

格式：x^y

规则：对应位相同时为0，不同时为1。

举个例：

i=i^0x0f；若i=0x38，执行本语句后i=0x37。

主要用途：使1个数的某（些）位翻转（即原来为1的位变为0，为0的变为1），其余各位不变。

（4）按位取反操作

按位取反操作符：~

格式：~x

规则：各位翻转，即原来为1的位变成0，原来为0的位变成1。

举个例：

i=~i；若i=0x38，执行本语句后i=0xC7。

主要用途：间接地构造一个数，以增强程序的可移植性。

【探究任务实施】

1. 效果展示

学习板TT5实施效果如图1-67所示。

硬件演示

图1-67　学习板TT5实施效果

2. 任务要求

在学习板TT5上点亮汽车氛围灯（一次流水两个灯）。

3. 电路设计

学习板TT5 LED指示灯I/O分配如图1-68所示。

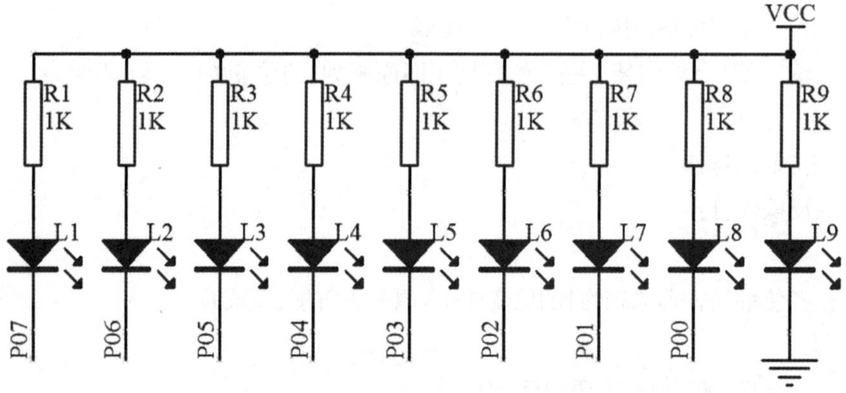

图1-68　学习板TT5 LED指示灯I/O分配图

4. 程序设计

```c
#include "STC15F2K60S2.h"     // 引用头文件
void delay(unsigned int i)    //约1ms延时函数，i为延时ms数
{
unsigned int j,k;
for(j=0;j<i;j++)
   for(k=0;k<1200;k++);
}
void main()                  // 主函数
{
P0M1=0x00;P0M0=0x00;         //设置P0口为传统51端口
while(1)                     // while循环指令
{
P0=0xFC; delay(1000);        //点亮2个灯， 调用1秒延时程序
P0=0xF9; delay(1000);        //点亮2个灯， 调用1秒延时程序
P0=0xF3; delay(1000);        //点亮2个灯， 调用1秒延时程序
P0=0xE7; delay(1000);        //点亮2个灯， 调用1秒延时程序
P0=0xCF; delay(1000);        //点亮2个灯， 调用1秒延时程序
P0=0x9F; delay(1000);        //点亮2个灯， 调用1秒延时程序
P0=0x3F; delay(1000);        //点亮2个灯， 调用1秒延时程序
P0=0xFF; delay(1000);        //点亮2个灯， 调用1秒延时程序
}
}
```

5. HEX文件下载

单击“打开程序文件”选择需要下载的HEX文件，选择运行时钟为22.1184MHz，单击“下载/编程”按钮，进入自动程序下载过程，操作成功后如图1-69所示。

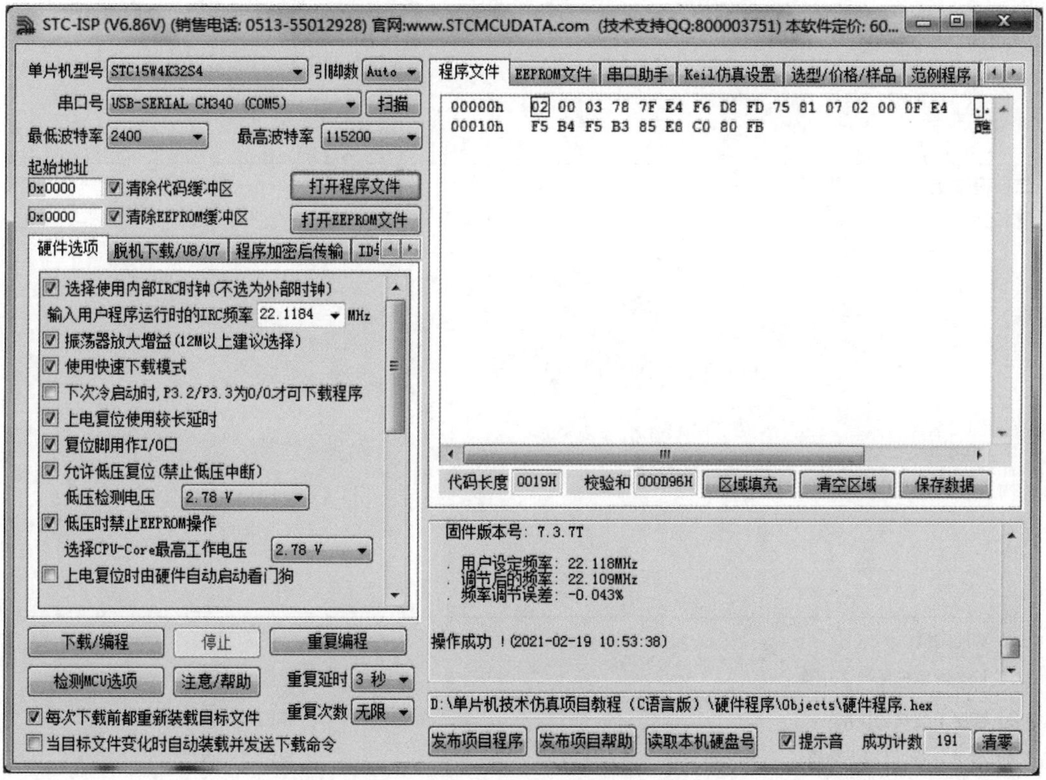

图1-69 下载程序

6. 功能测试

（1）检查电路连接是否正确： 是□ 否□

（2）程序下载是否正常： 是□ 否□

（3）TT5学习板中LED灯是否有流水效果： 是□ 否□

【创新任务实施】

<table>
<tr><td>项目一</td><td colspan="2">汽车灯光系统控制</td><td>任务三</td><td colspan="2">点亮汽车氛围灯</td><td>学时</td><td>2</td></tr>
<tr><td>姓名</td><td></td><td>学号</td><td></td><td>班级</td><td></td><td>日期</td><td></td></tr>
<tr><td>团队成员</td><td colspan="7"></td></tr>
<tr><td>任务要求</td><td colspan="7">设计不少于3种效果的氛围灯</td></tr>
<tr><td colspan="8">一、电路设计</td></tr>
<tr><td colspan="8">二、程序设计</td></tr>
<tr><td colspan="8">三、功能测试
（1）检查电路连接是否正确： 是□ 否□
（2）程序下载是否正常： 是□ 否□
（3）是否有3种及以上效果： 是□ 否□</td></tr>
</table>

续表

四、检查展示

1. 小组成员自查和互查，进行补充完善
2. 各小组推荐优秀作品进行展示

五、总结评价

序号	评价项目	配分	自评分	组长评分	教师评分	备注
1	电路设计	15				
2	程序思路	20				
3	任务完成	35				
4	检查展示	10				
5	劳动纪律	5				
6	积极主动	5				
7	工匠精神	5				
8	贡献大小	5				
合计		100				

综合得分=自评分×20%+组长评分×30%+教师评分×50%=

六、反思

【任务测试】

1. 与发光二极管串联的限流电阻，其阻值越大，发光二极管点亮的亮度________。
2. 将十进制数78转换成二进制数为________________________________。
3. 将十六进制数9E转换成二进制数为________________________________。
4. a=01100011B，右移4位后为________________________________。
5. delay(7000)；在源程序中的意义是延时____________。
6. for(k=0；k<120；k++)；这条语句执行________次。

任务四 控制汽车转向灯

【任务目标】

知识目标	技能目标
能描述if语句的基本组成与应用	1. 能进行汽车转向灯仿真电路搭建 2. 能进行汽车转向灯控制程序编制、硬件调试、创新应用

【任务描述】

本任务要求模拟汽车转向灯控制，按下KEY1，LED1灯闪亮，松开灯灭；按下KEY2，LED2灯闪亮，松开灯灭。通过本任务学习，要求学习者能进行按键控制电路设计、程序编制、仿真调试、硬件调试和创新应用。

【体验任务实施】

体验任务引导视频

1. 任务要求

在仿真软件中实现转向灯控制（按键时灯常亮即可）。

2. 电路设计

控制汽车转向灯仿真展示设计如图1-70所示。

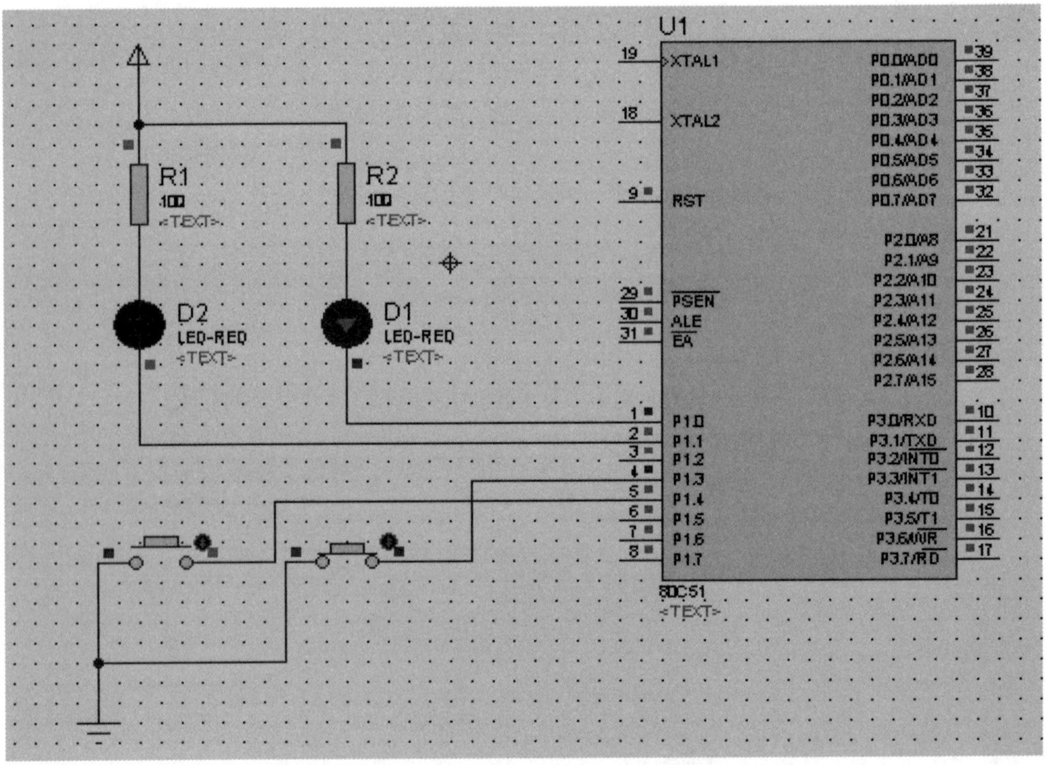

图1-70 控制汽车转向灯仿真展示设计图

3. 程序设计

（1）仿真源程序

```
#include<reg51.h>       //引用头文件
sbit LED1=P1^0;         //定义左转向灯
sbit LED2=P1^1;         //定义右转向灯
sbit KEY1=P1^3;         //定义左转向开关
sbit KEY2=P1^4;         //定义右转向开关
void main( )            //主程序
{
while(1)                //循环指令，一直执行下面括号中的内容
{
if(KEY1==0) LED1=0;     //左转向开关按下，左转向灯亮
else        LED1=1;
if(KEY2==0) LED2=0;     //右转向开关按下，右转向灯亮
else        LED2=1;
}
}
```

（2）程序设计流程图

控制汽车转向灯程序流程如图1-71所示。

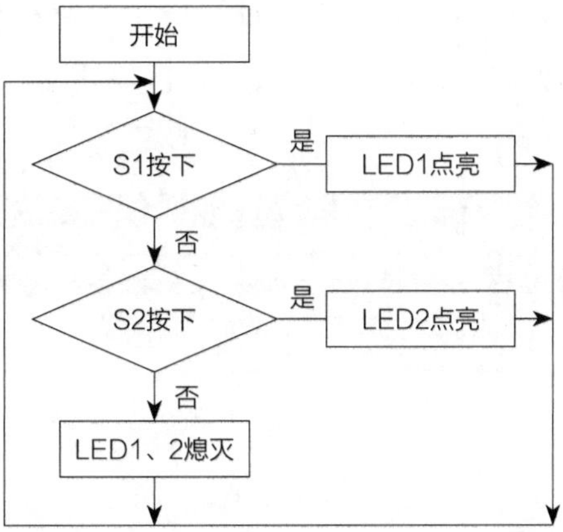

图1-71　控制汽车转向灯程序流程图

4. 仿真调试

（1）加载HEX文件

在Proteus仿真软件中的单片机仿真元件上双击鼠标左键，单击“Program File”栏后的文件夹图标，找到HEX文件所在目录，单击“打开”按钮，最后单击“OK”按钮完成HEX文件加载，如图1-72所示。

（2）仿真结果

单击如图1-73所示图标，可实现全部运行、单步运行、暂停、停止功能。

仿真结果：单击全部运行，按下KEY1，LED1灯亮；按下KEY2，LED2灯亮；松开灯熄灭。

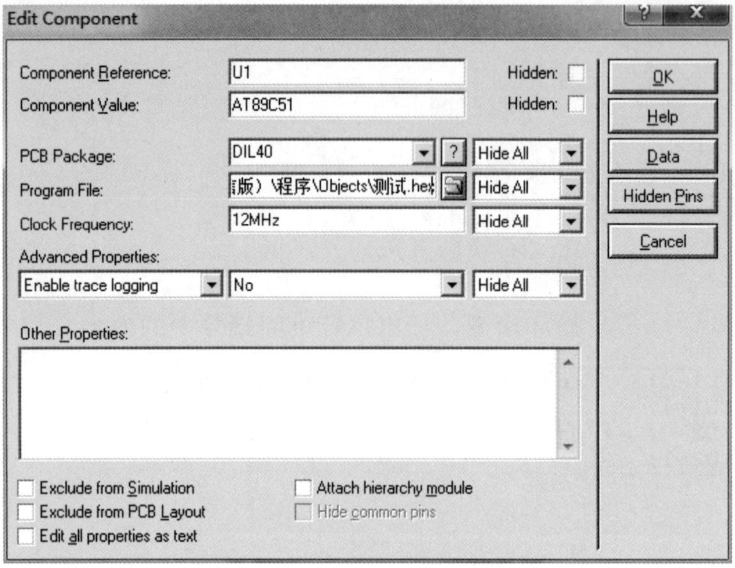

图1-72　完成HEX文件加载

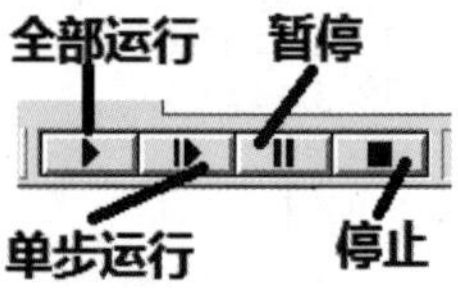

图1-73　仿真按钮功能图示

【注意事项】

放置按键，在元件放置模式下单击“P”按钮，输入关键字“butt”，选中“BUTTON”元件，单击“OK”按钮，放置按键到合适位置，如图1-74所示。

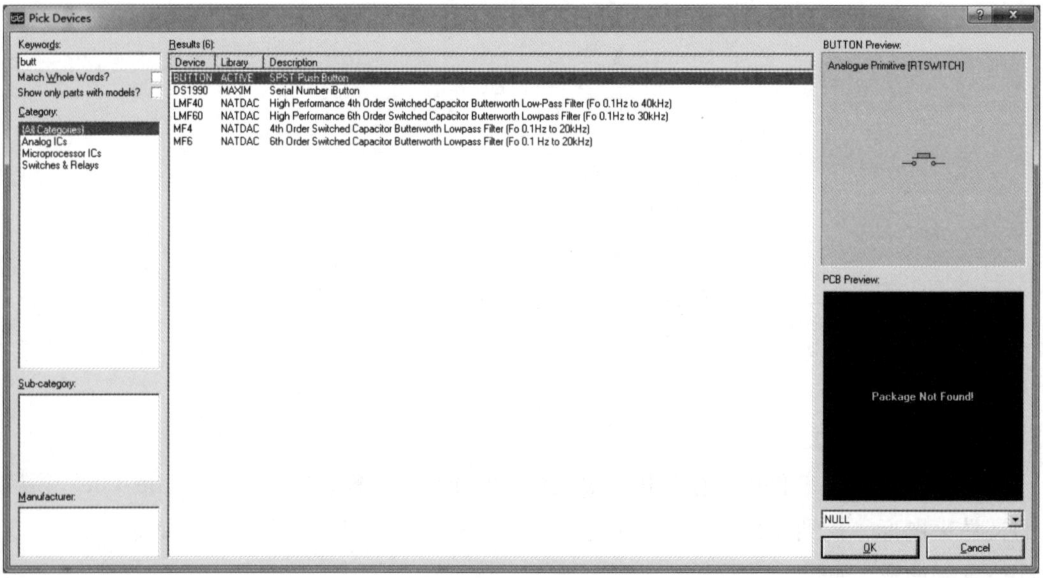

图1-74　放置按键

【知识链接】

1. if语句

if(表达式)

{

语句组;

}

if指令

if语句执行过程：当“表达式”的结果为“真”时，执行其后的“语句组”，否则跳过该语句组，继续执行下面的语句。if指令执行过程如图1-75所示。

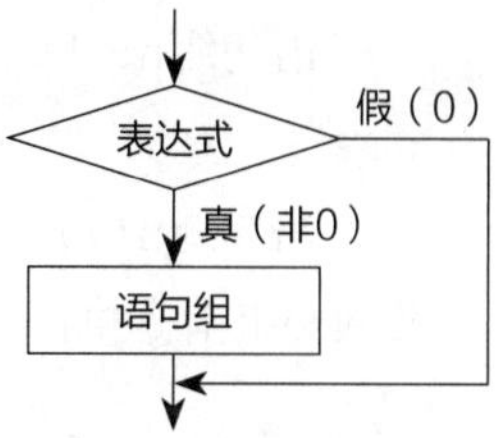

图1-75　if指令执行流程图

举个例：

明天不下雨，我们就去爬山。用if指令进行中文编程为：

if(明天下雨)

{我们不去爬山}

else　{我们去爬山}

if语句中的“表达式”通常为逻辑表达式或关系表达式，也可以是任何其他的表达式或类型数据，只要表达式的值非0即为“真”。以下语句都是合法的：

if(5){…}　　if(y=9){…}　　if(P1_6){…}

在if语句中，“表达式”必须用括号括起来。

在if语句中，大括号“{ }”里面的语句组如果只有一条语句，可以省略大括号，如“if(P2_7==0)P3_7=0;”。

2. if-else语句

if(表达式)

　{ 语句组1; }

　else

　{ 语句组2; }

if-else语句执行过程：当“表达式”的结果为“真”时，执行其后的“语句组1”，否则执行“语句组2”。

应用举例：

if(KEY==0)	LED=0;	当key等于“0”时，if语句表达式成立，执行if后面程序，变量LED赋“0”值，相应端口外接共阳LED灯点亮。
else	LED=1;	否则（key不等于“0”时），变量LED赋“1”值，相应端口外接共阳LED灯不亮。

特别注意：此时的“==”代表条件判断是否等于，“=”代表赋值给变量；if语句条件满足后执行“{ }”里的全部指令，若没有“{ }”则仅执行后面一条指令。

3. if-else-if语句

if-else-if语句是由if-else语句组成的嵌套，用来实现多个条件分支的选择，其一般格式如下：

```
if(表达式1)
  { 语句组1; }
else if (表达式2)
  { 语句组2; }
    …
else if (表达式n)
  { 语句组n; }
else
  { 语句组n+1; }
```

if-else-if指令执行过程如图1-76所示。

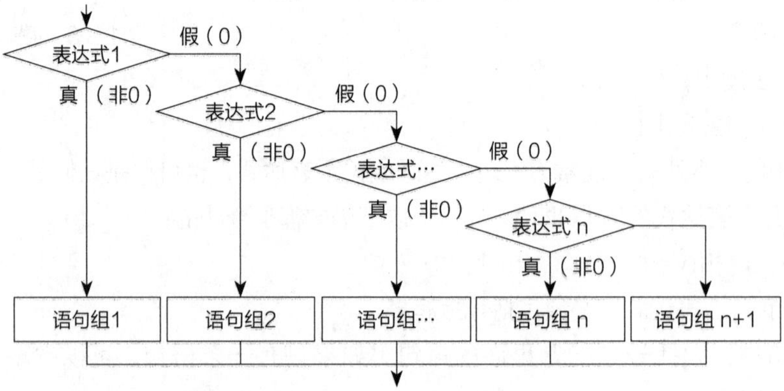

图1-76　if-else-if指令执行流程图

测一测：

```
if(k>50) y=10;
else if(k>30) y=20;
else if(k>10) y=30;
else y=40;
```

k=5时y=_____。k=15时y=_____。k=35时y=_____。k=60时y=_____。

4. switch语句

多分支选择的switch语句，其一般形式如下：

```
switch(表达式)
  {
    case常量表达式1:  语句组1; break;
    case常量表达式2:  语句组2; break;
    …
    case常量表达式n:  语句组n; break;
    default        :  语句组n+1;
  }
```

该语句的执行过程是：首先计算表达式的值，并逐个与case后的常量表达式的值相比较，当表达式的值与某个常量表达式的值相等时，则执行对应该常量表达式后的语句组，再执行break语句，跳出switch语句的执行，继续执行下一条语句。如果表达式的值与所有case后的常量表达式均不相同，则执行default后的语句组。

测一测：

```
switch(k)
  {
    case 1：y=10; break;
    case 2：y=20;
    case 3：y=30;break;
    default ： y=40;
  }
```

k=1时y=_____。k=2时y=_____。k=3时y=_____。k=6时y=_____。

【探究任务实施】

1. 效果展示

学习板TT5实施效果如图1-77所示。

硬件演示

图1-77　学习板TT5实施效果

2. 任务要求

在学习板TT5上实现控制汽车转向灯（按键时要求灯闪烁）。

3. 电路设计

学习板TT5 按键和LED指示灯I/O分配如图1-78所示。

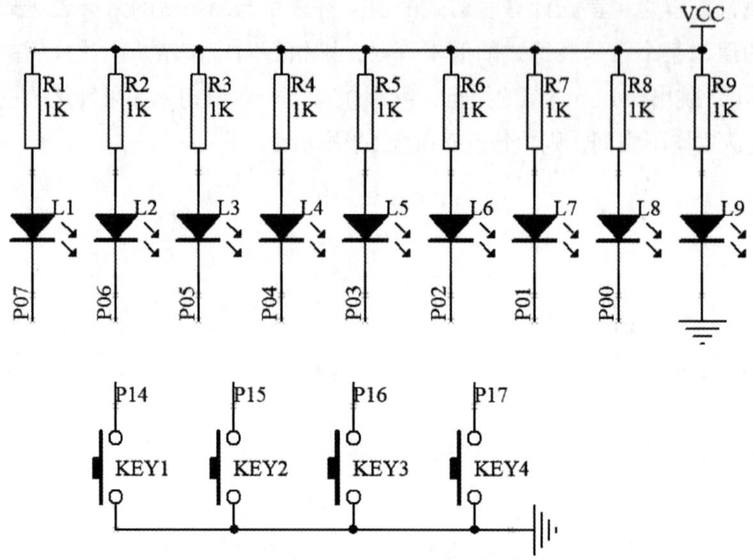

图1-78　学习板TT5 按键和LED指示灯I/O分配图

4. 程序设计

```
#include "STC15F2K60S2.h"                   //  引用头文件
sbit key1=P1^4;                             //定义左转向灯开关
sbit key2=P1^5;                             //定义右转向灯开关
sbit led1=P0^0;                             //定义左转向灯
sbit led2=P0^1;                             //定义右转向灯
void delay(unsigned int i)                  //约1ms延时函数，i为延时ms数
{
unsigned int j,k;
for(j=0;j<i;j++)
  for(k=0;k<1200;k++);
}
void main()                                 //  主函数
{
P0M1=0x00;P0M0=0x00;                        //设置P0口为传统51端口
P1M1=0x00;P1M0=0x00;                        //设置P1口为传统51端口
while(1)                                    //  while循环指令
{
if(key1==0)                                 //左转向灯开关按下
{led1=0;delay(500);led1=1;delay(500);}      //左转向灯闪动
else if(key2==0)                            //左转向灯开关没有按下，右转向灯开关按下
{led2=0;delay(500);led2=1;delay(500);}      //右转向灯闪动
else                                        //左、右转向灯开关都没有按下
{led1=1;led2=1;}                            //左、右转向灯关闭
}
}
```

5. HEX文件下载

单击“打开程序文件”选择需要下载的HEX文件，选择运行时钟为22.1184MHz，单击“下载/编程”按钮，进入自动程序下载过程，操作成功后如图1-79所示。

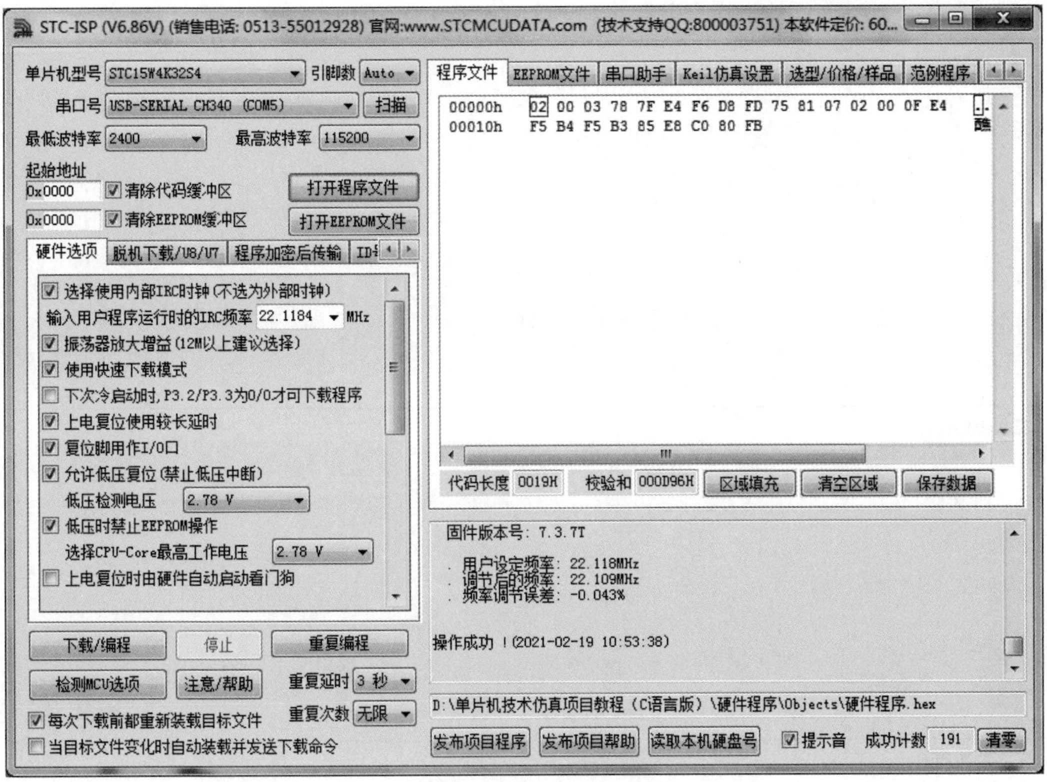

图1-79　下载程序

6. 功能测试

（1）检查电路连接是否正确：　　是□　　否□

（2）程序下载是否正常：　　是□　　否□

（3）按下KEY1，LED1是否闪亮：　　是□　　否□

（4）按下KEY2，LED2是否闪亮：　　是□　　否□

（5）松开按键，LED灯是否熄灭：　　是□　　否□

【创新任务实施】

项目一	汽车灯光系统控制		任务四	控制汽车转向灯		学时	2
姓名		学号		班级		日期	
团队成员							
任务要求	实现汽车流水式转向灯的开启与关闭控制，要求按下KEY1，流水式转向灯开始工作，按下KEY2，流水式转向灯熄灭						

续表

一、电路设计

二、程序设计

三、功能测试

（1）检查电路连接是否正确：　　是□　否□

（2）程序下载是否正常：　　是□　否□

（3）按下KEY1，流水式转向灯工作：　　是□　否□

（4）按下KEY2，流水式转向灯停止：　　是□　否□

四、检查展示

1. 小组成员自查和互查，进行补充完善

2. 各小组推荐优秀作品进行展示

五、总结评价

序号	评价项目	配分	自评分	组长评分	教师评分	备注
1	电路设计	15				
2	程序思路	20				
3	任务完成	35				
4	检查展示	10				
5	劳动纪律	5				
6	积极主动	5				
7	工匠精神	5				
8	贡献大小	5				
合计		100				

综合得分=自评分×20%+组长评分×30%+教师评分×50%=

续表

六、反思

【任务测试】

1. 若程序执行“if(y=1) x=8；”后x=______________，y=______________。
2. 若程序执行“if(y=1) x=8；”后x=______________，y=______________。
3. 补全程序。

```
#include<reg51.h>                    //创建库文件
sbit KEY=P1^3;
sbit LED1=P1^0;
sbit LED2=P1^1;
void main( )                         //主程序
{
while(1)                             //循环指令，一直执行下面括号中的内容
{
if(KEY==0)          {          }     //LED1点亮，LED2熄灭
else                {          }     //LED1熄灭，LED2点亮
}
}
```

任务五 控制汽车照明灯

【任务目标】

知识目标	技能目标
1. 能描述按键抖动产生的原因及消除方法	1. 能进行汽车照明灯仿真电路搭建
2. 能描述有无符号字符形变量的区别	2. 能进行汽车照明灯控制程序编制、硬件调试、创新应用

【任务描述】

本任务要求模拟汽车照明灯控制，照明灯开关按1次开近光灯，按2次开远光灯，按3次近远光灯熄灭，以此循环。通过本任务学习，要求学习者能进行同一按键多次输入控制电路设计、程序编制、仿真调试、硬件调试和创新应用。

【体验任务实施】

1. 任务要求

在仿真软件中实现控制汽车照明灯（按1次近光、按2次远光、按3次灭）。

模拟控制汽车照明灯（按键松开与按下）仿真展示如图1-80所示。

体验任务引导视频

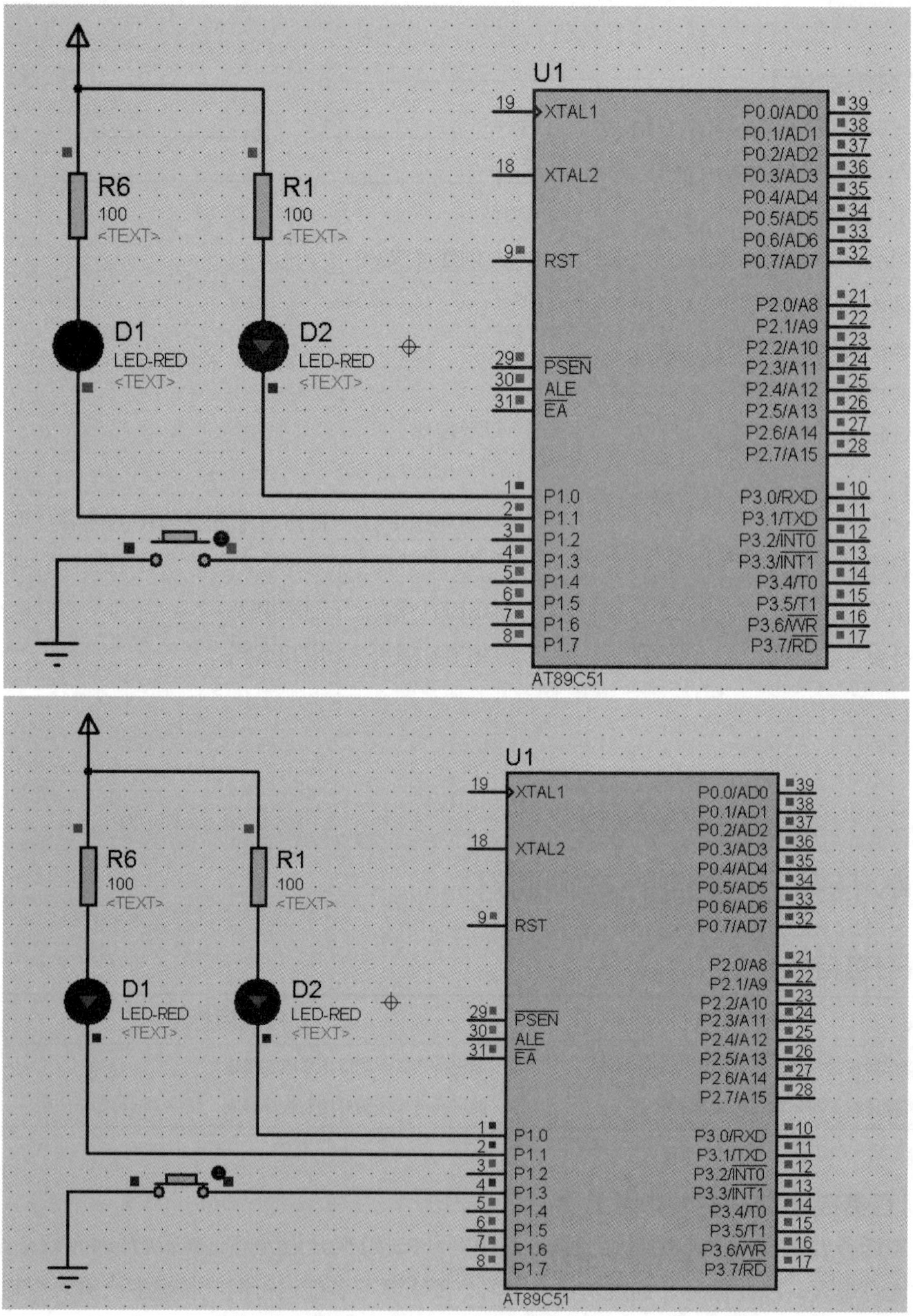

图1-80 模拟控制汽车照明灯（按键松开与按下）仿真展示图

2. 程序设计

（1）仿真源程序

```
#include<reg51.h>          //引用头文件
sbit L1 =P1^0;             //定义第1个LED灯
sbit L2 =P1^1;             //定义第2个LED灯
sbit KEY=P1^3;             //定义按键输入
unsigned char CON;         //定义计数器
void delay(unsigned int i)
{unsigned int j,k;
  for(j=0;j<i;j++)
   for(k=0;k<120;k++);
}
void main()                 //主程序
{
while(1)                    //循环指令，一直执行下面括号中的内容
{
if(KEY==0)
  {
  delay(10);                //延时10ms，软件去抖
  if(KEY==0)                //再次检测是否按下
    {
     while(KEY==0);         //等待按键松开
     CON=CON+1;             //计数器加1操作
     if(CON>=3)CON=0;       //限制计数器为0~2计数
    }
  }
if(CON==0){L1=1;L2=1;}     //按0次亮0个灯
if(CON==1){L1=0;L2=1;}     //按1次亮1个灯
if(CON==2){L1=0;L2=0;}     //按2次亮2个灯
}
}
```

（2）程序设计流程图

控制汽车照明灯程序流程如图1-81所示。

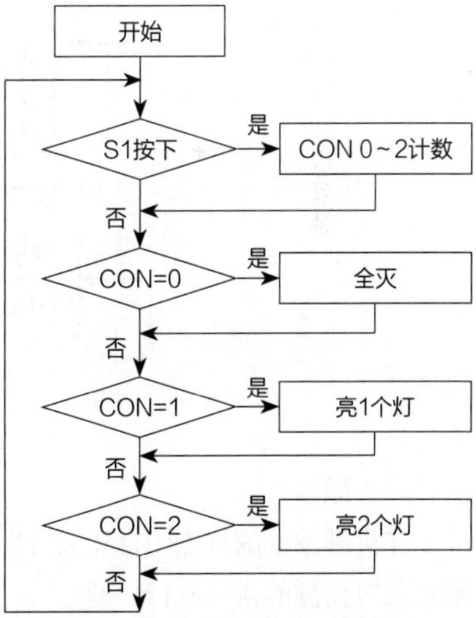

图1-81　控制汽车照明灯程序流程图

3. 仿真调试

（1）加载HEX文件

在Proteus仿真软件中的单片机仿真元件上双击鼠标左键，单击“Program File”栏后的文件夹图标，找到HEX文件所在目录，单击“打开”按钮，最后单击“OK”按钮完成HEX文件加载，如图1-82所示。

（2）仿真结果

单击如图1-83所示图标，可实现全部运行、单步运行、暂停、停止功能。

仿真结果：单击全部运行，LED灯初始状态不亮，按1次开关，亮1个LED灯，按2次开关，亮2个LED灯，按3次开关，2个LED灯熄灭。

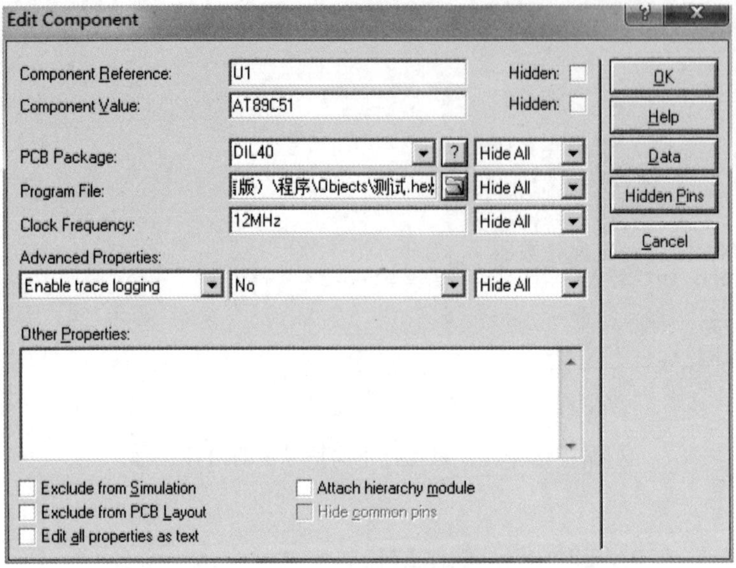

图1-82　完成HEX文件加载

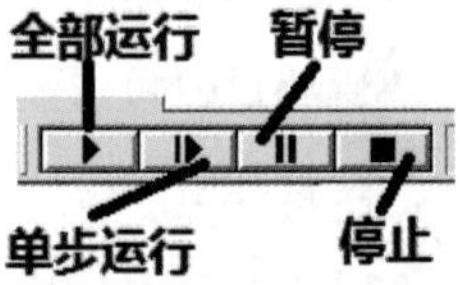

图1-83　仿真按钮功能图示

【知识链接】

1．按键去抖

通常按键所用开关为机械弹性开关，当机械触点断开、闭合时，由于机械触点的弹性作用，一个按键开关在闭合时不会马上稳定地接通，在断开时也不会一下子断开，因而在闭合及断开的瞬间均伴随有一连串的抖动，为了不产生这种现象而做的措施就是按键消抖。按键抖动图示如图1-84所示。

按键去抖、计数器设计

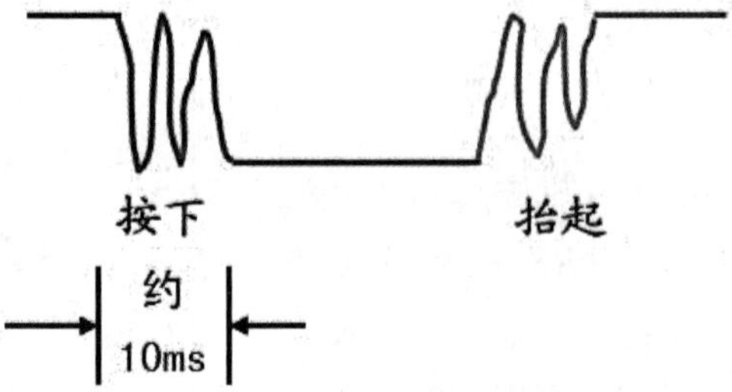

图1-84　按键抖动图示

（1）原因

在机械按键的触点闭合和断开时都会产生抖动，为了保证系统能正确识别按键的开关，就必须对按键的抖动进行处理。

按键的抖动常人是感觉不到的，但对单片机来说，则是完全可以感应到的，而且还是一个很“漫长”的过程，因为单片机处理的速度在“微秒”级，而按键抖动的时间至少在“毫秒”级。

单片机如果在触点抖动期间检测按键的通断状态，则可能导致判断出错，即按键一次按下或释放被错误地认为是多次操作，从而引起误处理。因此，为了确保单片机对一次按键动作只作一次响应，就必须考虑如何消除按键抖动的影响。

（2）抖动时间

抖动时间的长短由按键的机械特性决定，一般为5～10ms。这是一个很重要的时间参数，在很多场合都要用到。按键稳定闭合时间的长短则是由操作人员的按键动作决定的，一般为零点几秒至数秒。按键抖动会引起一次按键被误读多次。

为确保CPU对按键的一次闭合仅做一次处理，必须去除键抖动。在键闭合稳定时读取键的状态，并且必须判别到键释放稳定后再做处理。

（3）软件消抖

当按键较多时，硬件方法将导致系统硬件电路设计复杂化，硬件消抖将无法胜任，这时常采用软件方法进行消抖。

常用软件方法消抖，即检测出键闭合后执行一个延时程序，5～10ms的延时，让前沿抖动消失后再一次检测键的状态，如果仍保持闭合状态电平，则确认为真正有键按下。当检测到按键释放后，也要给5～10ms的延时，待后沿抖动消失后才能转入该键的处理程序。

举个例：软件消抖检测过程，如图1-85所示。

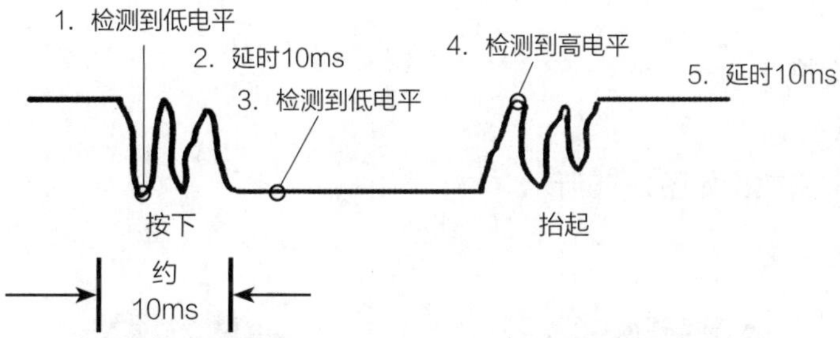

图1-85　软件消抖检测过程

举个例：软件消抖检测程序：

```
if(KEY==0)                              ……………………………………第1步
  {
  delay(10);//延时10m/s，软件去抖              …………第2步
  if(KEY==0)//再次检测是否按下                 …………第3步
    {
    while(KEY==0);//等待按键松开               …………第4步
    CON=CON+1;//计数器加1操作                  …………第5步
    if(CON>=3) CON=0;//限制计数                …………第6步
    }
}
```

重点说明：第5步理论上应为程序延时，实际工程中，用确认按键输入有效后的程序执行时间代替程序延时，这样可以节约程序的等待时间（程序延时时单片机一直在等待时间），提高单片机的程序执行效率。

2. 计数器设计

（1）有无符号区别

unsigned char定义为无符号字符形，范围为0～255；unsigned int定义为无符号整形，范围为0～65535。在实际生活中，除了自然数还有负数，那么在单片机中运行的是二进制，对于负号是不认识的，在设计时如需表示负数，则在二进制的最高位用“1”来表述。

举个例：8位二进制为10000110，若定义为unsigned char则等同十进制数134；若定义为char形，则表示“-6”。

（2）计数器设计

计数器，顾名思义为计算个数的控制器，本任务中为计算按键次数的控制器或变量，根据计数范围称为多少进制计数器。比如100进制计数器，计数时为0～99。达到100时，本位清零，产生进位信息，一般设计中对产生的进位信息不予处理。

举个例：本任务中需要设计一个3进制计数器。首先定义一个CON变量，在确认按键有效时，CON加1操作，最后对CON的大小进行限制，当CON大于等于3时，将CON变量清零。此时CON计数就只能在0～2计数。

【探究任务实施】

1. 效果展示

学习板TT5实施效果如图1-86所示。

硬件演示

图1-86　学习板TT5实施效果

2. 任务要求

在学习板TT5上实现控制汽车照明灯（在体验任务的基础上加变光开关，变光开关在未开灯和近光灯状态时，按下可点亮远光灯，松开关闭远光灯；在远光灯状态下，按下可关闭远光灯，松开恢复远光灯）。

3. 电路设计

学习板TT5按键和LED指示灯I/O分配如图1-87所示。

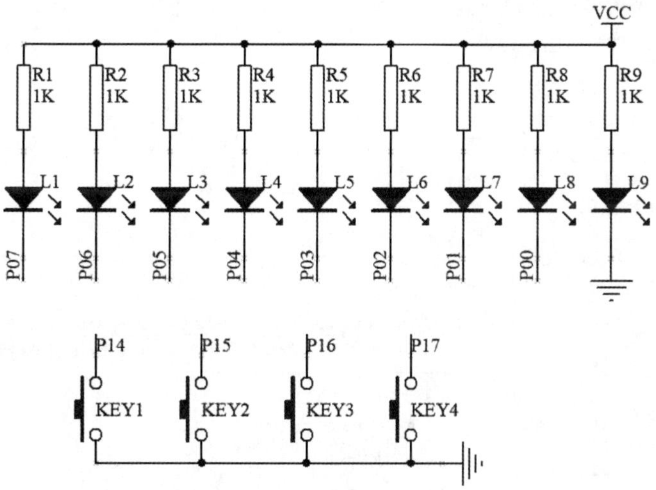

图1-87　学习板TT5 按键和LED指示灯I/O分配图

4. 程序设计

```
#include "STC15F2K60S2.h"      //引用头文件
sbit key1=P1^4;                //定义大灯开关
sbit key2=P1^5;                //定义变灯开关
sbit led1=P0^0;                //定义近光灯
sbit led2=P0^1;                //定义远光灯
unsigned char cont;            //计数器变量
void delay(unsigned int i)     //约1ms延时函数，i为延时ms数
{unsigned int j,k;
for(j=0;j<i;j++)
  for(k=0;k<1200;k++);
}
void main( )                   // 主函数
{P0M1=0x00;P0M0=0x00;          //设置P0口为传统51端口
P1M1=0x00;P1M0=0x00;           //设置P1口为传统51端口
while(1)                       // while循环指令
{if(key1==0)                   //检测大灯开关是否按下
{ delay(10);                   //延时10s，软件去抖
  if(key1==0)                  //再次检测是否按下
  { while(key1==0);            //等待按键松开
    cont=cont+1;               //计数器加1操作
    if(cont>=3) cont=0;        //限制计数
}}
if(key2==0)                    //检测变灯开关是否按下
{if(cont==2)led2=1;            //如果之前  是远光状态，则远光灯关闭
else led2=0; }                 //如果之前不是远光状态，则远光灯打开
else                           //变灯开关没有按下
{if(cont==1){led1=0;led2=1;}//大灯开关按1次，近光灯打开，远光灯关闭
else if (cont==2) led2=0;      //大灯开关按2次，远光灯打开
else{led1=1;led2=1;}           //大灯开关按3次，近、远光灯关闭
}}}
```

5. HEX文件下载

单击“打开程序文件”选择需要下载的HEX文件，选择运行时钟为22.1184MHz，单击“下载/编程”按钮，进入自动程序下载过程，操作成功后如图1-88所示。

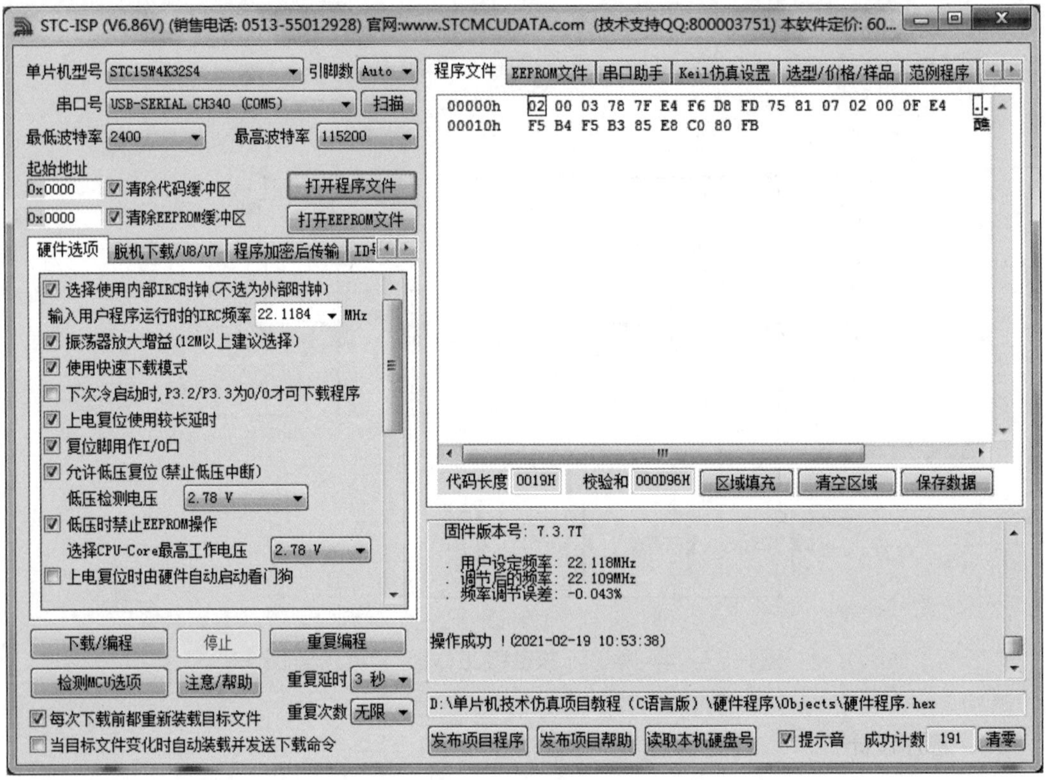

图1-88 下载程序

6. 功能测试

(1) 检查电路连接是否正确： 是□ 否□

(2) 程序下载是否正常： 是□ 否□

(3) 前照明灯是否控制点亮： 是□ 否□

(4) 后照明灯是否控制点亮： 是□ 否□

(5) 前、后照明灯是否能控制熄灭： 是□ 否□

【创新任务实施】

项目一	汽车灯光系统控制		任务五	控制汽车照明灯		学时	2
姓名		学号		班级		日期	
团队成员							
任务要求	1个按键控制4个LED灯，按1次亮1个灯，按2次亮2个灯，按3次亮3个灯，按4次亮4个灯；按5次全灭						

续表

一、电路设计
二、程序设计
三、功能测试 （1）检查电路连接是否正确：　　是□　否□ （2）程序下载是否正常：　　是□　否□ （3）是否按1次亮1个灯：　　是□　否□ （4）是否按2次亮2个灯：　　是□　否□ （5）是否按3次亮3个灯：　　是□　否□ （6）是否按4次亮4个灯：　　是□　否□
四、检查展示 1. 小组成员自查和互查，进行补充完善 2. 各小组推荐优秀作品进行展示

续表

五、总结评价

序号	评价项目	配分	自评分	组长评分	教师评分	备注
1	电路设计	15				
2	程序思路	20				
3	任务完成	35				
4	检查展示	10				
5	劳动纪律	5				
6	积极主动	5				
7	工匠精神	5				
8	贡献大小	5				
合计		100				

综合得分=自评分×20%+组长评分×30%+教师评分×50%=

六、反思

【任务测试】

1. unsigned char dt；变量dt的取值范围为__________________。
2. char dt；变量dt的取值范围为__________________。
3. unsigned char at；if(at>300) P0=0x55；在______________时，P0=0X55。
4. 补全程序。

```
CON=CON+1;      //计数器加1操作
if(  ) CON=0;   //设计一个60进制计数器
```

项目二　汽车交互系统显示

本项目以显示汽车挡位、显示汽车里程、显示汽车时钟为实例，介绍数码管静态显示、数码管动态显示、一维数组、消隐、中断定时器等知识，通过对Proteus软件仿真、相关知识学习、单片机学习板TT5的实战、创新任务实施，达到对数码管进行相应显示的目标。

引导视频

【知识目标】

1. 能描述一维数组基本组成与应用方法。
2. 能描述数码管静态显示程序编制方法。
3. 能描述数码管动态显示程序编制方法。
4. 能描述数字钟程序编制方法。

【技能目标】

1. 能设计、搭建汽车挡位显示电路，能编制、调试、应用其程序。
2. 能设计、搭建汽车里程显示电路，能编制、调试、应用其程序。
3. 能设计、搭建汽车时钟显示电路，能编制、调试、应用其程序。

【素质目标】

1. 培养学生分析问题、解决问题的能力。
2. 具有耐心细致、严肃认真的工作态度。

任务一　显示汽车挡位

【任务目标】

知识目标	技能目标
1. 能描述数码管、一维数组基本组成与应用 2. 能描述数码管静态显示的程序编制方法	1. 能进行汽车挡位显示仿真电路搭建 2. 能进行汽车挡位显示控制程序编制、硬件调试、创新应用

【任务描述】

本任务要求实现7段数码管的显示来模拟汽车挡位显示，显示一个变化的数字（从0～9跳动显示）。通过本任务学习，要求学习者能进行数码管显示电路设计、程序编制、仿真调试、硬件调试和创新应用。

【体验任务实施】

体验任务引导视频

1. 任务要求

在仿真软件中实现汽车挡位模拟显示（静态显示数字0～9）。

2. 电路设计

显示汽车挡位模拟仿真展示设计如图2-1所示。

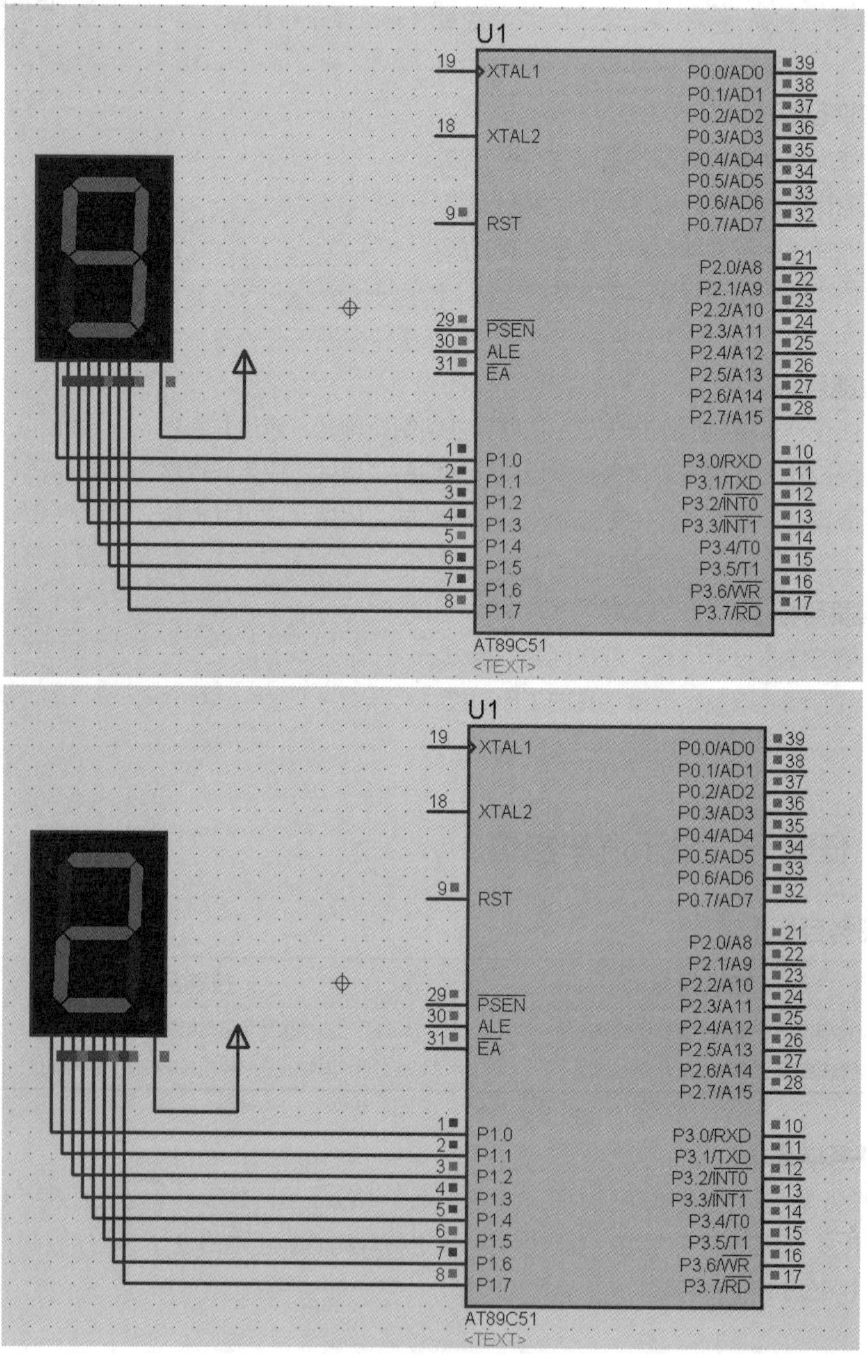

图2-1　显示汽车挡位模拟仿真展示设计图

3. 程序设计

（1）仿真源程序

```
#include<reg51.h>       // 创建库文件
unsigned char table[]={0xc0,0xf9,0xa4,0xb0,0x99,0x92,0x82,0xf8,0x80,0x90};
void delay(unsigned int i)
{
unsigned int j,k;
  for(j=0;j<i;j++)
   for(k=0;k<120;k++);
}
void main( )            //主程序
{
unsigned char i;
while(1)   //循环指令，一直执行下面括号中的内容
{
for(i=0;i<10;i++)
{
P1=table[i];delay(1000);
}
}
}
```

（2）程序设计流程图

静态显示器设计与制作程序流程如图2-2所示。

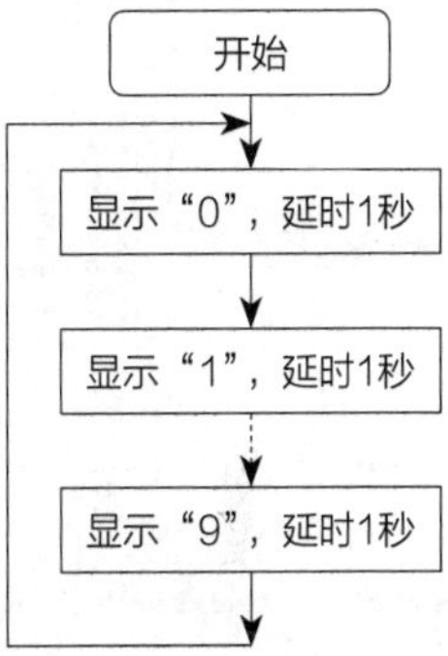

图2-2　静态显示器设计与制作程序流程图

4. 仿真调试

（1）加载HEX文件

在Proteus仿真软件中的单片机仿真元件上双击鼠标左键，单击“Program File”栏后的文件夹图标，找到HEX文件所在目录，单击“打开”按钮，最后单击“OK”按钮完成HEX文件加载，如图2-3所示。

（2）仿真结果

单击如图2-4所示图标，可实现全部运行、单步运行、暂停、停止功能。

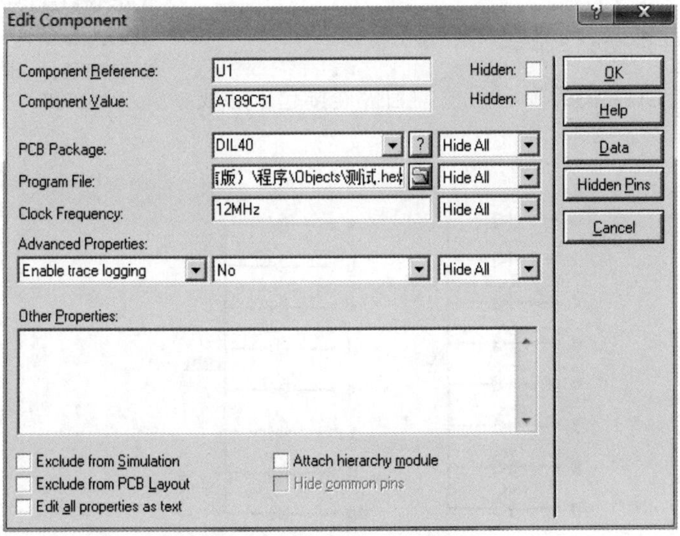

图2-3　加载HEX文件完成

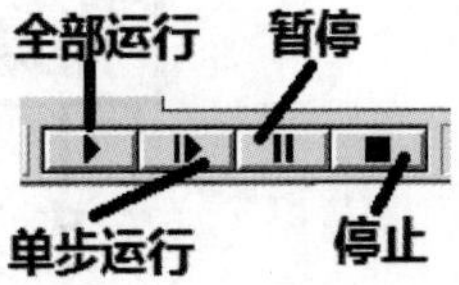

图2-4　仿真按钮功能图示

仿真结果：单击全部运行，数码管从“0”显示到“9”；单击停止，数码管不显示。

【注意事项】

放置数码管，在元件放置模式下单击“P”按钮，输入关键字“seg”，选中“7SEG-MPX4-CA”元件，单击“OK”按钮，放置数码管到合适位置，如图2-5所示。CA为共阳，CC为共阴。

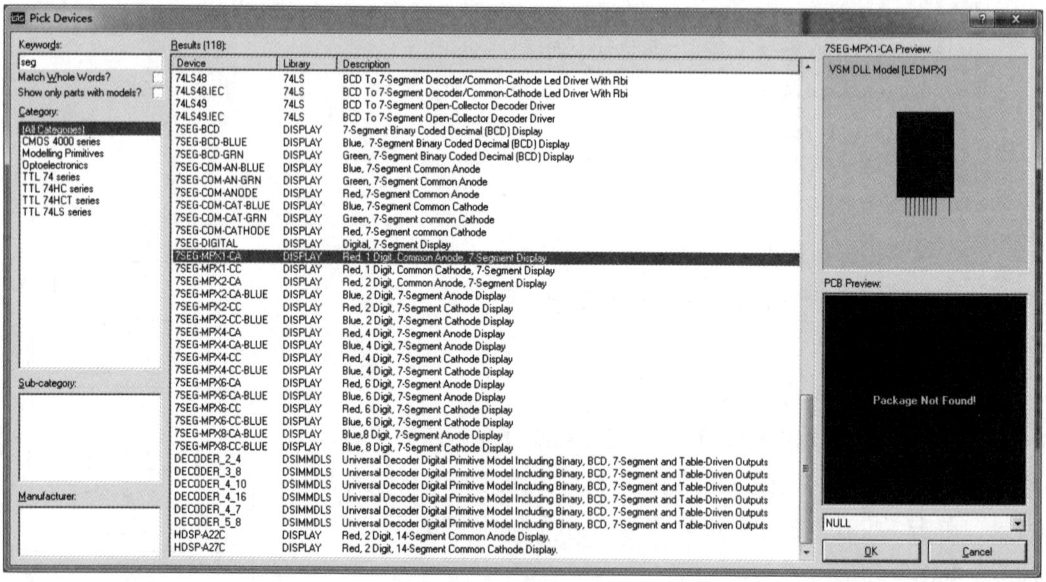

图2-5 放置数码管

【知识链接】

1. 数码管显器

(1) LED数码管结构及原理

LED数码管的结构及连接方式如图2-6所示。

数码管显器、一维数组应用

图2-6所示连接方式中有将LED数码管所有段位的阳极连接起来形成

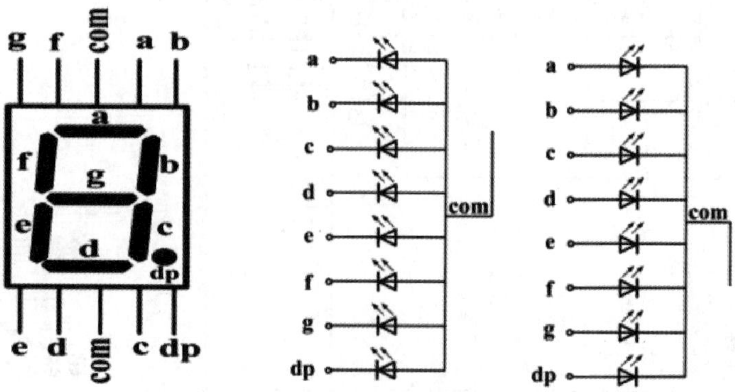

图2-6 LED数码管的结构及连接方式图

共阳连接方式，若将阴极连接起来则形成共阴连接方式。共阳连接时，com口接入高电平，相应段位接入低电平时，相应段点亮。共阴连接时，com口接入低电平，相应段位接入高电平时，相应段点亮。

单片机驱动时需要考虑进入LED数码管的电流大小，电流过大会烧毁LED数码管，电流过小LED数码管点亮时亮度不够。正常工作时LED数码管需要10mA左右电流。单片机驱动共阳数码管时，LED数码管com口接5V电源，LED数码管段码位和单片机连接时需要接入限流电阻，一般约为1000Ω左右，可根据实际亮度进行大小调节。

（2）LED数码管字型编码

若将数值0送至单片机的P1口，数码管上不会显示数字“0”。显然，要使数码管显示出数字或字符，直接将相应的数字或字符送至数码管的段控制端是不行的，必须使段控制端输出相应的字形编码。

将单片机P1口的P1.0、P1.1、…、P1.7八个引脚依次与数码管的a、b、…、g、dp八个段控制引脚相连接。如果使用的是共阳极数码管，com端接+5V，要显示数字“0”，则数码管的a、b、c、d、e、f六个段应点亮，其他段熄灭，需向P1口传送数据11000000B（C0H），该数据就是与字符“0”相对应的共阳极字型编码。若共阴极的数码管com端接地，要显示数字“1”，则数码管的b、c两段点亮，其他段熄灭，需向P1口传送数据00000110（06H），这就是字符“1”的共阴极字型码。

举个例：共阳数码管显示数字“0”，如图2-7所示。

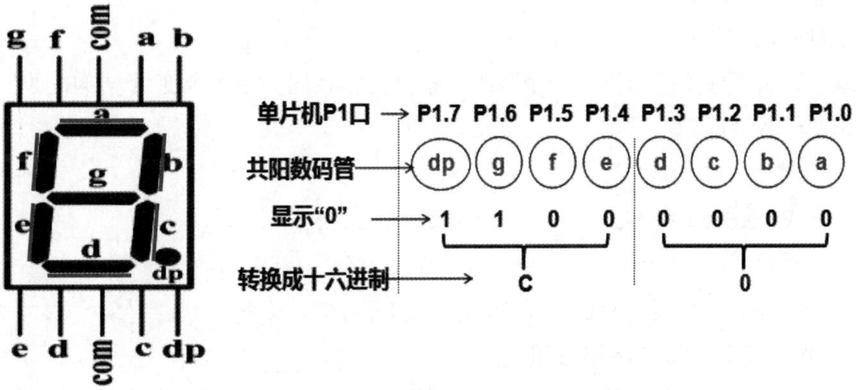

图2-7　共阳数码管显示数字“0”段码计算方法

（3）LED静态显示

静态显示是指数码管显示某一字符时，相应的发光二极管恒定导通或恒定截止。这种显示方式的各位数码管的公共端恒定接地（共阴极）或+5V（共阳极）。每个数码管的八个段控制引脚分别与一个八位I/O端口相连。只要I/O端口有显示字型码输出，数码管就显示给定字符，并保持不变，直到I/O口输出新的段码。

2. 一维数组

（1）数组的概念

数组属于常用的数据类型，数组中的元素有固定数目和相同类型，数组元素的数据类型就是该数组的基本类型。例如，整型数据的有序集合称为整型数组，字符型数据的有序集合称为字符型数组。

数组还分为一维、二维、三维和多维数组等，常用的是一维、二维和字符数组。

（2）数组的基本特点

构造类型数据：由基本类型数据按照一定规则组成。

数组：有序数据的集合；数组中的每一个元素都属于同一个数据类型，用一个统一的数组名和下标来唯一地确定数组中的元素。

应用场合：需要处理的数据为数量已知的若干相同类型的数据。

注意：先定义，后使用。

（3）一维数组的定义

一般格式：类型标识符 数组名[常量表达式]；

unsigned char table[10];

说明：

数组名——见名知意；数组名中存放的是一个地址常量，它代表整个数组的首地址。同一数组中的所有元素，按其下标的顺序占用一段连续的存储单元。

常量表达式：可以是常量或符号常量；表示数组元素的个数（也称数组长度）。不允许对数组大小作动态定义。

table[10]由table[0]、table[1]、…、table[9]十个元素组成。

（4）一维数组的应用

table[1]=12; table[4]=46; table[9]=90;

注意：数组下标不能越界。一个数组元素具有和相同类型单个变量一样的属性，可以对它赋值和参与各种运算。

3. 一维数组的初始化

一般格式：数据类型 数组名[常量表达式]={初值表}；

①定义时赋初值：unsigned char table[3]={0x78, 0x89, 67};

②给一部分元素赋值：unsigned char table[5]={56, 23};

即table[0]=56;table[1]=23;其他为零。

③给全部数组元素赋初值时，可以不指定数组长度，如下所示：

unsigned char table[ ]={1, 2, 3, 4, 5};

【探究任务实施】

硬件演示

1. 效果展示

学习板TT5实施效果如图2-8所示。

2. 任务要求

在学习板TT5上实现汽车挡位模拟显示（静态显示数字1～8）。

3. 电路设计

学习板TT5数码管I/O分配如图2-9所示。

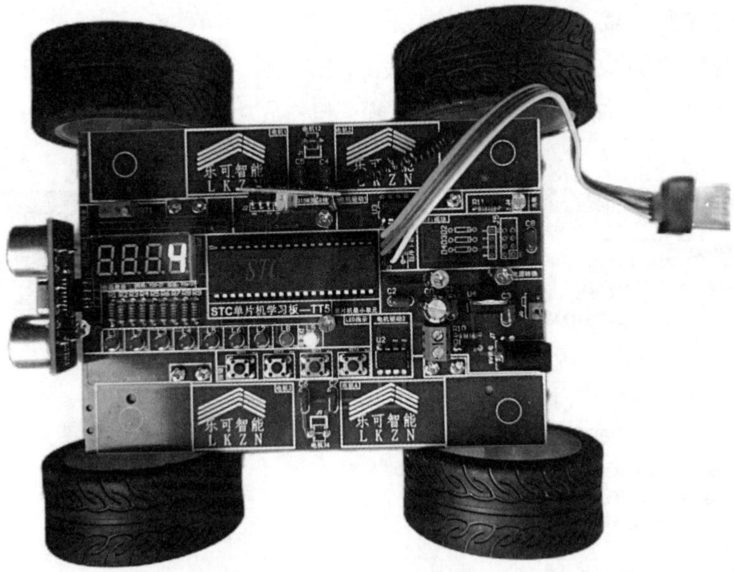

图2-8　学习板TT5 实施效果

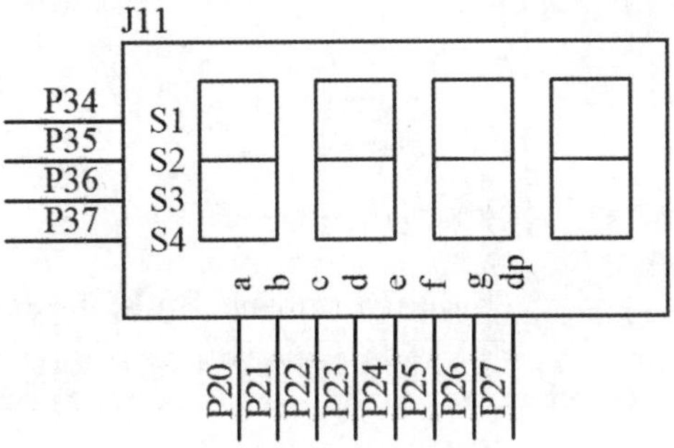

图2-9　学习板TT5 数码管I/O分配图

4. 程序设计

```
#include "STC15F2K60S2.h"                    // 引用头文件 STC15F2K60S2.h
unsigned char table[]={0xc0,0xf9,0xa4,0xb0,0x99,0x92,0x82,0xf8,0x80,0x90};
void delay(unsigned int i)                   //约1ms延时函数，i为延时ms数
{
unsigned int j,k;
for(j=0;j<i;j++)
  for(k=0;k<1200;k++);
}
void main()                                  // 主函数
{
unsigned char i;
P2M1=0x00;P2M0=0x00;                         //设置P2口为传统51端口
P3M1=0x00;P3M0=0xF0;                         //设置P3.4~3.7为强电流输出
while(1)                                     // while循环指令
{
for(i=0;i<8;i++)
{
P2=table[i+1];                               //取1~8的段码
P3=0x10;                                     //选择第1个数码管
delay(1000);                                 //延时1ms
}
}
}
```

5. HEX文件下载

单击“打开程序文件”选择需要下载的HEX文件，选择运行时钟为22.1184MHz，单击“下载/编程”按钮，进入自动程序下载过程，操作成功后如图2-10所示。

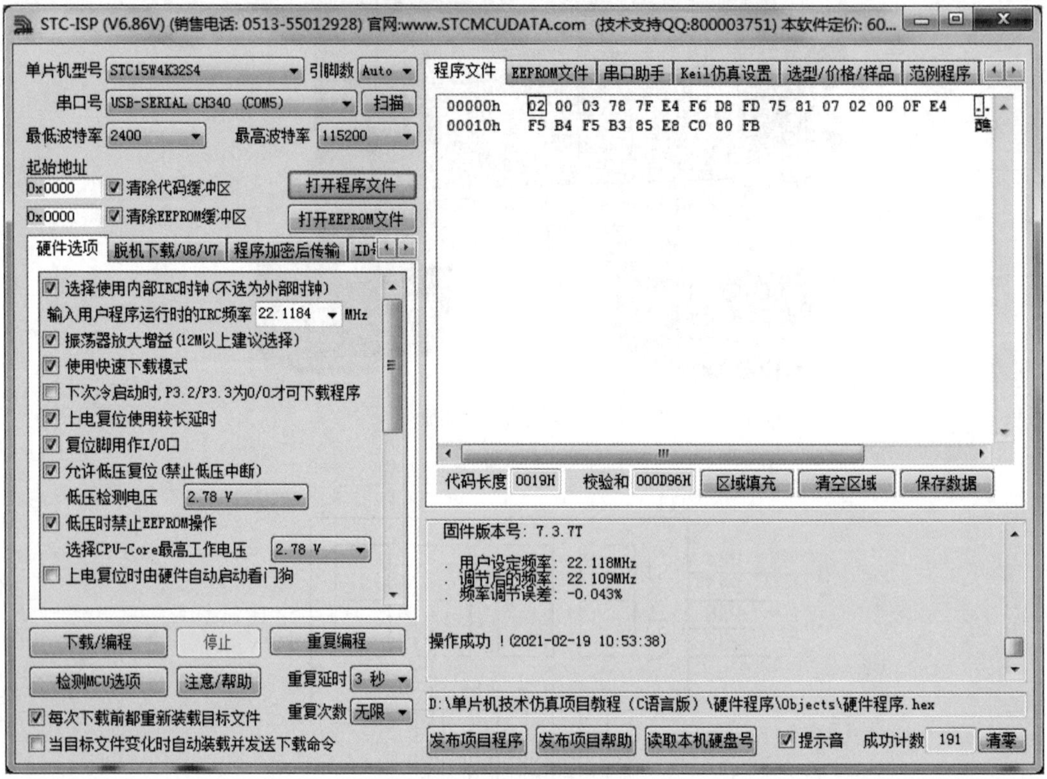

图2-10　下载程序

6. 功能测试

（1）检查电路连接是否正确：　　是□　否□

（2）程序下载是否正常：　　是□　否□

（3）能否正常显示出数字：　　是□　否□

（4）能否显示出变化数字：　　是□　否□

【创新任务实施】

项目二	汽车交互系统显示		任务一	显示汽车挡位		学时	2
姓名		学号		班级		日期	
团队成员							
任务要求	显示按键值，要求按下S1，显示“1”，按下S2，显示“2”，直到按下S8，显示“8”						

续表

一、电路设计

二、程序设计

三、功能测试

（1）检查电路连接是否正确： 是□ 否□

（2）程序下载是否正常： 是□ 否□

（3）是否按下S1，显示“1”： 是□ 否□

（4）是否按下S2，显示“2”： 是□ 否□

（5）是否按下S8，显示“8”： 是□ 否□

四、检查展示

1. 小组成员自查和互查，进行补充完善
2. 各小组推荐优秀作品进行展示

五、总结评价

序号	评价项目	配分	自评分	组长评分	教师评分	备注
1	电路设计	15				
2	程序思路	20				
3	任务完成	35				
4	检查展示	10				
5	劳动纪律	5				
6	积极主动	5				
7	工匠精神	5				
8	贡献大小	5				
合计		100				

综合得分=自评分×20%+组长评分×30%+教师评分×50%=

续表

六、反思

【任务测试】

1. 数码管各段的阴极连在一起封装的，称为________________。
2. 正常工作时LED数码管需要________________左右电流。
3. 共阴极的数码管，要显示数字“1”，其段码为________________。
4. unsigned char table[3]={0x78, 0x89, 67}；那么table[2]=____________。
5. 补全程序。

```
void main()            //主程序
{
unsigned char i;
while(1)   //循环指令，一直执行下面括号中的内容
{
for(                 )   //显示4～9字符
{
P1=table[i]; delay(1000);
}
}
}
```

任务二　显示汽车里程

【任务目标】

知识目标	技能目标
能描述数码管动态显示原理及程序编制方法	1. 能进行汽车里程显示仿真电路搭建 2. 能进行汽车里程显示控制程序编制、硬件调试、创新应用

【任务描述】

本任务要求实现对7段数码管动态显示8个数字（1～8）来模拟汽车里程表显示。通过本任务学习，要求学习者能进行数码管动态显示控制电路设计、程序编制、仿真调试、硬件调试和创新应用。

【体验任务实施】

体验任务引导视频

1. 任务要求

在仿真软件中实现显示汽车里程（动态显示1～8）。

2. 电路设计

显示汽车里程模拟仿真展示设计如图2-11所示。

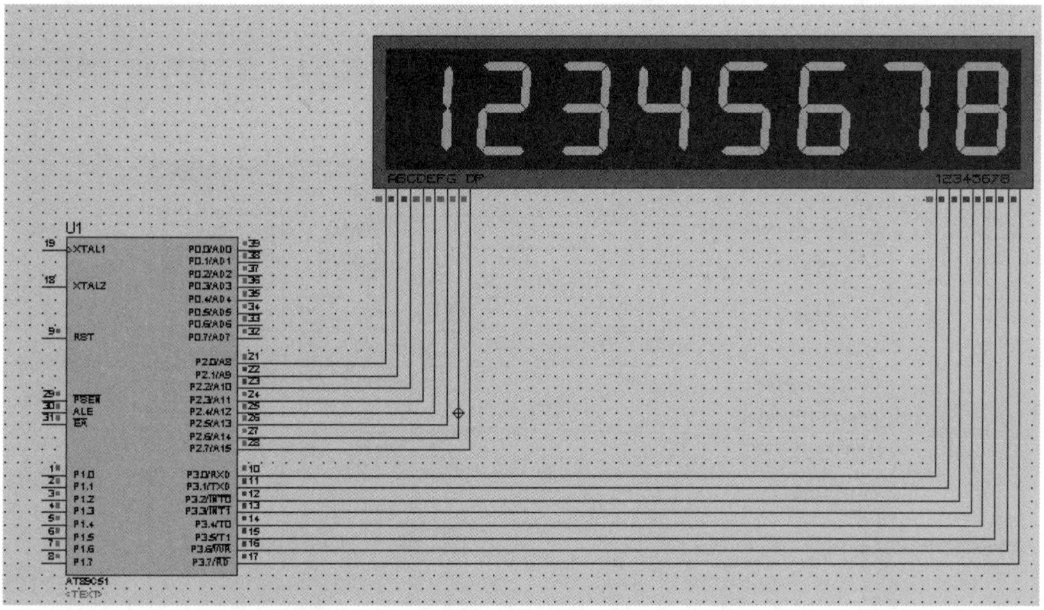

图2-11　显示汽车里程模拟仿真展示设计图

3. 程序设计

（1）仿真源程序

```
#include<reg51.h>              //引用头文件
unsigned char table[]={0xc0,0xf9,0xa4,0xb0,0x99,0x92,0x82,0xf8,0x80,0x90};
void delay(unsigned int i)
{
unsigned int j,k;
  for(j=0;j<i;j++)
   for(k=0;k<120;k++);
}
void main( )               //主程序
{
unsigned char i,ds;
while(1)                   //循环指令，一直执行下面括号中的内容
{
ds=0x01;
for(i=0;i<8;i++)
{
P3=ds;P2=table[i+1];       //送位选和段码数据
delay(5);                  //延时
ds=ds<<1;                  //位选数据向左移1位
}
}
}
```

（2）程序设计流程图

显示汽车里程程序流程如图2-12所示。

4. 仿真调试

（1）加载HEX文件

在Proteus仿真软件中的单片机仿真元件上双击鼠标左键，单击“Program File”栏后的文件夹图标，找到HEX文件所在目录，点击“打开”按钮，最后单击“OK”按钮完成HEX文件加载，如图2-13所示。

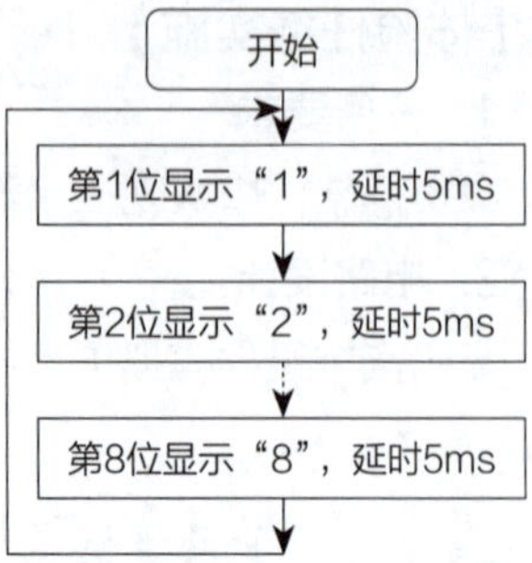

图2-12 显示汽车里程程序流程图

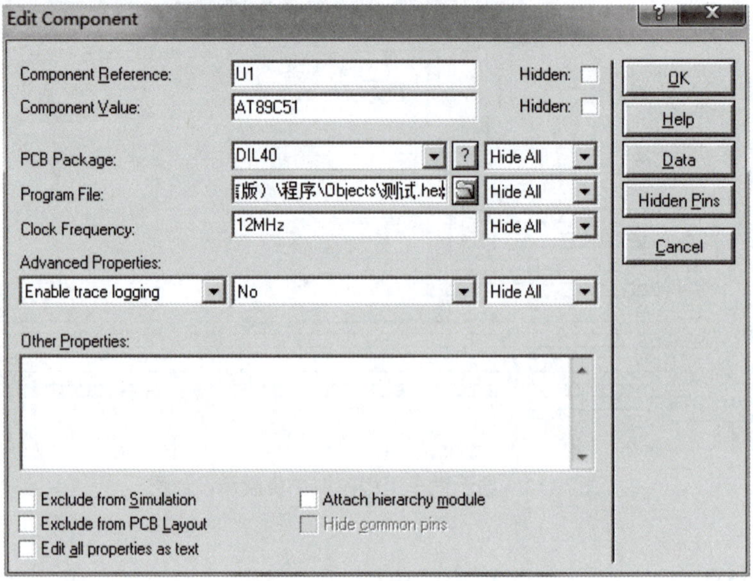

图2-13 加载HEX文件完成

（2）仿真结果

单击如图2-14所示图标，可实现全部运行、单步运行、暂停、停止功能。

仿真结果：单击全部运行，8位一体数码管显示1～8；点击停止，数码管不显示。

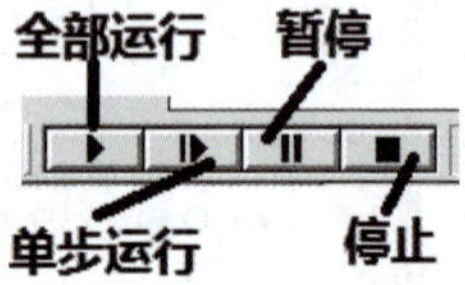

图2-14 仿真按钮功能图示

【注意事项】

放置数码管，在元件放置模式下单击“P”按钮，输入关键字“seg”，选中“7SEG-MPX8-CA-BLUE”元件，单击“OK”按钮，放置数码管到合适位置，如图2-15所示。CA为共阳，CC为共阴。

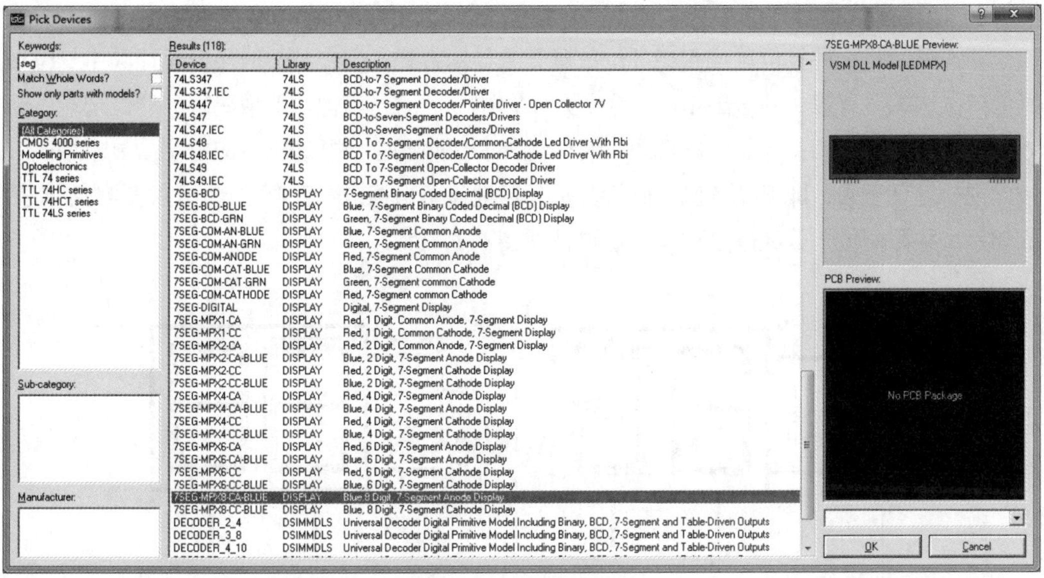

图2-15　放置数码管

【知识链接】

1. 4位一体数码管

4位一体数码管将4个数码管的A、B、C、D、E、F、G、DP段并联起来，形成“段码端”；同时将各个数码管的公共端单独引出，形成“位选端”，如图2-16所示。

LED动态显示、移位操作、LED动态显示消隐

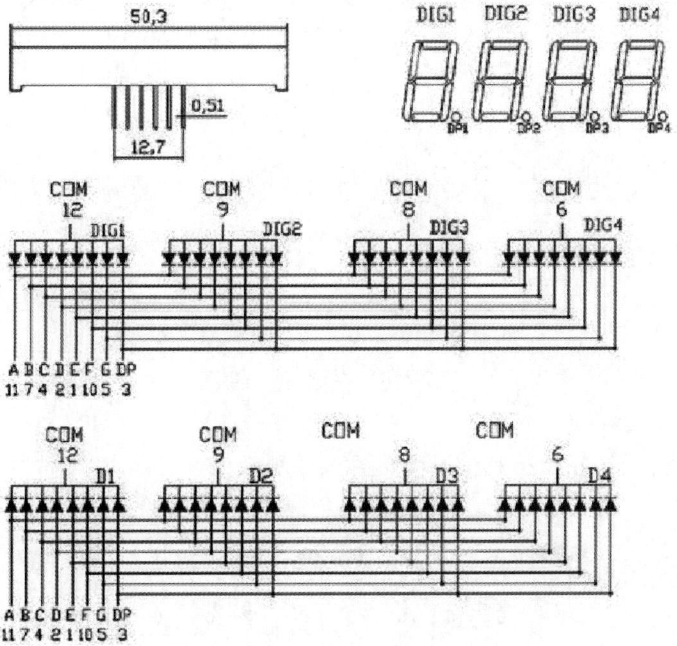

图2-16　4位一体数码管

2. LED动态显示

动态显示是一种按位轮流点亮各位数码管的显示方式，即在某一时段，只让其中一位数码管“位选端”有效，并送出相应的字型显示编码。此时，其他位的数码管因“位选端”无效而都处于熄灭状态；下一时段按顺序选中另外一位数码管，并送出相应的字型显示编码，依此规律循环下去，即可使各位数码管分别间断地显示出相应的字符。这一过程称为动态扫描显示。共阳两位一体数码管动态显示过程如图2-17所示。

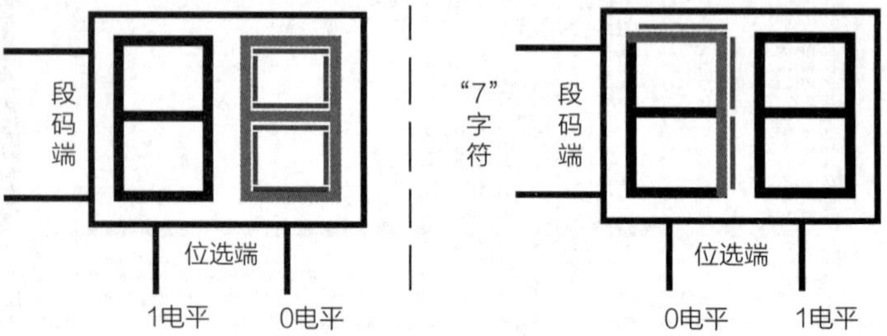

图2-17　共阳两位一体数码管动态显示过程

LED数码管动态显示是一位一位轮流点亮各位数码管的，因此要考虑每一位点亮的保持时间和间隔时间。保持时间太短，则发光太弱而人眼无法看清；时间太长，则间隔时间也将太长，使人眼看到的数字闪烁。在程序中要合理地选择合适的保持时间和间隔时间。循环次数正比于显示的变化速度。

3. 移位操作

移位操作时，分为向左或向右移位，也可以同时移动多位数据，常用于位选控制、LED灯控制、乘除运算。左移或右移几位时，最高几位或最低几位移除掉，剩余位补“0”操作。左移1位相当于乘以2，左移N位，相当于乘以2^N。右移1位相当于除以2，右移N位，相当于除以2^N。

举个例：

① ds=0x81；ds=ds<<1；移位过程如图2-18所示。

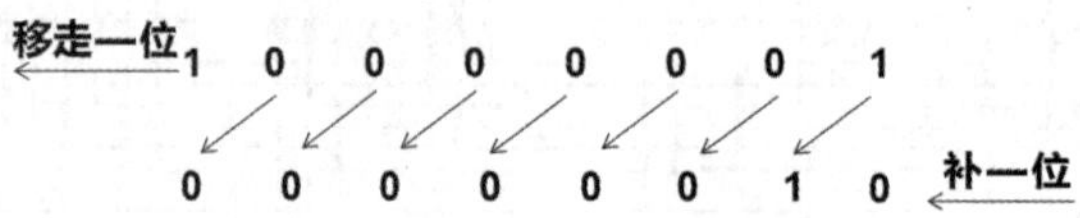

图2-18　左移1位示意图

② ds=0x81；ds=ds<<2；移位过程如图2-19所示。

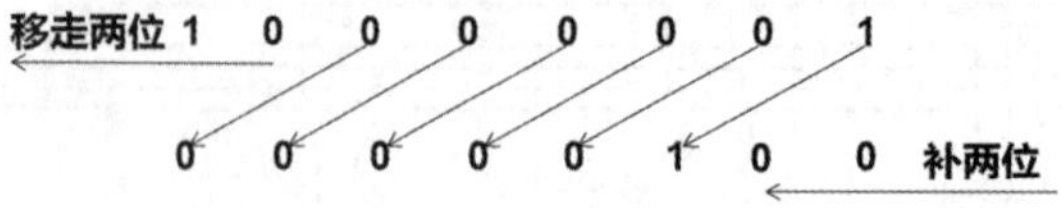

图2-19　左移2位示意图

4. LED动态显示消隐

图2-20 数码管“鬼影”显示图

数码管动态显示时，如没有做消隐处理，在数码管的不应该亮的段，有微微的发亮，这种现象叫作“鬼影”(图2-20)，这个“鬼影”严重影响了人们的视觉效果，“鬼影”的出现，主要是在数码管位选和段选产生的瞬态造成的。

数码管动态显示的那部分程序中，实际上每一个数码管点亮的持续时间是 5ms 的时间，5ms后进行下个数码管的切换。在进行数码管切换的时候，如未关闭位选和段选信号，会在下一个数码管上瞬间显示上一个段码或在自己位上显示下一个段码，均会造成在同一个数码管上显示两个数字的可能。在实际中应消除“鬼影”，具体方法为在前一位显示完成后，位选清零、段码清零，再发送下一位的位显和段码，此时前后位交替时，数码管处于关闭显示状态，可以很好地解决数码管显示的“鬼影”问题。在仿真软件中不容易出现“鬼影”，但是实际电路中经常出现“鬼影”。

程序处理：

```
P2=table[i+1]; P0=ds; delay(1);  //送位选和段码数据
P0=0x00; P2=0x00; delay(1);      //关闭显示器，消除鬼影
```

【探究任务实施】

1. 效果展示

硬件演示

学习板TT5实验效果如图2-21所示。

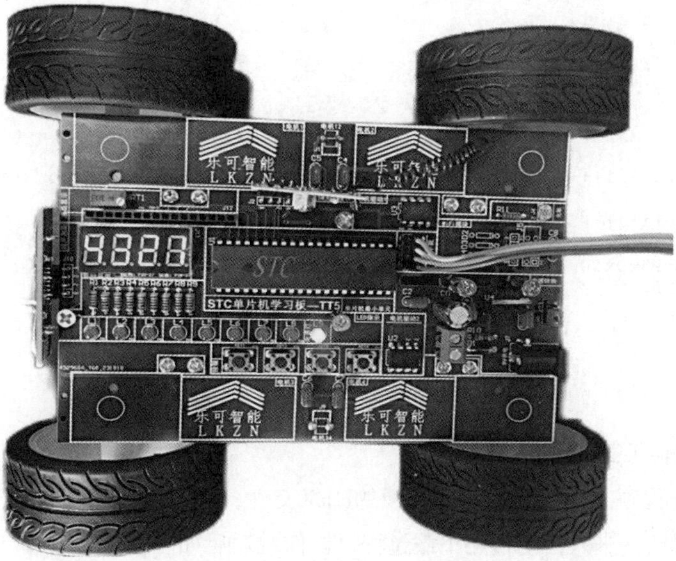

图2-21 学习板TT5实施效果

2. 任务要求

在学习板TT5上实现显示汽车里程（动态显示1～4，并且按键可对显示数据进行加减操作）。

3. 电路设计

学习板TT5数码管I/O分配如图2-22所示。

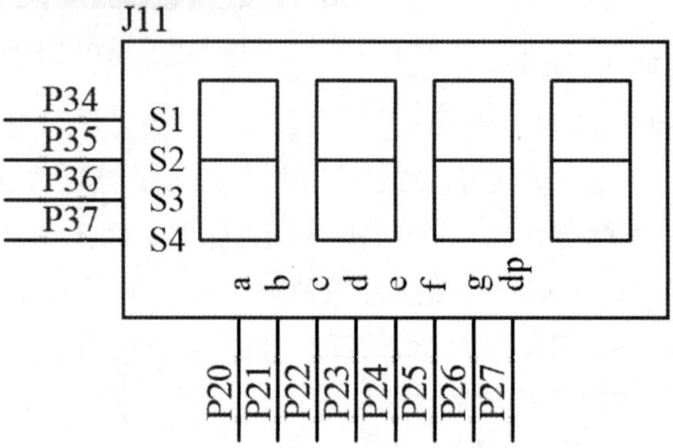

图2-22　学习板TT5数码管I/O分配图

4. 程序设计

```c
#include "STC15F2K60S2.h"                        // 引用头文件
unsigned char table[]={0xc0,0xf9,0xa4,0xb0,0x99,0x92,0x82,0xf8,0x80,0x90};
void delay(unsigned int i)                       //约1ms延时函数，i为延时ms数
{
unsigned int j,k;
for(j=0;j<i;j++)
   for(k=0;k<1200;k++);
}
void main()                                      // 主函数
{
unsigned char i;
unsigned char ds;
P2M1=0x00;P2M0=0x00;                             //设置P2口为传统51端口
P3M1=0x00;P3M0=0xF0;                             //设置P3.4~3.7为强电流输出
while(1)                                         // while循环指令
{
ds=0x10;                                         //位选变量赋值
for(i=0;i<4;i++)                                 //数码管4个位选控制
{
P2=table[i+1];P3=ds;                             //显示数据
delay(1);                                        //延时（保证足够的显示时间）
P2=0x00;P3=0x00;delay(1);                        //关闭显示器，消除鬼影
ds=ds<<1;                                        //位选变量移动
}
}
}
```

5. HEX文件下载

单击“打开程序文件”选择需要下载的HEX文件，选择运行时钟为22.1184MHz，单击“下载/编程”按钮，进入自动程序下载过程，操作成功后如图2-23所示。

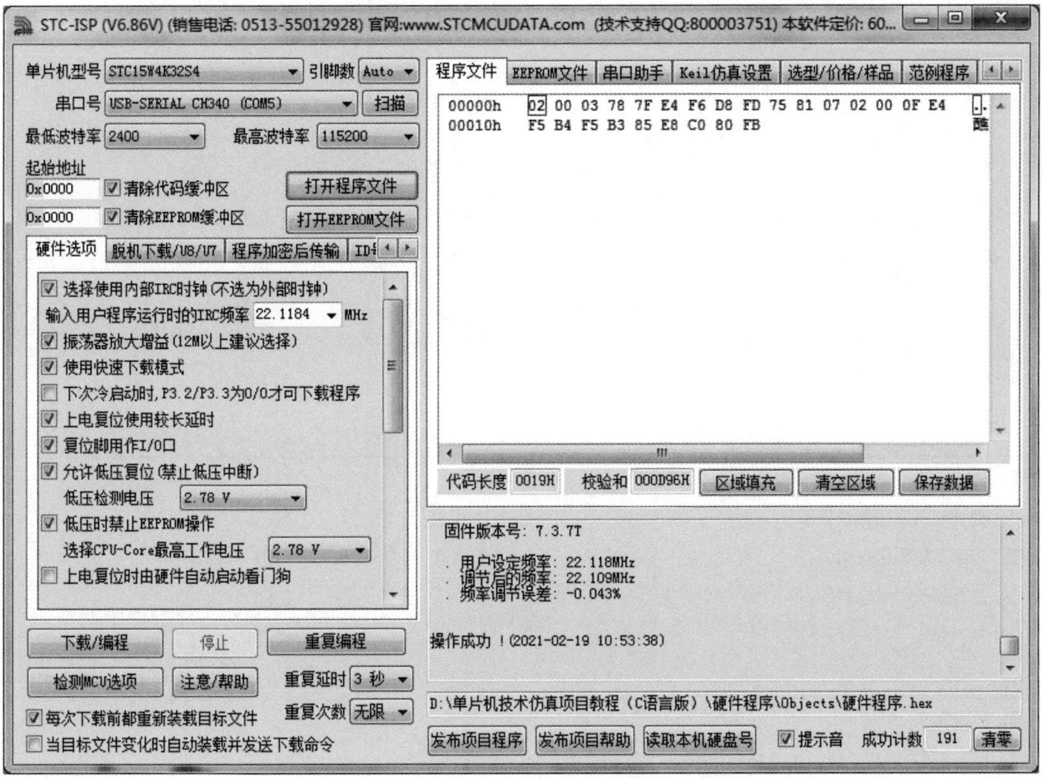

图2-23　下载程序

6. 功能测试

（1）检查电路连接是否正确：　　　　是□　　否□

（2）程序下载是否正常：　　　　是□　　否□

（3）能否显示出1～4：　　　　是□　　否□

【创新任务实施】

<table>
<tr><td>项目二</td><td colspan="2">汽车交互系统显示</td><td>任务二</td><td colspan="2">显示汽车里程</td><td>学时</td><td>2</td></tr>
<tr><td>姓名</td><td></td><td>学号</td><td></td><td>班级</td><td></td><td>日期</td><td></td></tr>
<tr><td>团队成员</td><td colspan="7"></td></tr>
<tr><td>任务要求</td><td colspan="7">实现双屏显示，第一屏显示“1234”，5s后显示第二屏“5678”，5s后显示第一屏，以此循环显示</td></tr>
<tr><td colspan="8">一、电路设计</td></tr>
</table>

续表

二、程序设计

三、功能测试

（1）检查电路连接是否正确：　是□　否□

（2）程序下载是否正常：　是□　否□

（3）是否显示“1234”：　是□　否□

（4）是否显示“5678”：　是□　否□

四、检查展示

1. 小组成员自查和互查，进行补充完善

2. 各小组推荐优秀作品进行展示

五、总结评价

序号	评价项目	配分	自评分	组长评分	教师评分	备注
1	电路设计	15				
2	程序思路	20				
3	任务完成	35				
4	检查展示	10				
5	劳动纪律	5				
6	积极主动	5				
7	工匠精神	5				
8	贡献大小	5				
合计		100				

综合得分=自评分×20%+组长评分×30%+教师评分×50%=

六、反思

【任务测试】

1. LED数码管显示时一位一位轮流点亮属于______________________。

2. 数码管动态显示时，如没有做消隐处理，在数码管的不应该亮地段，有微微的发亮，这种现象称为______________________。

3. 数码管动态显示时，每一个数码管点亮的持续时间是______________________。

4. 补全程序。

```
while(1) //循环指令，一直执行下面括号中的内容
{
ds=0x01;
for(          )//仅显示4~6
{
P2=table[i+1];P0=ds; //送位选和段码数据
delay(1); //延时
P0=0x00; P2=0xFF;delay(1); //关闭显示器，消除鬼影
ds=ds<<1; //位选数据向左移1位
}
}
```

任务三　显示汽车时钟

【任务目标】

知识目标	技能目标
能描述中断定时器的基本组成与应用	1. 能进行汽车时钟显示仿真电路搭建 2. 能进行汽车时钟显示控制程序编制、硬件调试、创新应用

【任务描述】

本任务要求实现汽车时钟显示，能进行时、分、秒显示与走时。通过本任务学习，要求学习者能进行时钟控制电路设计、程序编制、仿真调试、硬件调试和创新应用。

【体验任务实施】

体验任务引导视频

1. 任务要求

在仿真软件中实现显示汽车时钟（正常走时即可）。

2. 电路设计

显示汽车时钟模拟仿真展示设计如图2-24所示。

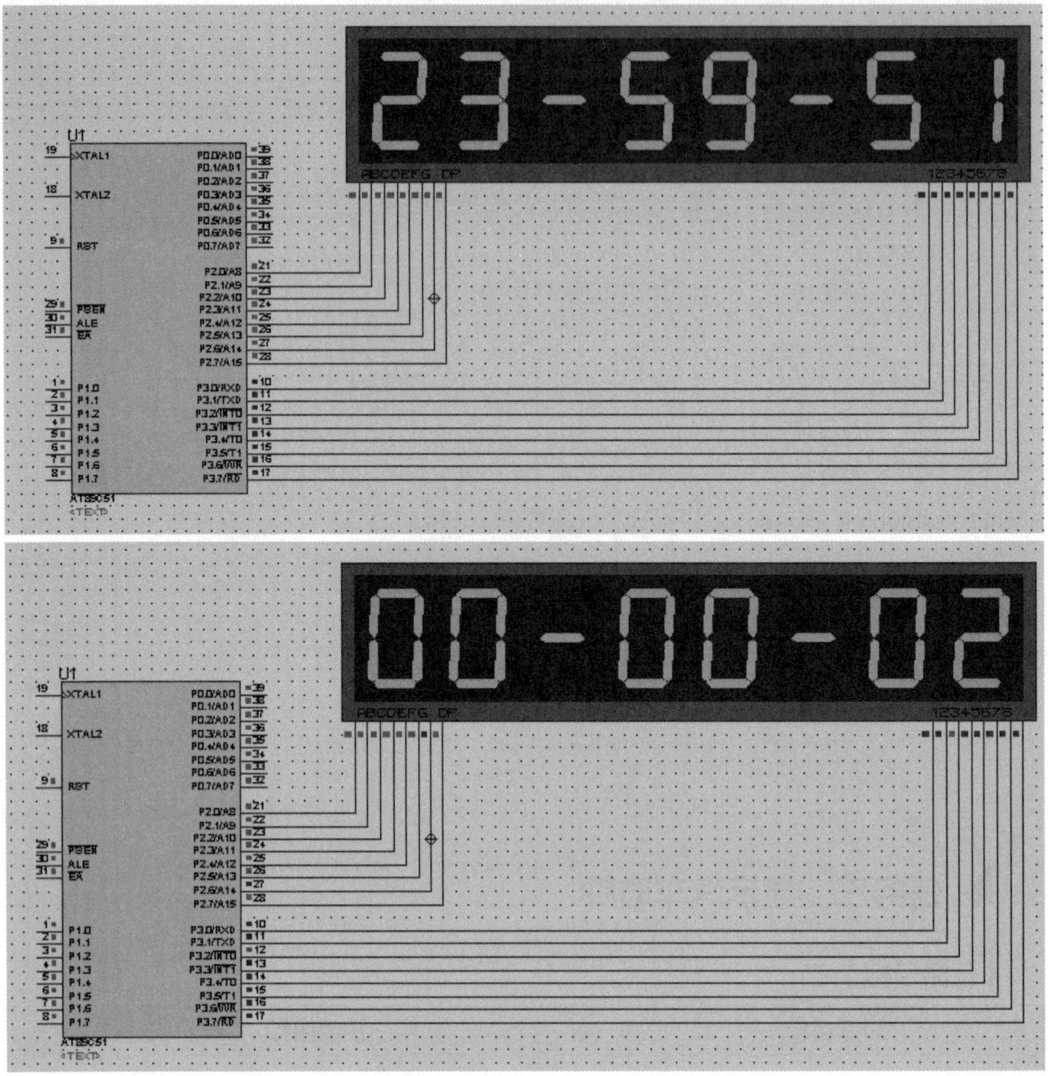

图2-24　显示汽车时钟模拟仿真展示设计图

3. 程序设计

（1）仿真源程序

```
#include<reg51.h>                       //引用头文件
unsigned char table[]={0xc0,0xf9,0xa4,0xb0,0x99,0x92,0x82,0xf8,0x80,0x90,0xBF};
unsigned int  cont;                     //计数器
unsigned char M_S,M_F,M_M;              //定义时、分、秒变量
void delay(unsigned int i)
{unsigned int j,k;
  for(j=0;j<i;j++)
    for(k=0;k<120;k++);
}
void time0 () interrupt 1               //定时器T0 100μs 11.0592MHz
{TH0=0xFF;                              //定时器T0 高8位数据
TL0=0xA4;                               //定时器T0 低8位数据
if(cont<10000)                          //周期为1s计数控制
{cont++;}
else {cont=0;M_M++;}
}
void display( )                          //显示程序
```

```
{P3=0x01;P2=table[M_S/10];delay(2);// 显示 时信号 十位
P3=0x00;P2=0xff;delay(1);          //消隐
P3=0x02;P2=table[M_S%10];delay(2); // 显示 时信号 个位
P3=0x00;P2=0xff;delay(1);          //消隐
P3=0x04;P2=table[10];delay(2);     // 显示 -
P3=0x00;P2=0xff;delay(1);          //消隐
P3=0x08;P2=table[M_F/10];delay(2); // 显示 分信号 十位
P3=0x00;P2=0xff;delay(1);          //消隐
P3=0x10;P2=table[M_F%10];delay(2); // 显示  分信号 个位
P3=0x00;P2=0xff;delay(1);          //消隐
P3=0x20;P2=table[10];delay(2);     // 显示 -
P3=0x00;P2=0xff;delay(1);          //消隐
P3=0x40;P2=table[M_M/10];delay(2); // 显示 秒信号 十位
P3=0x00;P2=0xff;delay(1);          //消隐
P3=0x80;P2=table[M_M%10];delay(2); // 显示 秒信号 个位
P3=0x00;P2=0xff;delay(1);          //消隐
}
void main( )                       //主程序
{TMOD=0X01;                        //设置定时器T0为16位计数器
TH0=0xFF;                          //定时器T0 高8位数据  100μs
TL0=0xA4;                          //定时器T0 低8位数据  100μs
ET0=1;                             //充许定时器T0产生中断
TR0=1;                             //开启定时器T0
EA=1;                              //打开总中断开关
M_S=23;M_F=59;M_M=50;              //赋初值 23: 59: 50
while(1)                           //循环指令, 一直执行下面括号中的内容
{if(M_M>=60){M_M=0;M_F++;}         //秒清零、分加1
 if(M_F>=60){M_F=0;M_S++;}         //分清零、时加1
 if(M_S>=24) M_S=0;                //时清零
 display( );                       //调用显示程序
}
}
```

（2）程序设计流程图

数字钟程度流程设计如图2-25所示。

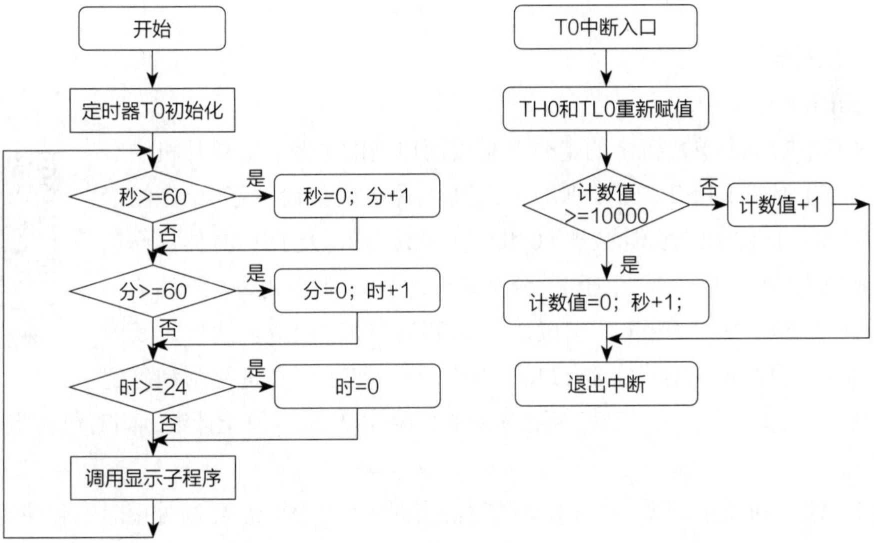

图2-25　数字钟程序流程设计图

4. 仿真调试

（1）加载HEX文件

在Proteus仿真软件中的单片机仿真元件上双击鼠标左键，单击“Program File”栏后的文件夹图标，找到HEX文件所在目录，单击“打开”按钮，最后单击“OK”按钮完成HEX文件加载，如图2-26所示。

（2）仿真结果

单击如图2-27所示图标，可实现全部运行、单步运行、暂停、停止功能。

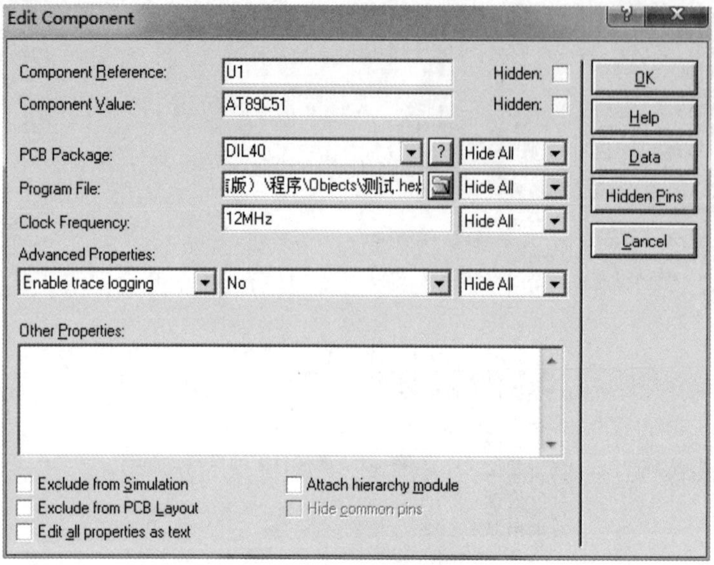

图2-26　完成HEX文件加载

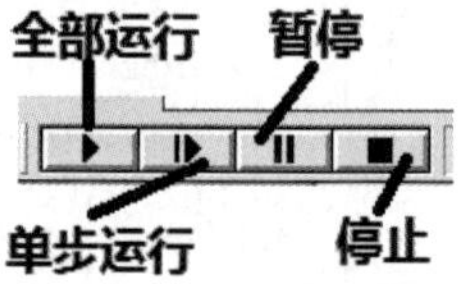

图2-27　仿真按钮功能图示

仿真结果：单击全部运行，数字钟开始走时；单击停止，停止走时。

【知识链接】

1. 定时计数器

定时计数器应用、时钟控制与显示

定时器中断是由单片机中的定时器溢出而申请的中断。51单片机中有两个定时器T0和T1（STC15W4K32S4系列单片机内部设置了5个16位定时器/计数器：16位定时器/计数器T0和T1、T2、T3以及T4，具体操作见STC15W4K32S4单片机指导手册），分别是由两个8位的专用寄存器组成，即定时/计数器T0由TH0和TL0组成，T1由TH1和TL1组成。此外，其内部还有2个8位的特殊功能寄存器TMOD和TCON，TMOD负责控制和确定T0和T1的功能和工作模式，TCON用来控制T0和T1启动或停止计数，同时包含定时/计数器的状态。

TF1：定时器1溢出标志。定时/计数器溢出时由硬件置位。中断处理时由硬件清除，或用软件清除。

TF0：定时器0溢出标志。定时/计数器溢出时由硬件置位。中断处理时由硬件清除，或用软件清除。

（1）中断

所谓中断就是程序正常执行的时候，出现了突发事件，CPU停止当前程序的执行，转去处理突发事件，处理完毕后又返回源程序被中断的位置继续执行。中断可以分为内部中断和外部中断，内部中断的来源来自CPU内部（软件中断指令，溢出，除法错误等，例如操作系统从用户态切换到内核态需借助CPU内部的软件中断），外部中断的中断源来自CPU外部，由外设提出请求。

（2）中断过程

1个完整的中断传送方式的处理过程包括中断请求、中断优先权判别、中断响应、中断处理和中断返回等几个步骤。

（3）中断源

INT0： 外部中断0请求，由P3.2引脚输入。它有两种触发方式，通过IT0（TCON.0）来决定是电平触发方式还是边沿触发方式。一旦输入信号有效，则向CPU申请中断，并且将中断标志IE0置1。

INT1： 外部中断1请求，由P3.3引脚输入。通过IT1（TCON.2）来决定是电平触发方式还是边沿触发方式。一旦输入信号有效，则向CPU申请中断，并将中断标志IE1置1。

TF0： 定时器T0溢出中断请求。当定时器T0产生溢出时，T0中断请求标志TF0置1，请求中断处理。

TF1： 定时器T1溢出中断请求。当定时器T1产生溢出时，T1中断请求标志TF1置1，请求中断处理。

TI/RI： 串行口发送/接收中断请求。当通过串行口发送或接收完一帧串行数据时，串行口中断请求标志TI或RI置1，请求中断处理。

（4）中断服务入口

①外部中断0。

```
void init0( ) interrupt 0
{    }
```

②定时器T0。

```
void time0( ) interrupt 1
{    }
```

③外部中断1。

```
void init1( ) interrupt 2
{    }
```

④定时器T1。

```
void time1( ) interrupt 3
{    }
```

⑤串行口发送/接收中断。

```
void UART1_int( ) interrupt 4
{    }
```

init0、init1、time0、time1、UART1_int为变量，可以根据自己编程风格指定。

（5）工作流程编辑

定时器工作的流程可以按照以下顺序（以51为例，用定时器0方式产生1个50毫秒的定时）编辑。

①确定使用哪个定时器，使用哪种方式，这一步通过TMOD设置，TMOD的低四位是用来设置定时器0的，高四位是用来设置定时器1的，其中的M0，M1是用来设置定时器工

作在哪种方式，GATE一般不要设置，C/T是选择计数模式还是定时模式的，如：TMOD = 0X01，就说明定时器0工作在方式1。

②设置定时的时间，用定时器定时50毫秒，可以用这种方式TH0 =（65535－50000）/ 256，TL0 =（65535－50000）% 256；可以这样理解：因为这是定时器的初值，也就是说计数脉冲就是在这个数的基础上向上递增，达到65535后就溢出产生中断。

③打开中断，使用IE寄存器，首先打开总中断EA = 1，这一步是所有中断所必需的，然后打开定时器0中断，ET0 =1。

④这时准备工作结束，启动定时器，使用TCON寄存器，TR0 = 1，实现了1个50毫秒的定时。

2. TMOD——以STC15W4K32S4单片机为例介绍

定时和计数功能由特殊功能寄存器TMOD的控制位C/T进行选择，TMOD寄存器的各位信息如表2-1所列。可以看出，2个定时/计数器有4种操作模式，通过TMOD的M1和M0选择。2个定时/计数器的模式0、1和2都相同，模式3不同，各模式下的功能如下所示。

TMOD：不可位寻址，复位值为00H，B0～B3操作定时器0，B5～B7操作定时器1。格式如表2-1所示。

表2-1　　TMOD格式表

SFR name	Address	bit	B7	B6	B5	B4	B3	B2	B1	B0
TMOD	89H	name	GATE	C/T	M1	M0	GATE	C/T	M1	M0

TMOD.7：控制定时器1，置1时只有在INT1脚为高及TR1控制位置1时才可以打开定时/计数器1。

TMOD.3：控制定时器0，置1时只有在INT0脚为高及TR0控制位置1时才可以打开定时/计数器0。

TMOD.6：控制定时器1用作定时器或计数器，清零则用作定时器（对内部系统时钟进行计数），置1用作计数器（对引脚T1/3.5的外部脉冲进行计数）。

TMOD.2：控制定时器0用作定时器或计数器，清零则用作定时器（对内部系统时钟进行计数），置1用作计数器（对引脚T0/3.4的外部脉冲进行计数）。

TMOD.5/TMOD.4：

M1、M0			定时器/计数器1模式选择
0	0	0方式	16位自动重装定时器，当溢出时将RL_TH1和RL_TL1存放的值自动重装入TH1和TL1中
0	1	1方式	16位不可重装载模式，TH1、TL1全用
1	0	2方式	8位自动重装载定时器，当溢出时将TH1存放的值自动重装入TL1
1	1	3方式	定时器计数器1此时无效（停止计数）

TMOD.1/TMOD.0：

M1、M0			定时器/计数器0模式选择
0	0	0方式	16位自动重装定时器，当溢出时将RL_TH0和RL_TL0存放的值自动重装入TH0和TL0中
0	1	1方式	16位不可重装载模式，TH0、TL0全用
1	0	2方式	8位自动重装载定时器，当溢出时将TH0存放的值自动重装入TL0
1	1	3方式	不可屏蔽中断的16位自动重装定时器

3. 辅助寄存器AUXR

STC15系列单片机是1T的8051单片机，为兼容传统8051，定时器0、定时器1和定时器2复位后是传统8051的速度，即12分频，但也可不进行12分频，通过设置新增加的特殊功能寄存器AUXR，将T0、T1、T2设置为1T。AUXR不可位寻址，格式如表2-2所示。

表2-2 AUXR格式表

SFR name	Address	bit	B7	B6	B5	B4	B3	B2	B1	B0
AUXR	8EH	name	T0x12	T1x12	UART_M0x6	T2R	T2_C/T	T2x12	EXTRAM	S1ST2

T0x12：定时器0速度控制位

0，定时器0是传统8051速度，12分频；

1，定时器0的速度是传统8051的12倍，不分频。

T1x12：定时器1速度控制位

0，定时器1是传统8051速度，12分频；

1，定时器1的速度是传统8051的12倍，不分频。

如果UART1/串口1用T1作为波特率发生器，则由T1x12决定UART1/串口1是12T还是1T。

UART_M0x6：串口1模式0的通信速度设置位

0，串口1模式0的速度是传统8051单片机串口的速度，12分频；

1，串口1模式0的速度是传统8051单片机串口速度的6倍，2分频。

T2R：定时器2允许控制位

1，不允许定时器2运行；

1，允许定时器2运行。

T2_C/T：控制定时器2用作定时器或计数器

0，用作定时器（对内部系统时钟进行计数）；

1，用作计数器（对引脚T2/P3.1的外部脉冲进行计数）

T2x12：定时器2速度控制位

0，定时器2是传统8051速度，12分频；

1，定时器2的速度是传统8051的12倍，不分频。

如果串口1或串口2用T2作为波特率发生器，则由T2x12决定串口1或串口2是12T还是1T。

EXTRAM：内部/外部RAM存取控制位

0，允许使用逻辑上在片外、物理上在片内的扩展RAM；

1，禁止使用逻辑上在片外、物理上在片内的扩展RAM。

S1ST2：串口1（UART1）选择定时器2作为波特率发生器的控制位

0，选择定时器1作为串口1（UART1）的波特率发生器；

1，选择定时器2作为串口1（UART1）的波特率发生器，此时定时器1得到释放，可以作为独立定时器使用。

4. ETx

ET1：定时/计数器T1的溢出中断允许位，ET1=1，允许T1中断，ET1=0，禁止T1中断。

ET0：定时/计数器T0的溢出中断允许位，ET0=1，允许T0中断，ET0=0，禁止T0中断。

5. TRx

TR1：定时器T1的运行控制位。该位由软件置位和清零。当GATE（TMOD.7）=0，TR1=1时允许T1开始计数，TR1=0时禁止T1计数。当GATE（TMOD.7）=1，TR1=1且INT1输入高电平时，才允许T1计数。

TR0：定时器T0的运行控制位。该位由软件置位和清零。当GATE（TMOD.3）=0，TR0=1时允许T0开始计数，TR0=0时禁止T0计数。当GATE（TMOD.3）=1，TR0=1且INT0输入高电平时，才允许T0计数。

6. EA

CPU的总中断允许控制位，EA=1，CPU开放中断，EA=0，CPU屏蔽所有的中断申请。EA的作用是使中断允许形成多级控制，即各中断源首先受EA控制；其次还受各中断源自己的中断允许控制位控制。

7. THx、TLx计算

①打开STC-ISP软件，在右边选项卡中选择“定时器计算器”，如图2-28所示。

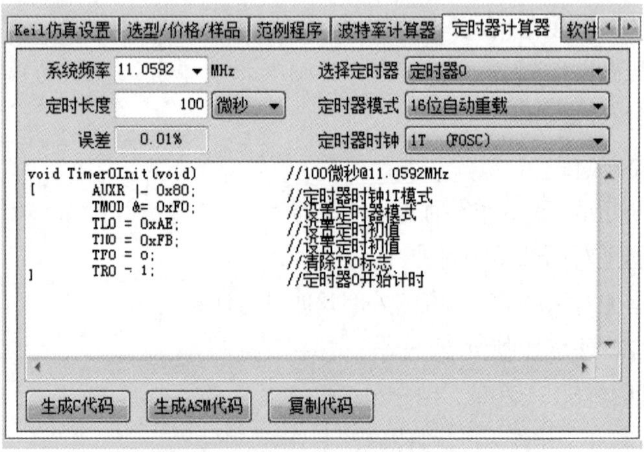

图2-28 选择“定时器计算器”选项卡

②选择系统频率“22.1184MHz”，在定时长度输入框中输入“100”，选择“定时器0”，定时器模式选择“16位”，定时器时钟选择“12T”，如图2-29所示。

图2-29 定时器参数设置

③选择“生成C代码”按钮，生成定时器初始化程序，如图2-30所示。此时生成的定时器初始化程序仅能应用于STC系列单片机硬件电路，若在Proteus软件中进行仿真，仅THx、TLx值有参考价值。

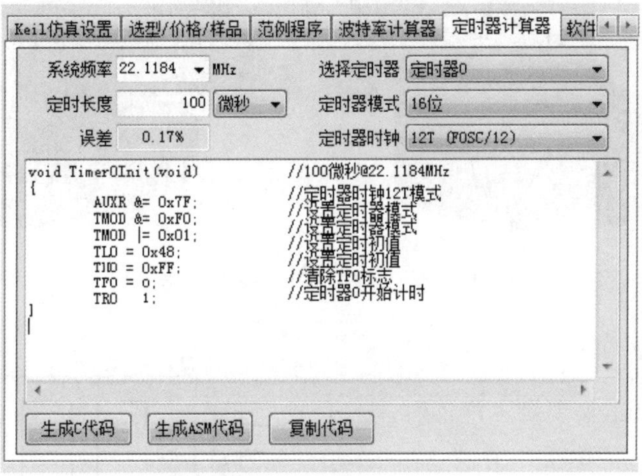

图2-30 生成定时器初始化程序

8. 时、分、秒控制

```
if(M_M>=60){M_M=0;M_F++;}          //秒清零、分加1
if(M_F>=60){M_F=0;M_S++;}          //分清零、时加1
if(M_S>=24)M_S=0;                  //时清零
```

9. 时、分、秒显示

```
P3=0x01;P2=table[M_S/10];delay(2);// 显示 时信号 十位
P3=0x02;P2=table[M_S%10];delay(2);// 显示 时信号 个位
```

```
P3=0x08;P2=table[M_F/10];delay(2);// 显示 分信号 十位
P3=0x10;P2=table[M_F%10];delay(2);// 显示 分信号 个位

P3=0x40;P2=table[M_M/10];delay(2);// 显示 秒信号 十位
P3=0x80;P2=table[M_M%10];delay(2);// 显示 秒信号 个位
```

【探究任务实施】

硬件演示

1. 效果展示

学习板TT5实施效果如图2-31所示。

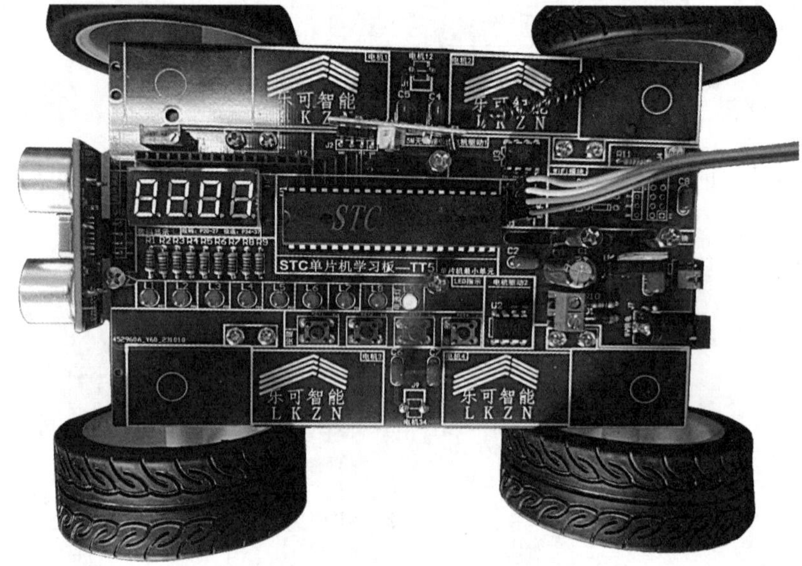

图2-31　学习板TT5实施效果

2. 任务要求

在学习板TT5上实现显示汽车时钟（正常走时，具有秒闪功能）。

3. 电路设计

学习板TT5 按键和数码电路I/O分配如图2-32所示。

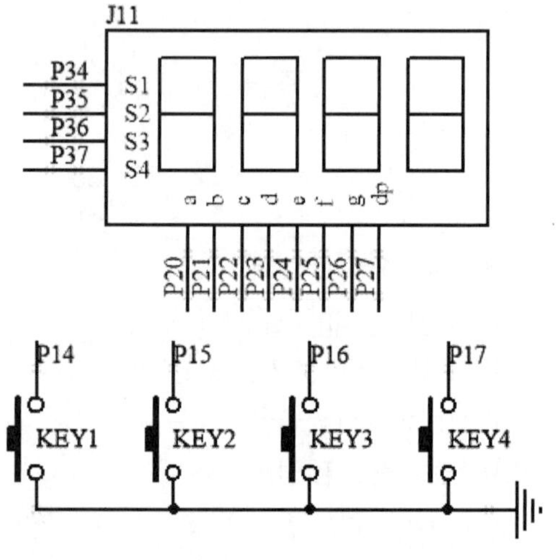

图2-32　学习板TT5按键和数码电路I/O分配图

4. 程序设计

```
#include "STC15F2K60S2.h"  //引用头文件
unsigned char table[]={0xc0,0xf9,0xa4,0xb0,0x99,0x92,0x82,0xf8,0x80,0x90,0xBF};
unsigned char dis[4];       //数码管显示数据存入数组
unsigned int  cont;         //计数器
unsigned char M_S,M_F,M_M;  //定义时、分、秒计数器
sbit led1=P0^0;             //定义秒闪灯
void delay(unsigned int i)  //约1ms延时函数，i为延时ms数
{
unsigned int j,k;
for(j=0;j<i;j++)
  for(k=0;k<1200;k++);
}
void time0 ( ) interrupt 1    //100μs定时中断服务程序
{
TH0=0xFF;                     //定时器0 高8位数据赋值
TL0=0x48;                     //定时器0 低8位数据赋值
if(cont<10000)                //周期为1s计数控制
{cont++;}
else
{cont=0;M_M++;led1=~led1;}    //1s后计数器清零，秒计数加1，秒闪
}
void display( )               //显示程序
{unsigned i,ds=0x10;          //定义局部变量i和ds
dis[3]=M_S/10;                //取时信号 十位
dis[2]=M_S%10;                //取时信号 个位
dis[1]=M_F/10;                //取分信号 十位
dis[0]=M_F%10;                //取分信号 个位
for(i=0;i<4;i++)              //数码管4个位选控制
{P2=table[dis[i]];P3=ds;      //显示数据
delay(1);                     //延时（保证足够的显示时间）
P2=0x00;P3=0x00;delay(1);     //关闭显示器，消除鬼影
ds=ds<<1;                     //位选变量移动
} }
void Timer0Init(void)         //100μs@22.1184MHz
{ AUXR &= 0x7F;               //定时器时钟12T模式 不自动重装
  TMOD &= 0xF0;               //设置定时器模式
  TL0 = 0x48;TH0 = 0xFF;      //设置定时初值
  TF0 = 0;TR0 = 1;            //清除TF0标志，定时器0开始计时
}
void main( )                  //主程序
{P2M1=0x00;P2M0=0x00;         //设置P2口为传统51端口
 P3M1=0x00;P3M0=0xF0;         //设置P3.4~3.7为强电流输出
Timer0Init( );                //初始化定时器T0
ET0=1;EA=1;                   //允许定时器T0中断，打开总中断开关
M_S=23;M_F=59;M_M=50;         //赋初值 23：59：50
while(1)                      //循环指令，一直执行下面括号中的内容
{if(M_M>=60){M_M=0;M_F++;}     //秒清零、分加1
if(M_F>=60){M_F=0;M_S++;}     //分清零、时加1
if(M_S>=24) M_S=0;            //时清零
display( );                   //调用显示程序
}}
```

5. HEX文件下载

单击“打开程序文件”选择需要下载的HEX文件，选择运行时钟为22.1184MHz，单击“下载/编程”按钮，进入自动程序下载过程，操作成功后如图2-33所示。

6. 功能测试

（1）检查电路连接是否正确： 是□ 否□

（2）程序下载是否正常： 是□ 否□

（3）能否正常走时： 是□ 否□

（4）1小时误差是否小于1秒： 是□ 否□

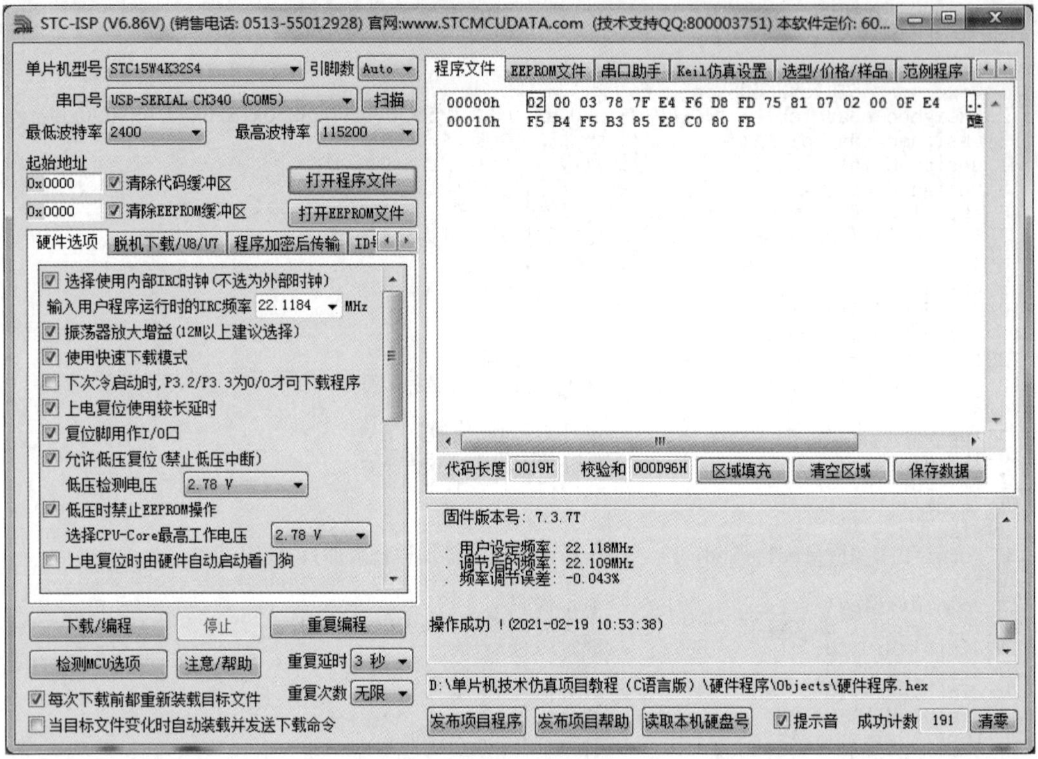

图2-33 下载程序

【创新任务实施】

<table>
<tr><td>项目二</td><td colspan="2">汽车交互系统显示</td><td>任务三</td><td colspan="2">显示汽车时钟</td><td>学时</td><td>2</td></tr>
<tr><td>姓名</td><td></td><td>学号</td><td></td><td>班级</td><td></td><td>日期</td><td></td></tr>
<tr><td>团队成员</td><td colspan="7"></td></tr>
<tr><td>任务要求</td><td colspan="7">设计一个可调节时间的时钟系统，要求通过6个按键可对时钟的时、分、秒分别进行加和减调节</td></tr>
<tr><td colspan="8">一、电路设计</td></tr>
</table>

续表

二、程序设计

三、功能测试

（1）检查电路连接是否正确：　是□　否□

（2）程序下载是否正常：　是□　否□

（3）能否正常走时：　是□　否□

（4）能否调节小时位：　是□　否□

（5）能否调节分钟位：　是□　否□

四、检查展示

1. 小组成员自查和互查，进行补充完善

2. 各小组推荐优秀作品进行展示

五、总结评价

序号	评价项目	配分	自评分	组长评分	教师评分	备注
1	电路设计	15				
2	程序思路	20				
3	任务完成	35				
4	检查展示	10				
5	劳动纪律	5				
6	积极主动	5				
7	工匠精神	5				
8	贡献大小	5				
合计		100				

综合得分=自评分×20%+组长评分×30%+教师评分×50%=

续表

六、反思

【任务测试】

1. 若M_S=16，执行PT=M_S/10，则PT=______________。
2. 若M_S=164，执行PT=(M_S%100)/10，则PT=______________。
3. 若M_S=164，执行PT=M_S%10，则PT=______________。
4. 补全程序。

```
while(1) //循环指令，一直执行下面括号中的内容
{if(M_M>=60){M_M=0; M_F++;}//秒清零、分加1
if(M_F>=60){M_F=0; M_S++;}//分清零、时加1
if(          ) M_S=0; //时清零   设计成12小时制时钟
display();          //调用显示程序
}
```

5. 尝试编写万年历时钟程序（含阴历）。

项目三　汽车舒适系统设计

本项目以设计汽车自动大灯、设计汽车智能座椅、设计汽车自动空调、设计汽车倒车雷达为实例，介绍A/D检测、电机正反转、EEPROM应用、电机PWM控制、串口通信控制、LCD1602显示、超声测距等知识，通过对相关知识学习、单片机学习板TT5的实战、创新任务实施，达到对A/D检测、EEPROM、串口通信、液晶显示、超声测距等进行相应设计的目标。

引导视频

【知识目标】

1. 能描述A/D转换基本原理。
2. 能描述EEPROM基本原理。
3. 能描述电机正反转的基本原理。
4. 能描述PWM控制基本原理。
5. 能描述串口通信控制使用方法。
6. 能描述LCD1602控制基本应用方法。
7. 能描述超声测距的基本方法。

【技能目标】

1. 能设计、搭建汽车自动大灯电路，能编制、调试、应用其程序。
2. 能设计、搭建汽车智能座椅电路，能编制、调试、应用其程序。
3. 能设计、搭建汽车自动空调电路，能编制、调试、应用其程序。
4. 能设计、搭建汽车倒车雷达电路，能编制、调试、应用其程序。

【素质目标】

1. 培养学生的质量意识、责任意识；
2. 具有勇于创新、敬业乐业的工作作风。

任务一　设计汽车自动大灯

【任务目标】

知识目标	技能目标
能描述A/D转换基本原理 能描述光敏电阻使用方法	能进行汽车自动大灯控制程序编制、硬件调试、创新应用

【任务描述】

本任务要求实现汽车自动大灯设计，当光线过暗时大灯自动点亮、光线过亮时大灯自动熄灭。通过本任务学习，要求学习者能进行A/D转换控制电路设计、程序编制、仿真调试、硬件调试和创新应用。

【探究任务实施】

1. 效果展示

学习板TT5实施效果如图3-1所示。

硬件演示

图3-1　学习板TT5实施效果

2. 任务要求

在学习板TT5上实现汽车自动大灯。

3. 电路设计

学习板TT5光敏和LED灯I/O分配如图3-2所示。

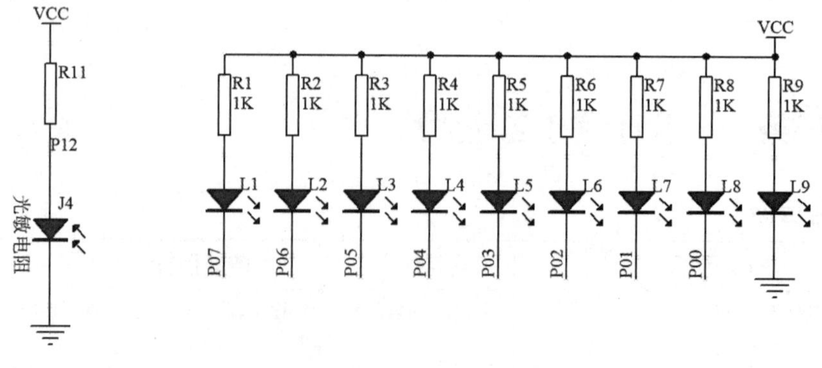

图3-2　学习板TT5光敏和LED灯I/O分配图

4. 程序设计

（1）源程序

```
#include "STC15F2K60S2.h"                        //  包含头文件 STC15F2K60S2.h
unsigned char table[]={0xc0,0xf9,0xa4,0xb0,0x99,0x92,0x82,0xf8,0x80,0x90};
unsigned char dis[4];
unsigned int AD_D;                               //A/D转换值
void InitADC();                                  //内部A/D初始化程序
unsigned char GetADCResult(unsigned char ch);    //取内部10位A/D数据
unsigned int  get_adc(unsigned char ch);         //读第几通道A/D数据值
void delay(unsigned int i)                       //约1ms延时函数，i为延时ms数
{unsigned int j,k;
for(j=0;j<i;j++)
  for(k=0;k<1200;k++);
}
void display( )                                  //显示程序
{unsigned i,ds;                                  //定义局部变量i和ds
dis[3]=(AD_D%10000)/1000;                        //取千位
dis[2]=(AD_D%1000)/100;                          //取百位
dis[1]=(AD_D%100)/10;                            //取十位
dis[0]=(AD_D%10)/1;                              //取个位
ds=0x10;                                         //位选变量赋值
for(i=0;i<4;i++)                                 //数码管4个位选控制
{P2=table[dis[i]];P3=ds;                         //显示数据
delay(1);                                        //延时（保证足够的显示时间）
P2=0x00;P3=0x00;delay(1);                        //关闭显示器，消除鬼影
ds=ds<<1;                                        //位选变量移动
}}
void main( )
{unsigned char i;
P0M1=0x00;P0M0=0x00;                             //设置P0口为准双向I/O（传统51模式）
P1M1=0x00;P1M0=0x00;                             //设置P1口为准双向I/O（传统51模式）
P2M1=0x00;P2M0=0x00;                             //设置P2口为准双向I/O（传统51模式）
P3M1=0x00;P3M0=0xF0;                             //设置P3.4-3.7为强电流输出
InitADC();
while(1)
{ AD_D=get_adc(2);                               //取第2路A/D转换数据
  for(i=0;i<200;i++)
  {display();
  if(AD_D<=500)  P0=0xFF;                        //光线强，关灯
  else P0=0x00;                                  //光线弱，开灯
}}}
unsigned int get_adc(unsigned char ch)           //读第几通道A/D数据值
{unsigned int  adc_r;
adc_r=GetADCResult(ch)*4+ADC_RESL;               //将A/D转换结果数据组合
return(adc_r);                                   //返回A/D转换结果
}
unsigned char GetADCResult(unsigned char ch)     //取内部10位A/D数据
{    ADC_CONTR = 0x88 | ch ;                     //启动转换
     while (!(ADC_CONTR & 0x10));                //等待A/D转换结束
     ADC_CONTR &= ~ 0x10;                        //关闭A/D转换，对转换结束标志清零
     return ADC_RES;                             //返回A/D转换结果高位寄存器数据
}
void InitADC( )                                  //内部A/D初始化程序
{    P1ASF=0x04;                                 //设置P1.2 A/D功能
     ADC_RES = 0;                                //A/D转换结果高位寄存器清零
     ADC_CONTR = 0x80; delay(100);               //打开A/D转换器电源开关
}
```

（2）程序流程图

实现汽车自动大灯程序流程如图3-3所示。

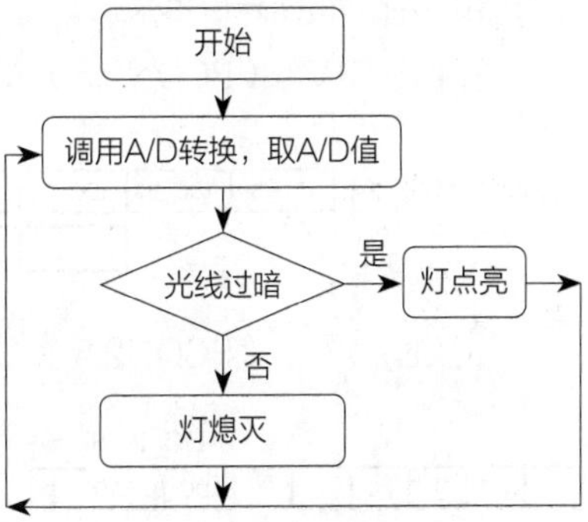

图3-3　实现汽车自动大灯程序流程图

5. HEX文件下载

单击“打开程序文件”选择需要下载的HEX文件，选择运行时钟为22.1184MHz，单击“下载/编程”按钮，进入自动程序下载过程，操作成功后如图3-4所示。

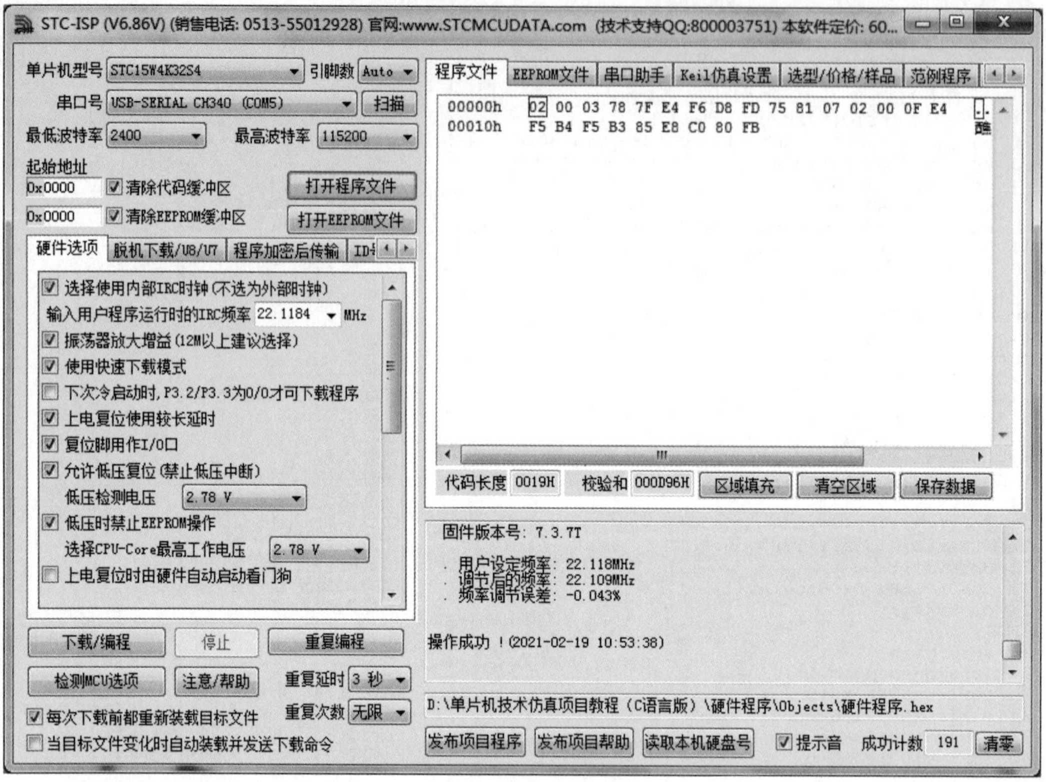

图3-4　下载程序

6. 功能测试

（1）检查电路连接是否正确：　　是□　　否□

（2）程序下载是否正常：　　是□　　否□

（3）光线过暗时灯光是否自动开启：　　是□　　否□

（4）光线过亮时灯光是否自动关闭：　　是□　　否□

A/D应用

【知识链接】

1. STC15W4K32S4系列单片机内部A/D转换器简介

STC15W4K32S4系列单片机内部集成了8路10位高速A/D转换器，A/D转换器的结构如图3-5所示。

当CLK_DIV.5（PCON2.5）/ADRJ=0时，A/D转换结果寄存器格式如下。

ADC_RES[7:0]	ADC_B9	ADC_B8	ADC_B7	ADC_B6	ADC_B5	ADC_B4	ADC_B3	ADC_B2	
	-	-	-	-	-	-	ADC_B1	ADC_B0	ADC_RESL[1:0]

当CLK_DIV.5（PCON2.5）/ADRJ=1时，A/D转换结果寄存器格式如下。

ADC_RES[1:0]	-	-	-	-	-	-	ADC_B9	ADC_B8	
	ADC_B7	ADC_B6	ADC_B5	ADC_B4	ADC_B3	ADC_B2	ADC_B1	ADC_B0	ADC_RESL[7:0]

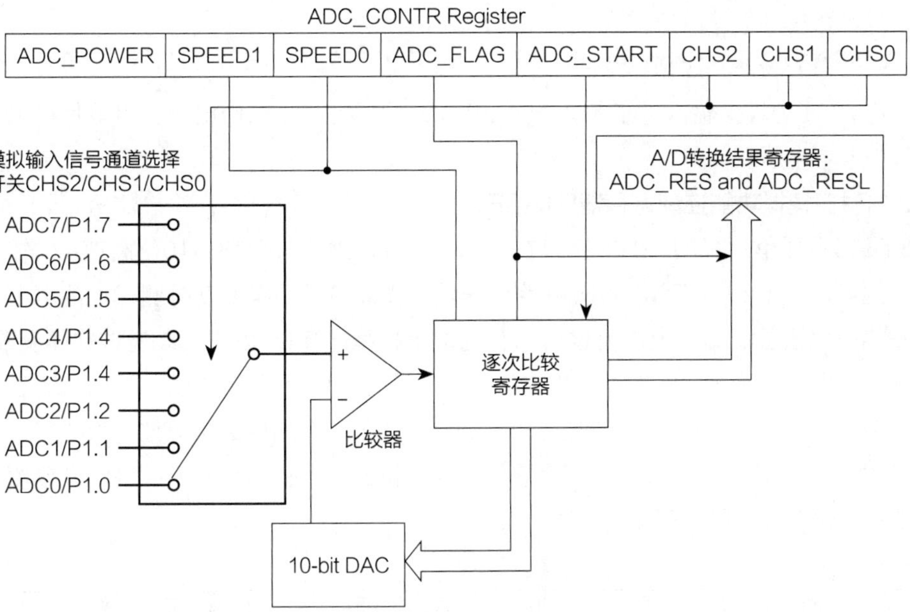

图3-5　A/D转换器的结构图

STC15系列单片机ADC由多路选择开关、比较器、逐次比较寄存器、10位DAC、转换结果寄存器（ADC_RES和ADC_RESL）以及ADC_CONTR构成。STC15系列单片机的ADC是逐次比较型ADC。逐次比较型ADC由一个比较器和D/A转换器构成，通过逐次比较逻辑，从最高位（MSB）开始，顺序地对每一输入电压与内置D/A转换器输出进行比较，经过多次比较，使转换所得的数字量逐次逼近输入模拟量对应值。逐次比较型A/D转换器具有速度高，功耗低等优点。

从图3-5中可以看出，通过模拟多路开关，将通过ADC0～7的模拟量输入送给比较器。用数/模转换器（DAC）转换的模拟量与输入的模拟量通过比较器进行比较，将比较结果保存到逐次比较寄存器，并通过逐次比较寄存器输出转换结果。A/D转换结束后，最终的转换结果保存到ADC转换结果寄存器ADC_RES和ADC_RESL，同时，置位ADC控制寄存器ADC_CONTR中的A/D转换结束标志位ADC_FLAG，以供程序查询或发出中断申请。模拟通道的选择控制由ADC控制寄存器ADC_CONTR中的CHS2～CHS0确定。ADC的转换速度由ADC控制寄存器中的SPEED1和SPEED0确定。

在使用ADC之前，应先给ADC上电，也就是置位ADC控制寄存器中的ADC_POWER位。

当ADRJ=0时，如果取10位结果，则按下面公式计算：

$$\text{10-bit A/D Conversion Result:(ADC\_RES[7:0], ADC\_RESL[1:0])} = 1024 \times \frac{V_{in}}{V_{CC}}$$

当ADRJ=0时，如果取8位结果，按下面公式计算：

$$\text{8-bit A/D Conversion Result:(ADC\_RES[7:0])} = 256 \times \frac{V_{in}}{V_{CC}}$$

当ADRJ=1时，如果取10位结果，则按下面公式计算：

$$10\text{-bit A/D Conversion Result:(ADC\_RES[1:0], ADC\_RESL[7:0])} = 1024 \times \frac{Vin}{V_{CC}}$$

式中，Vin为模拟输入通道输入电压，V_{CC}为单片机实际工作电压，用单片机工作电压作为模拟参考电压。

2. P1口模拟功能控制寄存器P1ASF

STC15系列单片机的A/D转换口在P1口（P1.7～P1.0），有8路10位高速A/D转换器，速度可达到300kHz（30万次/秒）。8路电压输入型A/D，可作温度检测、电池电压检测、按键扫描、频谱检测等。上电复位后P1口为弱上拉型I/O口，用户可以通过软件设置将8路中的任何一路设置为A/D转换，不需作为A/D使用的P1口可继续作为I/O口使用（建议只作为输入）。作为A/D使用的端口需先将P1ASF特殊功能寄存器中的相应位置为"1"，将相应的端口设置为模拟功能。P1ASF寄存器的格式如图3-6所示。P1ASF：P1口模拟功能控制寄存器（该寄存器是只写寄存器，读无效）。

SFR name	Address	bit	B7	B6	B5	B4	B3	B2	B1	B0
P1ASF	9DH	name	P17ASF	P16ASF	P15ASF	P14ASF	P13ASF	P12ASF	P11ASF	P10ASF

P1ASF[7:0]	P1.x的功能	其中P1ASF寄存器地址为：[9DH]（不能够进行位寻址）
P1ASF.0=1	P1.0口作为模拟功能A/D使用	
P1ASF.1=1	P1.1口作为模拟功能A/D使用	
P1ASF.2=1	P1.2口作为模拟功能A/D使用	
P1ASF.3=1	P1.3口作为模拟功能A/D使用	
P1ASF.4=1	P1.4口作为模拟功能A/D使用	
P1ASF.5=1	P1.5口作为模拟功能A/D使用	
P1ASF.6=1	P1.6口作为模拟功能A/D使用	
P1ASF.7=1	P1.7口作为模拟功能A/D使用	

图3-6　P1ASF寄存器格式图

3. ADC控制寄存器ADC_CONTR

ADC_CONTR寄存器的格式如图3-7所示。

SFR name	Address	bit	B7	B6	B5	B4	B3	B2	B1	B0
ADC_CONTR	BCH	name	ADC_POWER	SPEED1	SPEED0	ADC_FLAG	ADC_START	CHS2	CHS1	CHS0

图3-7　ADC_CONTR寄存器格式图

ADC_POWER：ADC电源控制位。

0，关闭ADC电源。

1，打开A/D转换器电源。

建议进入空闲模式和掉电模式前，将ADC电源关闭，即ADC_POWER=0，可降低功耗。启动A/D转换前一定要确认A/D电源已打开，A/D转换结束后关闭A/D电源可降低功耗，也可不关闭。初次打开内部A/D转换模拟电源，需适当延时，等内部模拟电源稳定后，再启动A/D转换。启动A/D转换后，在A/D转换结束之前，不改变任何I/O口的状态，有助于高精度A/D转换。

SPEED1，SPEED0：模数转换器转换速度控制位如图3-8所示。

SPEED1	SPEED0	A/D转换所需时间
1	1	90个时钟周期转换一次，CPU工作频率27MHz时，A/D转换速度约300kHz（=27MHz÷90）
1	0	180个时钟周期转换一次
0	1	360个时钟周期转换一次
0	0	540个时钟周期转换一次

图3-8　模数转换器转换速度控制位

ADC_FLAG：模数转换器转换结束标志位，当A/D转换完成后，ADC_FLAG=1，要由软件清零。不管是A/D转换完成后由该位申请产生中断，还是由软件查询该标志位A/D转换是否结束，当A/D转换完成后，ADC_FLAG=1，一定要软件清零。

ADC_START：模数转换器（ADC）转换启动控制位，设置为“1”时，开始转换，转换结束后为0。

CHS2/CHS1/CHS0：模拟输入通道选择如图3-9所示。

CHS2	CHS1	CHS0	Analog Channel Select（模拟输入通道选择）
0	0	0	选择P1.0作为A/D输入来用
0	0	1	选择P1.1作为A/D输入来用
0	1	0	选择P1.2作为A/D输入来用
0	1	1	选择P1.3作为A/D输入来用
1	0	0	选择P1.4作为A/D输入来用
1	0	1	选择P1.5作为A/D输入来用
1	1	0	选择P1.6作为A/D输入来用
1	1	1	选择P1.7作为A/D输入来用

图3-9　模拟输入通道选择

4. ADC转换结果调整寄存器位

ADC转换结果调整寄存器位——ADRJ位于寄存器CLK_DIV/PCON中，用于控制ADC转换结果存放的位置。寄存器CLK_DIV如图3-10所示。

Mnemonic	Add	Name	B7	B6	B5	B4	B3	B2	B1	B0	Reset Value
CLK_DIV（PCON2）	97H	时钟分频寄存器	MCKO_S1	MCKO_S0	ADRJ	Tx_Rx	MCLKO_2	CLKS2	CLKS1	CLKS0	0000.x000

图3-10　ADC转换结果调整寄存器

ADRJ：ADC转换结果调整。

0，ADC_RES[7：0]存放高8位ADC结果，ADC_RESL[1：0]存放低2位ADC结果。

1，ADC_RES[1：0]存放高2位ADC结果，ADC_RESL[7：0]存放低8位ADC结果。

【创新任务实施】

项目三	汽车舒适系统设计		任务一	设计汽车自动大灯		学时	2
姓名		学号		班级		日期	
团队成员							
任务要求	设计1个自动前照灯电路，当用手电筒照射光敏电阻时，LED灯全打开，照射移开时，LED灯全灭，利用数码管显示当前检测到的A/D值						

一、电路设计

二、程序设计

三、功能测试

（1）检查电路连接是否正确：　是□　否□

（2）程序下载是否正常：　是□　否□

（3）用手捂住光敏电阻，灯全亮：　是□　否□

（4）手松，灯全灭：　是□　否□

（5）数码管显示当前检测A/D值：　是□　否□

四、检查展示

1. 小组成员自查和互查，进行补充完善
2. 各小组推荐优秀作品进行展示

续表

五、总结评价

序号	评价项目	配分	自评分	组长评分	教师评分	备注
1	电路设计	15				
2	程序思路	20				
3	任务完成	35				
4	检查展示	10				
5	劳动纪律	5				
6	积极主动	5				
7	工匠精神	5				
8	贡献大小	5				
合计		100				

综合得分=自评分×20%+组长评分×30%+教师评分×50%=

六、反思

【任务测试】

1. STC15W4K32S4系列单片机内部集成了________路________位高速A/D转换器。
2. 在使用ADC之前，应先给ADC上电，置位ADC控制寄存器中的________位。
3. 模拟通道的选择控制由ADC控制寄存器ADC_CONTR中的________确定。

任务二　设计汽车智能座椅

【任务目标】

知识目标	技能目标
1. 能描述EEPROM基本原理 2. 能描述电机正反转的基本原理	能进行汽车智能座椅控制程序编制、硬件调试、创新应用

【任务描述】

本任务要求实现汽车智能座椅设计。按下KEY1键，座椅回到之前设置位置；按下KEY2键，设置座椅正转秒数，松开存入EEPROM；按下KEY3键，设置座椅反转秒数，松开存入EEPROM。通过本任务学习，要求学习者能进行汽车智能座椅控制电路设计、程序编制、仿真调试、硬件调试和创新应用。

【探究任务实施】

1. 效果展示

学习板TT5实施效果如图3-11所示。

硬件演示

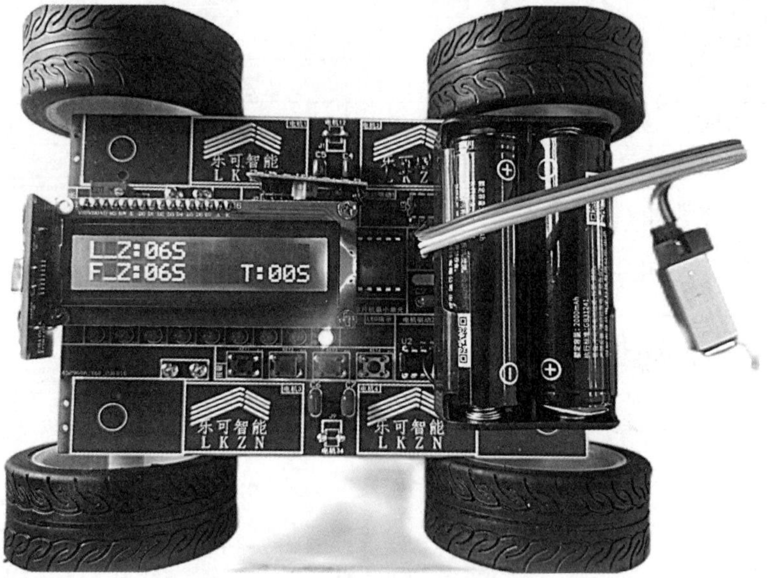

图3-11 学习板TT5实施效果

2. 任务要求

在学习板TT5上实现汽车智能座椅设计。

3. 电路设计

学习板TT5直流电机驱动电路I/O分配如图3-12所示。

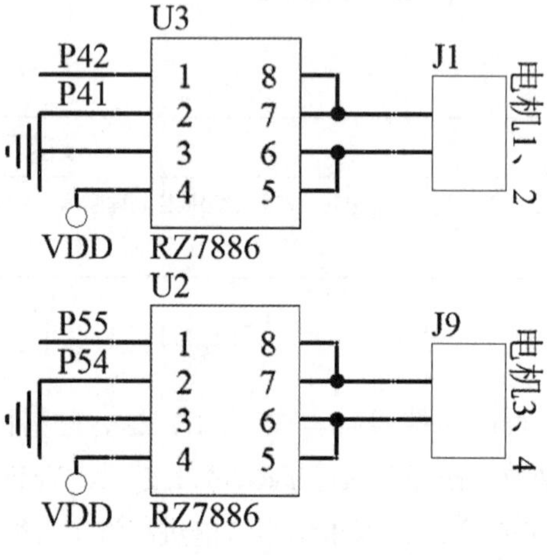

图3-12 学习板TT5直流电机驱动电路I/O分配图

4. 程序设计

(1) 源程序

```
#include "STC15F2K60S2.h"
#include <intrins.h>
sbit lcden=P4^4;                                       //LCD1602使能端
sbit lcdrs=P4^5;                                       //LCD1602寄存器选择
unsigned char table1[16]="L_Z:  S         "; //第一行显示
unsigned char table2[16]="F_Z:  S    T:  S"; //第二行显示
sbit LED1=P0^0;                                        //定义左转指示灯
sbit LED2=P0^1;                                        //定义右转指示灯
sbit KEY1=P1^4;                                        //定义智能记忆键
sbit KEY2=P1^5;                                        //定义左转时间调节键
sbit KEY3=P1^6;                                        //定义右转时间调节键
sbit M1_1=P4^1;                                        //定义电机1端口
sbit M1_2=P4^2;                                        //定义电机1端口
unsigned char L_C;                                     //左转计数 0~20秒
unsigned char F_C;                                     //右转计数 0~20秒
unsigned char T_C;                                     //比较计数器
unsigned int  cont;                                    //计数器
bit start;                                             //开始调节标志
bit PY_bit;                                            //执行1次标志
void delay(unsigned int i)                             //约1ms延时函数，i为延时ms数
{
unsigned int j,k;
for(j=0;j<i;j++)
  for(k=0;k<1200;k++);
}
void IapIdle( )                                        //关闭IAP
{
IAP_CONTR = 0;                                         //关闭IAP功能
IAP_CMD = 0;                                           //清除命令寄存器
IAP_TRIG = 0;                                          //清除触发寄存器
IAP_ADDRH = 0x80;                                      //将地址设置到非IAP区域
IAP_ADDRL = 0;
}
unsigned char Read(unsigned int addr)                 //从ISP/IAP/EEPROM区域读取一字节
{unsigned char dat;                                   //数据缓冲区
IAP_CONTR =0X82;                                      //使能IAP
IAP_CMD = 1;                                          //设置IAP命令
IAP_ADDRL = addr;                                     //设置IAP低地址
IAP_ADDRH = addr >> 8;                                //设置IAP高地址
IAP_TRIG = 0x5a;                                      //写触发命令(0x5a)
IAP_TRIG = 0xa5;                                      //写触发命令(0xa5)
dat = IAP_DATA;                                       //读ISP/IAP/EEPROM数据
IapIdle( );                                           //关闭IAP功能
return dat;                                           //返回
}
void Write(unsigned int addr,unsigned char dat)//写一字节数据到ISP/IAP/EEPROM区域
{
IAP_CONTR = 0X82;                                     //使能IAP
IAP_CMD = 2;                                          //设置IAP命令
IAP_ADDRL = addr;                                     //设置IAP低地址
IAP_ADDRH = addr >> 8;                                //设置IAP高地址
IAP_DATA = dat;                                       //写ISP/IAP/EEPROM数据
IAP_TRIG = 0x5a;                                      //写触发命令(0x5a)
IAP_TRIG = 0xa5;                                      //写触发命令(0xa5)
IapIdle( );                                           //关闭IAP功能
}
void Erase(unsigned int addr)                         //扇区擦除
{
IAP_CONTR = 0X82;                                     //使能IAP
IAP_CMD = 3;                                          //设置IAP命令
IAP_ADDRL = addr;                                     //设置IAP低地址
IAP_ADDRH = addr >> 8;                                //设置IAP高地址
IAP_TRIG = 0x5a;                                      //写触发命令(0x5a)
IAP_TRIG = 0xa5;                                      //写触发命令(0xa5)
IapIdle( );                                           //关闭IAP功能
}
void lcd_write_com(unsigned char com)                 //LCD1602写指令
{
  lcdrs=0;
  P2=com;
  lcden=1;
  delay(10);
  lcden=0;
}
```

```
void lcd_write_data(unsigned char dat)        //LCD1602写数据
{
  lcdrs=1;
  P2=dat;
  lcden=1;
  delay(10);
  lcden=0;
}
void display( )                                //显示程序
{
unsigned char num;
table1[4]=L_C/10+0x30;table1[5]=L_C%10+0x30;   //取左转计数器十位、个位
table2[4]=F_C/10+0x30;table2[5]=F_C%10+0x30;   //取右转计数器十位、个位
table2[13]=T_C/10+0x30;table2[14]=T_C%10+0x30;//取比较计数器十位、个位
lcd_write_com(0x80);                           //第一行显示指令
for(num=0;num<16;num++)
  {
  lcd_write_data(table1[num]);                 //第一行显示16个字符
  delay(10);
  }
  lcd_write_com(0x80+0x40);                    //第二行显示指令
  for(num=0;num<16;num++)
  {
  lcd_write_data(table2[num]);                 //第二行显示16个字符
  delay(10);
  }
}
void time0 ( ) interrupt 1                     //定时器T0中断程序
{
TH0=0xFF;                                      //定时器T0 高8位数据
TL0=0x48;                                      //定时器T0 低8位数据
if(start)                                      //开始标志
{
cont++;
if(cont>10000){cont=0;T_C++;}                  //1s控制,比较计数器加1
}
}
void Timer0Init(void)                          //100微秒@22.1184MHz
{
  AUXR &= 0x7F;                                //定时器时钟12T模式
  TMOD &= 0xF0;                                //设置定时器模式
  TL0 = 0x48;                                  //设置定时初值
  TH0 = 0xFF;                                  //设置定时初值
  TF0 = 0;                                     //清除TF0标志
  TR0 = 1;                                     //定时器T0开始计时
}
void init( )                                   //LCD1602初始化
{ delay(1000);
  lcd_write_com(0x38);delay(100);              //显示模式设置
  lcd_write_com(0x08);delay(100);              //显示关闭
  lcd_write_com(0x01);delay(100);              //显示清屏
  lcd_write_com(0x06);delay(100);              //显示光标移动设置
  lcd_write_com(0x0C);delay(100);              //显示开及光标设置
}
void main( )                                 //主程序
{
bit F_1;                                     //刷新显示标志
P0M1=0x00;P0M0=0x00;                         //设置P0口为准双向I/O（传统51模式）
P1M1=0x00;P1M0=0x00;                         //设置P1口为准双向I/O（传统51模式）
P2M1=0x00;P2M0=0x00;                         //设置P2口为准双向I/O（传统51模式）
P3M1=0x00;P3M0=0x00;                         //设置P3口为准双向I/O（传统51模式）
P4M1=0x00;P4M0=0x00;                         //设置P4口为准双向I/O（传统51模式）
delay(100);
Timer0Init( );                               //调用定时器0初始化子程序
ET0=1;                                       //允许T0中断
EA = 1;                                      //允许全局中断
init( );                                     //LCD1602初始化
PY_bit=1;
L_C=Read(0x0000);                            //读左转计数值
if(L_C>=30) L_C=0;                           //左转计数值大于30，清零
F_C=Read(0x0001);                            //读右转计数值
if(F_C>=30) F_C=0;                           //右转计数值大于30，清零
F_1=1;                                       //刷新显示标志置1
while(1)
{
if(F_1) {F_1=0;display();}                   //显示1次
if(KEY1==0&&PY_bit)                          //智能记忆键按下
{
  start=1;T_C=0;delay(100);LED1=0;LED2=1;    //开始计数，左转灯点亮
  while(T_C<=L_C){M1_1=0;M1_2=1;display();}  //左转
  T_C=0;delay(100);LED1=1;LED2=0;            //左转结束，右转灯点亮
```

```
    while(T_C<=F_C){M1_1=1;M1_2=0;display();}     //右转
    LED1=1;LED2=1;M1_1=0;M1_2=0;                   //右转结束
    start=0;PY_bit=0;T_C=0;F_1=1;                  //开始标志清零，执行1次标志清零，显示打开
}
if(KEY2==0)                                        //左转调节键按下
{
while(KEY2==0)display();                           //等待松开，并显示
L_C++;if(L_C>=20) L_C=0;PY_bit=1;F_1=1;            //0~20调节，执行1次标志置1，显示打开
Erase(0x0000);                                     //擦除0x0000扇区所有内容
Write(0x0000,L_C);                                 //L_C存入0x0000地址
Write(0x0001,F_C);                                 //F_C存入0x0001地址
}
if(KEY3==0)
{
while(KEY3==0)display();                           //等待松开，并显示
F_C++;if(F_C>=20) F_C=0;PY_bit=1;F_1=1;            //0~20调节，执行1次标志置1，显示打开
Erase(0x0000);                                     //擦除0x0000扇区所有内容
Write(0x0000,L_C);                                 //L_C存入0x0000地址
Write(0x0001,F_C);                                 //F_C存入0x0001地址
}
}
}
```

（2）程序流程图

实现汽车智能座椅设计程序流程如图3-13所示。

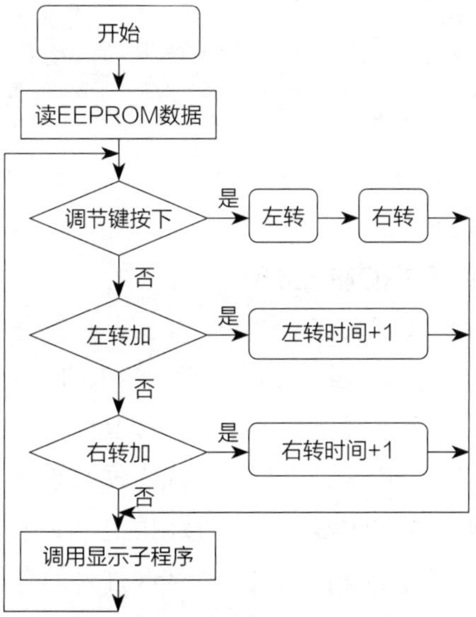

图3-13　实现汽车智能座椅设计程序流程图

5. HEX文件下载

单击“打开程序文件”选择需要下载的HEX文件，选择运行时钟为22.1184MHz，单击“下载/编程”按钮，进入自动程序下载过程，操作成功后如图3-14所示。

6. 功能测试

（1）检查电路连接是否正确：　是□　否□

（2）程序下载是否正常：　是□　否□

（3）按下KEY1座椅自动到先前设定位置：　是□　否□

（4）按下KEY2设置正转秒数并存储：　是□　否□

（5）按下KEY3设置反转秒数并存储：　是□　否□

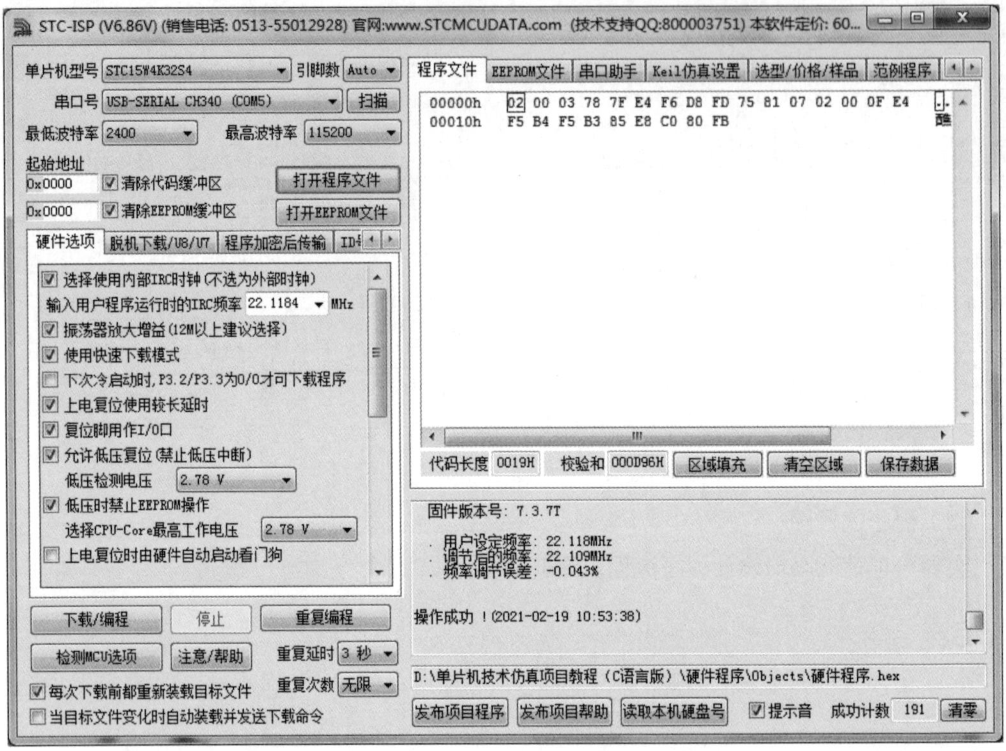

图3-14　下载程序

【知识链接】

1. STC15系列单片机EEPROM的应用

STC15系列单片机内部集成了大容量的EEPROM，其与程序空间是分开的。利用ISP/IAP技术可将内部Data Flash当EEPROM，擦写次数在10万次以上。EEPROM可分为若干个扇区，每个扇区包含512字节。使用时，建议同一次修改的数据放在同一个扇区，不是同一次修改的数据放在不同的扇区，不一定要用满。数据存储器的擦除操作是按扇区进行的。

EEPROM应用电机正反转控制

EEPROM可用于保存一些需要在应用过程中修改并且掉电不丢失的参数数据。在用户程序中，可以对EEPROM进行字节读/字节编程/扇区擦除操作。在工作电压V_{CC}偏低时，建议不要进行EEPROM/IAP操作。

2. IAP及EEPROM新增特殊功能寄存器介绍

（1）ISP/IAP数据寄存器IAP_DATA

IAP_DATA：ISP/IAP操作时的数据寄存器。ISP/IAP从Flash读出的数据放在此处，向Flash写的数据也需放在此处。

（2）ISP/IAP地址寄存器IAP_ADDRH和IAP_ADDRL

IAP_ADDRH：ISP/IAP操作时的地址寄存器高八位。

IAP_ADDRL：ISP/IAP操作时的地址寄存器低八位。

（3）ISP/IAP命令寄存器IAP_CMD

ISP/IAP命令寄存器IAP_CMD格式如图3-15所示。

SFR name	Address	bit	B7	B6	B5	B4	B3	B2	B1	B0
IAP_CMD	C5H	name	–	–	–	–	–	–	MS1	MS0

MS1	MS0	命令/操作　模式选择
0	0	Standby　待机模式，无ISP操作
0	1	从用户的应用程序区对“Data Flash/EEPROM区”进行字节读
1	0	从用户的应用程序区对“Data Flash/EEPROM区”进行字节编程
1	1	从用户的应用程序区对“Data Flash/EEPROM区”进行扇区擦除

图3-15　命令寄存器IAP_CMD格式图

程序在用户应用程序区时，仅可以对数据Flash区（EEPROM）进行字节读/字节编程/扇区擦除。IAP15系列除外，IAP15系列可修改用户应用程序区。

（4）ISP/IAP命令触发寄存器IAP_TRIG

IAP_TRIG：ISP/IAP操作时的命令触发寄存器。在IAPEN（IAP_CONTR.7）=1时，对IAP_TRIG先写入5Ah，再写入A5h，ISP/IAP命令才会生效。

ISP/IAP操作完成后，IAP地址高八位寄存器IAP_ADDRH、IAP地址低八位寄存器IAP_ADDRL和IAP命令寄存器IAP_CMD的内容不变。如果接下来要对下一个地址的数据进行ISP/IAP操作，需手动将该地址的高8位和低8位分别写入IAP_ADDRH和IAP_ADDRL寄存器。

每次IAP操作时，都要对IAP_TRIG先写入5AH，再写入A5H，ISP/IAP命令才会生效。

在每次触发前，需重新送字节读/字节编程/扇区擦除命令，在命令不改变时，不需重新送命令。

（5）ISP/IAP命令寄存器IAP_CONTR

ISP/IAP控制寄存器IAP_CONTR格式如图3-16所示。

SFR name	Address	bit	B7	B6	B5	B4	B3	B2	B1	B0
IAP_CONTR	C7H	name	IAPEN	SWBS	SWRST	CMD_FAIL	–	WT2	WT1	WT0

图3-16　控制寄存器IAP_CONTR格式图

IAPEN：ISP/IAP功能允许位。

0，禁止IAP读/写/擦除Data Flash/EEPROM。

1，允许IAP读/写/擦除Data Flash/EEPROM。

WT2、WT1、WT0：设置CPU等待时间，格式如图3-17所示。

3. STC15W4K32S4系列单片机EEPROM空间大小及地址

STC15W4K32S4系列单片机EEPROM空间大小如图3-18所示。

STC15W4K32S4系列单片机EEPROM部分空间地址分布如图3-19所示。

设置等待时间			CPU等待时间（多少个CPU工作时钟）			
WT2	WT1	WT0	Read/读（2个时钟）	Program/编程（=55μs）	Sector Erase扇区擦除（=21ms）	Recommended System Clock 跟等待参数对应的推荐系统时钟
1	1	1	2个时钟	55个时钟	21012个时钟	≥1MHz
1	1	0	2个时钟	110个时钟	42024个时钟	≥2MHz
1	0	1	2个时钟	165个时钟	63036个时钟	≥3MHz
1	0	0	2个时钟	330个时钟	126072个时钟	≥6MHz
0	1	1	2个时钟	660个时钟	252144个时钟	≥12MHz
0	1	0	2个时钟	1100个时钟	420240个时钟	≥20MHz
0	0	1	2个时钟	1320个时钟	504288个时钟	≥24MHz
0	0	0	2个时钟	1760个时钟	672384个时钟	≥30MHz

图3-17　CPU等待时间设置格式图

STC15W4K32S4系列单片机内部EEPROM选型一览表							STC15W4K32S4系列单片机内部EEPROM还可以用MOVC指令读，但此时首地址不再是0000H，而是程序存储空间结束地址的下一个地址
型号	EEPROM字节数	扇区数	用IAP字节读时EEPROM起始扇区首地址	用IAP字节读时EEPROM结束扇区末尾地址	用MOVC指令读时EEPROM起始扇区首地址	用MOVC指令读时EEPROM结束扇区末尾地址	
STC15W4K16S4	42K	84	0000h	A7FFh	4000h	E7FFh	
STC15W4K32S4	26K	52	0000h	67FFh	8000h	E7FFh	512字节为一个扇区
STC15W4K40S4	18K	36	0000h	47FFh	A000h	E7FFh	
STC15W4K48S4	10K	20	0000h	27FFh	C000h	E7FFh	建议同一次修改的数据放在同一扇区，不是同一次修改的数据放在不同的扇区
STC15W4K56S4	2K	4	0000h	07FFh	E000h	E7FFh	

图3-18　STC15W4K32S4系列单片机EEPROM空间大小

第一扇区		第二扇区		第三扇区		第四扇区	
起始地址	结束地址	起始地址	结束地址	起始地址	结束地址	起始地址	结束地址
0000h	1FFh	200h	3FFh	400h	5FFh	600h	7FFh
第五扇区		第六扇区		第七扇区		第八扇区	
起始地址	结束地址	起始地址	结束地址	起始地址	结束地址	起始地址	结束地址
800h	9FFh	A00h	BFFh	C00h	DFFh	E00h	FFFh
第九扇区		第十扇区		第十一扇区		第十二扇区	
起始地址	结束地址	起始地址	结束地址	起始地址	结束地址	起始地址	结束地址
1000h	11FFh	1200h	13FFh	1400h	15FFh	1600h	17FFh
第十三扇区		第十四扇区		第十五扇区		第十六扇区	
起始地址	结束地址	起始地址	结束地址	起始地址	结束地址	起始地址	结束地址
1800h	19FFh	1A00h	1BFFh	1C00h	1DFFh	1E00h	1FFFh
第十七扇区		第十八扇区		第十九扇区		第二十扇区	
起始地址	结束地址	起始地址	结束地址	起始地址	结束地址	起始地址	结束地址
2000h	21FFh	2200h	23FFh	2400h	25FFh	2600h	27FFh
第二十一扇区		第二十二扇区		第二十三扇区		第二十四扇区	
起始地址	结束地址	起始地址	结束地址	起始地址	结束地址	起始地址	结束地址
2800h	29FFh	2A00h	2BFFh	2C00h	2DFFh	2E00h	2FFFH
第二十五扇区		第二十六扇区		第二十七扇区		第 … 扇区	
起始地址	结束地址	起始地址	结束地址	起始地址	结束地址	起始地址	结束地址
3000h	31FFh	3200h	33FFh	3400h	35FFh	…	…

图3-19　STC15W4K32S4系列单片机EEPRO部分空间地址分布

4. RZ7886

（1）芯片简述

RZ7886是一款DC双向马达驱动芯片，适用于玩具电机驱动、自动阀门电机驱动、电磁门锁驱动等。它有两个逻辑输入端子用来控制电机前进、后退及制动。该电路具有良好的抗干扰性，微小的待机电流、较低的输出内阻，同时，它还具有内置二极管，能释放感性负载的反向冲击电流。

（2）特点

①微小的待机电流，小于2μA。

②工作电压范围宽，3～15V。

③有紧急停止功能。

④有过热保护功能。

⑤有过流嵌流及短路保护功能。

⑥封装外形为：DIP8。

（3）引脚功能

RZ7886芯片各引脚名称及功能见表3-1。

表3-1　RZ7886引脚功能

脚位	名称	功能
1	BI	后退输入
2	FI	前进输入
3	GND	地
4	Vcc	电源
5，6	FO	前进输出
7，8	BO	后退输出

（4）输入真值表

RZ7886芯片输入真值表见表3-2。

表3-2　RZ7886输入真值表

2脚　前进输入	1脚　后退输入	5，6脚　前进输出	7，8脚　后退输出
H	L	H	L
L	H	L	H
H	H	L	L
L	L	Open	Open

注：表中的Open表示开路，无输出。

（5）极限值

RZ7886芯片极限值见表3-3。

表3-3　RZ7886芯片极限值

参数	符号	数值	单位
电源电压	Vcc	15	V
输出电流	Lout	13	A
工作温度	Top	-25～+85	℃
存储温度	Tstg	-55～+150	℃

（6）应用电路

RZ7886芯片应用电路如图3-20所示。

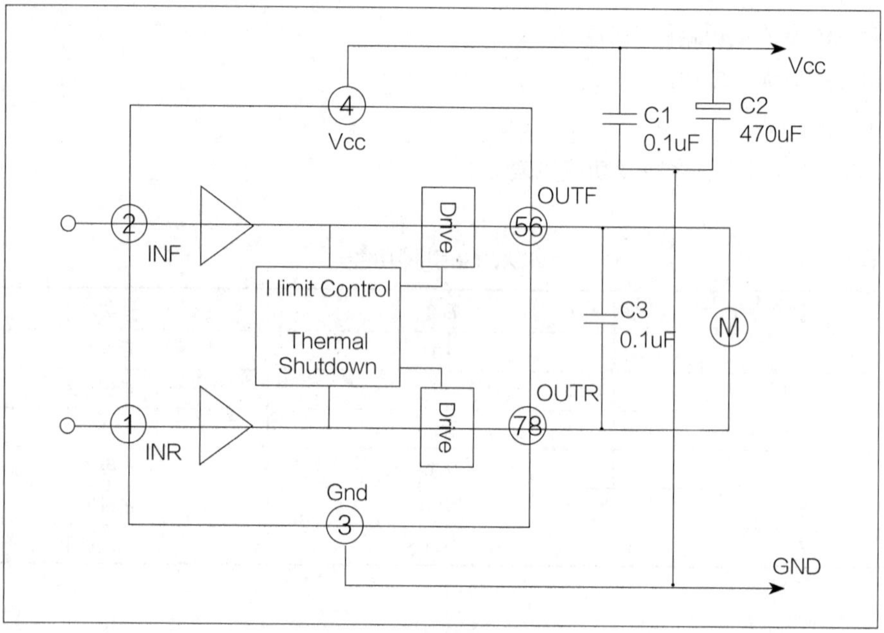

图3-20　RZ7886芯片应用电路

【注意事项】

下载程序，需要在STC-ISP软件中勾选“本次将EEPROM区域全部填充为FF”。

【创新任务实施】

项目三	汽车舒适系统设计		任务二	设计汽车智能座椅		学时	2
姓名		学号		班级		日期	
团队成员							
任务要求	在产品设计时增加试用功能，试用次数为10次，开关机超过10次，程序自动锁死，并LED指示灯闪烁						

续表

一、电路设计
二、程序设计
三、功能测试 （1）检查电路连接是否正确：　是□　否□ （2）程序下载是否正常：　是□　否□ （3）下载程序后，显示0001：　是□　否□ （4）断电、上电操作显示数据自动加1：　是□　否□ （5）断电、上电次数超过10次时，报警：　是□　否□ （6）重新下载程序后，恢复显示0001：　是□　否□
四、检查展示 1. 小组成员自查和互查，进行补充完善 2. 各小组推荐优秀作品进行展示

续表

五、总结评价

序号	评价项目	配分	自评分	组长评分	教师评分	备注
1	电路设计	15				
2	程序思路	20				
3	任务完成	35				
4	检查展示	10				
5	劳动纪律	5				
6	积极主动	5				
7	工匠精神	5				
8	贡献大小	5				
合计		100				

综合得分=自评分 × 20%+组长评分 × 30%+教师评分 × 50%=

六、反思

【任务测试】

1. 每次IAP操作时，都要对IAP_TRIG先写入________，再写入________。
2. STC15W4K32S4单片机EEPROM空间大小为________。
3. 在对EEPROM内部某个地址进行操作时，怎么保证其他地址内容不被擦除？

任务三　设计汽车自动空调

【任务目标】

知识目标	技能目标
1. 能描述PWM控制基本原理 2. 能描述串口通信控制使用方法	能进行汽车自动空调控制程序编制、硬件调试、创新应用

【任务描述】

本任务要求实现汽车自动空调设计，当智能座舱检测到语音控制调节出风量时，通过串口发送“L0Z”～“L4Z”指令控制电机从低速到高速转动。通过本任务学习，要求学习者能进行串口通信控制电路设计、程序编制、仿真调试、硬件调试和创新应用。

【探究任务实施】

硬件演示

1. 效果展示

学习板TT5实施效果如图3-21所示。

图3-21 学习板TT5实施效果

2. 任务要求

在学习板TT5上实现汽车自动空调设计。

3. 电路设计

学习板TT5电机驱动和LCD显示电路I/O分配如图3-22所示。

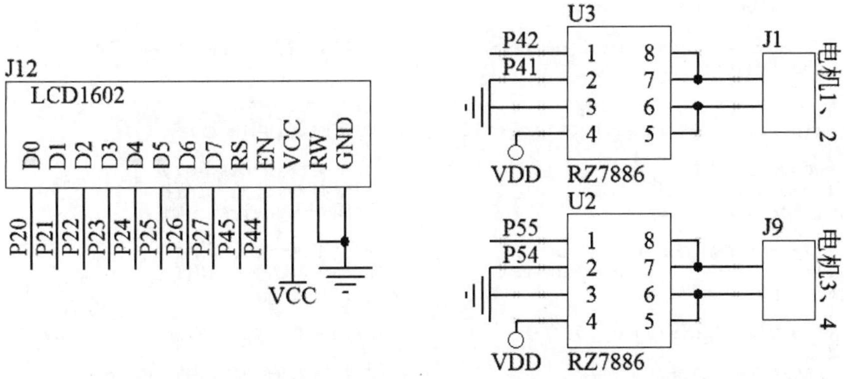

图3-22 学习板TT5电机驱动和LCD显示电路I/O分配图

4. 程序设计

（1）源程序

```
#include "STC15F2K60S2.h"
#include <intrins.h>
sbit lcden=P4^4;                                    //LCD1602使能端
sbit lcdrs=P4^5;                                    //LCD1602寄存器选择
unsigned char table1[16]="R:              ";  //第一行显示
unsigned char table2[16]="T:              ";  //第二行显示
unsigned char r_f[50];                              //接收缓冲数据
unsigned char r_c;                                  //串口接收计数器
unsigned char cont;                                 //计数器
unsigned char PWM_CONT;                             //PWM计数器
sbit LED1=P0^0;                                     //定义低速指示灯
sbit LED2=P0^1;                                     //定义中速指示灯
sbit LED3=P0^2;                                     //定义高速指示灯
sbit LED4=P0^3;                                     //定义超高速指示灯
sbit KEY1=P1^4;                                     //定义按键1
sbit KEY2=P1^5;                                     //定义按键2
sbit KEY3=P1^6;                                     //定义按键3
sbit KEY4=P1^7;                                     //定义按键4
sbit M1_1=P4^1;                                     //定义电机1端口
sbit M1_2=P4^2;                                     //定义电机1端口
bit pwm_out;                                        //PWM输出变量
void delay(unsigned int i)                          //约1ms延时函数，i为延时ms数
{
unsigned int j,k;
for(j=0;j<i;j++)
  for(k=0;k<1200;k++);
}
void lcd_write_com(unsigned char com)               //LCD1602写指令
{
  lcdrs=0;
  P2=com;
  lcden=1;
  delay(10);
  lcden=0;
}
void lcd_write_data(unsigned char dat)             //LCD1602写数据
{ lcdrs=1;
  P2=dat;
  lcden=1;
  delay(10);
  lcden=0;
}
void display( )                                   //显示程序
{unsigned char num;
  lcd_write_com(0x80);                            //第一行显示指令
  for(num=0;num<16;num++)
  {
  lcd_write_data(table1[num]);                    //第一行显示16个字符
  delay(10);
  }
  lcd_write_com(0x80+0x40);                       //第二行显示指令
  for(num=0;num<16;num++)
  {
  lcd_write_data(table2[num]);                    //第二行显示16个字符
  delay(10);
  }
}
void time0 ( ) interrupt 1                       //定时器T0中断程序
{
TH0=0xFF;                                        //定时器T0 高8位数据
TL0=0x48;                                        //定时器T0 低8位数据
if(cont<100) cont++;                             //周期为2ms计数控制
else cont=0;
if(cont>=PWM_CONT) pwm_out=0;                    //大于PWM值时输出0
else               pwm_out=1;                    //小于PWM值时输出1
M1_1=pwm_out;M1_2=0;                             //控制电机
}
void Timer0Init(void)                            //100微秒@22.1184MHz
{
  AUXR &= 0x7F;                                  //定时器时钟12T模式
  TMOD &= 0xF0;                                  //设置定时器模式
  TL0 = 0x48;                                    //设置定时初值
  TH0 = 0xFF;                                    //设置定时初值
  TF0 = 0;                                       //清除TF0标志
  TR0 = 1;                                       //定时器0开始计时
}
```

```
void init( )                                  //LCD1602初始化程序
{ delay(1000);
  lcd_write_com(0x38);delay(100);             //显示模式设置
  lcd_write_com(0x08);delay(100);             //显示关闭
  lcd_write_com(0x01);delay(100);             //显示清屏
  lcd_write_com(0x06);delay(100);             //显示光标移动设置
  lcd_write_com(0x0C);delay(100);             //显示开及光标设置

}
void serial_init( )                           //串口接收数据清零
{
unsigned char i;
for(i=0;i<50;i++) r_f[i]=0;                   //接收数组清零
r_c=0;                                        //接收计数器清零
}
void send(unsigned char d[],unsigned int m)//发送数组、发送个数
{
unsigned int i;
for(i=0;i<m;i++)
{
SBUF = d[i];                                    //发一个字节
while(!TI);                                     //等待发送结束标志
TI=0;                                           //将发送结束标志清零
}
}
void UART1_int ( ) interrupt 4                  //中断服务程序
{
  if(RI)                                        //接收中断标志
  {
    RI = 0;                                     //接收中断标志清零
    r_f[r_c] = SBUF;                            //保存一个字节到接收数组中
    if(r_c>=50) r_c=0;
    else r_c++;
  }
}
void UartInit(void)                           //9600bps@22.1184MHz
{
  SCON = 0x50;                                //8位数据,可变波特率
  AUXR |= 0x40;                               //定时器1时钟为Fosc即1T
  AUXR &= 0xFE;                               //串口1选择定时器1为波特率发生器
  TMOD &= 0x0F;                               //设定定时器1为16位自动重装方式
  TL1 = 0xC0;                                 //设定定时初值
  TH1 = 0xFD;                                 //设定定时初值
  ET1 = 0;                                    //禁止定时器1中断
  TR1 = 1;                                    //启动定时器1
}
void main( )
{
unsigned char i;
P0M1=0x00;P0M0=0x00;                          //设置P0口为准双向I/O（传统51模式）
P1M1=0x00;P1M0=0x00;                          //设置P1口为准双向I/O（传统51模式）
P2M1=0x00;P2M0=0x00;                          //设置P2口为准双向I/O（传统51模式）
P3M1=0x00;P3M0=0x00;                          //设置P3口为准双向I/O（传统51模式）
P4M1=0x00;P4M0=0x00;                          //设置P4口为准双向I/O（传统51模式）
delay(100);
Timer0Init( );                                //调用定时器T0初始化子程序
UartInit( );                                  //串口设置
ES  = 1;                                      //允许中断
ET0=1;                                        //允许T0中断
EA = 1;                                       //允许全局中断
serial_init( );                               //串口接收数据清零
init( );                                      //LCD1602初始化
while(1)
{
display( );                                   //显示
for(i=0;i<50;i++)                             //检查数组r_f中的数据
{
if((r_f[i]=='1')&&(r_f[i-1]=='L'))            //数组中有"L1",第1行显示"L1",LED1点亮,串口接收数据清零
{table1[2]=r_f[i-1];table1[3]=r_f[i];LED1=0;PWM_CONT=25;serial_init();}
if((r_f[i]=='2')&&(r_f[i-1]=='L'))            //数组中有"L2",第1行显示"L2",LED2点亮,串口接收数据清零
{table1[2]=r_f[i-1];table1[3]=r_f[i];LED2=0;PWM_CONT=45;serial_init();}
if((r_f[i]=='3')&&(r_f[i-1]=='L'))            //数组中有"L3",第1行显示"L3",LED3点亮,串口接收数据清零
{table1[2]=r_f[i-1];table1[3]=r_f[i];LED3=0;PWM_CONT=70;serial_init();}
if((r_f[i]=='4')&&(r_f[i-1]=='L'))            //数组中有"L4",第1行显示"L4",LED4点亮,串口接收数据清零
{table1[2]=r_f[i-1];table1[3]=r_f[i];LED4=0;PWM_CONT=95;serial_init();}
if((r_f[i]=='0')&&(r_f[i-1]=='L'))            //数组中有"L0",第二行显示"L0",LED灯全灭,串口接收数据清零
{table1[2]=r_f[i-1];table1[3]=r_f[i];LED1=1;LED2=1;LED3=1;LED4=1;PWM_CONT=0;serial_init();}
}
if(KEY1==0)                                   //检测到按键1按下，第2行显示"T1",串口发送"T1"2个字符
{while(KEY1==0);table2[2]='T';table2[3]='1';PWM_CONT=30;send("T1",2);}
if(KEY2==0)                                   //检测到按键2按下，第2行显示"T2",串口发送"T2"2个字符
{while(KEY2==0);table2[2]='T';table2[3]='2';PWM_CONT=60;send("T2",2);}
if(KEY3==0)                                   //检测到按键3按下，第2行显示"T3",串口发送"T3"2个字符
{while(KEY3==0);table2[2]='T';table2[3]='3';PWM_CONT=90;send("T3",2);}
if(KEY4==0)                                   //检测到按键4按下，第2行显示"T4",串口发送"T4"2个字符
{while(KEY4==0);table2[2]='T';table2[3]='4';PWM_CONT=0;send("T4",2);}
}
}
```

（2）程序流程图如图3-23所示

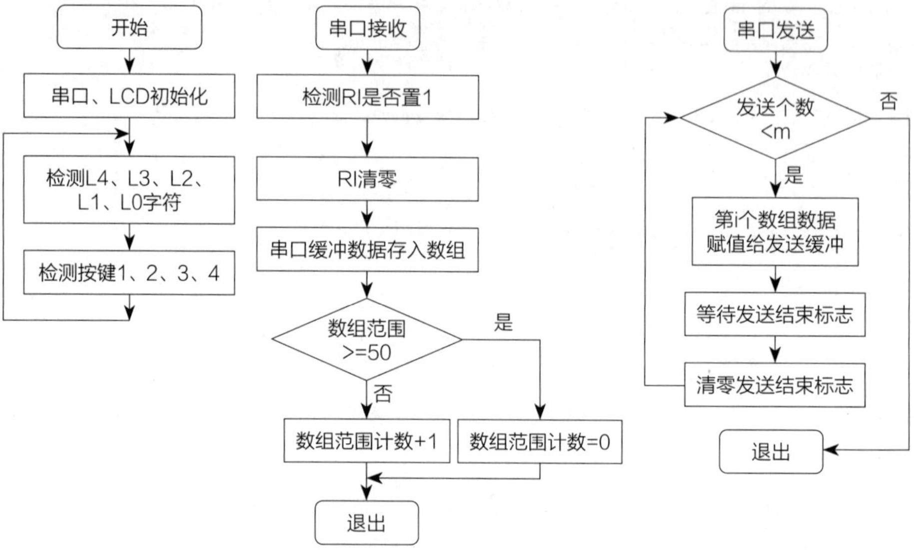

图3-23　程序流程图

5. HEX文件下载

单击“打开程序文件”选择需要下载的HEX文件，选择运行时钟为22.1184MHz，单击“下载/编程”按钮，进入自动程序下载过程，操作成功后如图3-24所示。

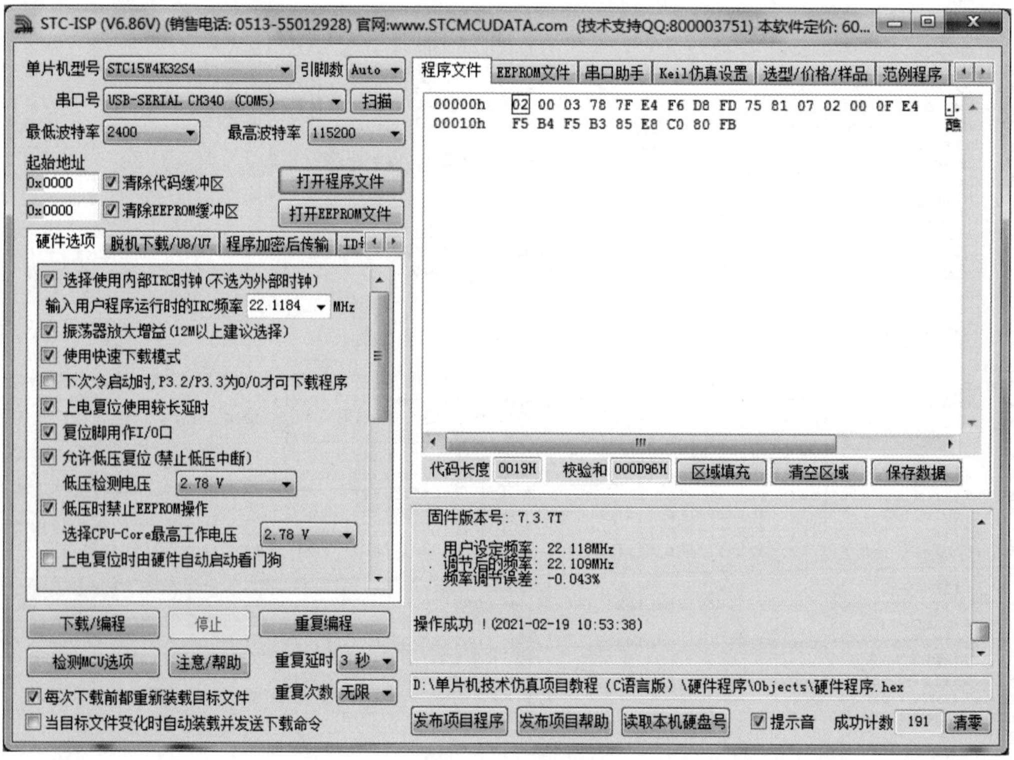

图3-24　下载程序

6. 功能测试

(1)检查电路连接是否正确： 是☐ 否☐

(2)程序下载是否正常： 是☐ 否☐

(3)发送“L1Z”～“L4Z”实现电机调速： 是☐ 否☐

(4)发送“L0Z”实现电机停转： 是☐ 否☐

【知识链接】

1. STC15W4K32S4系列单片机串口简介

串口通信应用、PWM应用

STC15W4K32S4系列单片机具有4个采用UART工作方式的全双工异步串行通信接口（串行口1、串行口2、串行口3和串行口4）。每个串行口由2个数据缓冲器、1个移位寄存器、1个串行控制寄存器和1个波特率发生器组成。每个串行口的数据缓冲器由2个互相独立的接收、发送缓冲器构成，可以同时发送和接收数据。发送缓冲器只能写入而不能读出，接收缓冲器只能读出而不能写入，因而两个缓冲器可以共用一个地址码。串行口1的两个缓冲器共用的地址码是99H，串行口2的两个缓冲器共用的地址码是9BH，串行口3的两个缓冲器共用的地址码是ADH，串行口4的两个缓冲器共用的地址码是85H。串行口1的两个缓冲器统称串行通信特殊功能寄存器SBUF，串行口2的两个缓冲器统称串行通信特殊功能寄存器S2BUF，串行口3的两个缓冲器统称串行通信特殊功能寄存器S3BUF，串行口4的两个缓冲器统称串行通信特殊功能寄存器S4BUF。

STC15W4K32S4系列单片机的串行口1有4种工作方式，其中两种方式的波特率是可变的，另两种是固定的，以供不同应用场合选用。串行口2/串行口3/串行口4都只有两种工作方式，这两种方式的波特率都是可变的。用户可用软件设置不同的波特率和选择不同的工作方式。主机可通过查询或中断方式对接收/发送进行程序处理，使用十分灵活。

STC15W4K32S4系列单片机的串行口1对应的硬件部分是TxD和RxD。串行口1可以在3组引脚之间进行切换。通过设置特殊功能寄存器AUXR1/P_SW1中的位S1_S1/AUXR1.7和S1_S0/P_SW1.6，可以将串行口1从[RxD/P3.0，TxD/P3.1]切换到[RxD_2/P3.6，TxD_2/P3.7]，还可以切换到[RxD_3/P1.6，TxD_3/P1.7]。

STC15W4K32S4系列单片机的串行口2对应的硬件部分是TxD2和RxD2。串行口2可以在2组引脚之间进行切换。通过设置特殊功能寄存器P_SW2中的位S2_S/P_SW2.0，可以将串行口2从[RxD2/P1.0，TxD2/P1.1]切换到[RxD2_2/P4.6，TxD2_2/P4.7]。

STC15W4K32S4系列单片机的串行口3对应的硬件部分是TxD3和RxD3。串行口3可以在2组引脚之间进行切换。通过设置特殊功能寄存器P_SW2中的位S3_S/P_SW2.1，可以将串行口3从[RxD3/P0.0，TxD3/P0.1]切换到[RxD3_2/P5.0，TxD3_2/P5.1]。

STC15W4K32S4系列单片机的串行口4对应的硬件部分是TxD4和RxD4。串行口4可以在2组引脚之间进行切换。通过设置特殊功能寄存器P_SW2中的位S4_S/P_SW2.2，可以将串行口4从[RxD4/P0.2，TxD4/P0.3]切换到[RxD4_2/P5.2，TxD4_2/P5.3]。

2. 串行口1的控制寄存器SCON和PCON

STC15系列单片机的串行口1设有两个控制寄存器：串行控制寄存器SCON和波特率选择特殊功能寄存器PCON。

串行控制寄存器SCON用于选择串行通信的工作方式和某些控制功能，其格式见表3-4。

表3-4　　　　SCON：串行控制寄存器（可位寻址）

SFR name	Address	bit	B7	B6	B5	B4	B3	B2	B1	B0
SCON	98H	name	SM0/FE	SM1	SM2	REN	TB8	RB8	TI	RI

SM0/FE：当PCON寄存器中的SMOD0/PCON.6位为1时，该位用于帧错误检测。当检测到一个无效停止位时，通过UART接收器设置该位。它必须由软件清零。当PCON寄存器中的SMOD0/PCON.6位为0时，该位和SM1一起指定串行通信的工作方式，见表3-5。

表3-5　　　　SM0、SM1确定串行口1的工作方式

SM0	SM1	工作方式	功能说明	波特率
0	0	方式0	同步移位串行方式：移位寄存器	当UART_M0x6=0时，波特率是SYSclk/12 当UART_M0x6=1时，波特率是SYSclk/2
0	1	方式1	8位UART，波特率可变	串行口1用定时器1作为其波特率发生器且定时器1工作于模式0（16位自动重装载模式）或串行口用定时器2作为其波特率发生器时，波特率=（定时器T1的溢出率或定时器T2的溢出率）/4 注意：此时波特率与SMOD无关 当串行口1用定时器1作为其波特率发生器且定时器1工作于模式2（8位自动重装模式）时，波特率=（$2^{SMOD}/32$）×（定时器1的溢出率）
1	0	方式2	9位UART	（$2^{SMOD}/64$）xSYSclk系统工作时钟频率
1	1	方式3	9位UART，波特率可变	当串行口1用定时器1作为其波特率发生器且定时器1工作于模式0（16位自动重装载模式）或串行口用定时器2作为其波特率发生器时，波特率=（定时器T1的溢出率或定时器T2的溢出率）/4 注意：此时波特率与SMOD无关 当串行口1用定时器1作为其波特率发生器且定时器1工作于模式2（8位自动重装模式）时，波特率=（$2^{SMOD}/32$）x（定时器1的溢出率）

SM2：允许方式2或方式3多机通信控制位。

在方式2或方式3时，如果SM2位为1且REN位为1，则接收机处于地址帧筛选状态。此时可以利用接收到的第9位（即RB8）来筛选地址帧：若RB8=1，说明该帧是地址帧，地址信息可以进入SBUF，并使RI为1，进而在中断服务程序中再进行地址号比较；若RB8=0，说明该帧不是地址帧，应丢掉且保持RI=0。在方式2或方式3中，如果SM2位为0且REN位为1，接收机处于地址帧筛选被禁止状态。不论收到的RB8为0或1，均可使接收的信息进入SBUF，并使RI=1，此时RB8通常为校验位。

方式1和方式0是非多机通信方式，在这两种方式时，要置SM2为0。

REN：允许/禁止串行接收控制位。由软件置位REN，即REN=1为允许串行接收状态，可启动串行接收器RxD，开始接收信息。软件复位REN，即REN=0，则禁止接收。

TB8：在方式2或方式3，它为要发送的第9位数据，按需要由软件置位或清零。例如，可用作数据的校验位或多机通信中表示地址帧/数据帧的标志位。方式0和方式1中，该位不用。

RB8：在方式2或方式3，是接收到的第9位数据，作为奇偶校验位或地址帧/数据帧的标志位。方式0中不用RB8（置SM2=0）。方式1中也不用RB8（置SM2=0，RB8是接收到的停止位）。

TI：发送中断请求标志位。在方式0，当串行发送数据第8位结束时，由内部硬件自动置位，即TI=1，向主机请求中断，响应中断后TI必须用软件清零，即TI=0。在其他方式中，则在停止位开始发送时由内部硬件置位，即TI=1，响应中断后TI必须用软件清零。

RI：接收中断请求标志位。在方式0，当串行接收到第8位结束时由内部硬件自动置位RI=1，向主机请求中断，响应中断后RI必须用软件清零，即RI=0。在其他方式中，串行接收到停止位的中间时刻由内部硬件置位，即RI=1，向CPU发送中断申请，响应中断后RI必须由软件清零。

SCON的所有位可通过整机复位信号复位为全“0”。SCON的字节地址为98H，可位寻址，各位地址为98H～9FH，可用软件实现位设置。

串行通信的中断请求：当一帧发送完成，内部硬件自动置位TI，即TI=1，请求中断处理；当接收完一帧信息时，内部硬件自动置位RI，即RI=1，请求中断处理。由于TI和RI以“或逻辑”关系向主机请求中断，所以主机响应中断时事先并不知道是TI还是RI请求的中断，必须在中断服务程序中查询TI和RI进行判别，然后分别处理。因此，两个中断请求标志位均不能由硬件自动置位，必须通过软件清零，否则将出现一次请求多次响应的错误。

电源控制寄存器PCON中的SMOD/PCON.7用于设置方式1、方式2、方式3波特率是否加倍。电源控制寄存器PCON格式见表3-6。

表3-6　　PCON：电源控制寄存器（不可位寻址）

SFR name	Address	bit	B7	B6	B5	B4	B3	B2	B1	B0
PCON	87H	name	SMOD	SMOD0	LVDF	POF	GF1	GF0	PD	IDL

SMOD：波特率选择位。当用软件置位SMOD，即SMOD=1，则使串行通信方式1、2、3的波特率加倍；SMOD=0，则各工作方式的波特率不加倍。复位时SMOD=0。

SMOD0：帧错误检测有效控制位。当SMOD0=1，SCON寄存器中的SM0/FE位用于FE（帧错误检测）功能；当SMOD0=0，SCON寄存器中的SM0/FE位用于SM0功能，和SM1一起指定串行口的工作方式。复位时SMOD0=0。

PCON中的其他位都与串行口1无关，在此不作介绍。

3. 串行口数据缓冲寄存器SBUF

STC15系列单片机的串行口1缓冲寄存器（SBUF）的地址是99H，实际是2个缓冲器，写SBUF的操作完成待发送数据的加载，读SBUF的操作可获得已接收到的数据。两个操作分别对应两个不同的寄存器，1个是只写寄存器，1个是只读寄存器。

串行通道内设有数据寄存器。在所有的串行通信方式中，在写入SBUF信号的控制下，把数据装入相同的9位移位寄存器，前面8位为数据字节，其最低位为移位寄存器的输出位。根据不同的工作方式会自动将“1”或TB8的值装入移位寄存器的第9位，并进行发送。

串行通道的接收寄存器是一个输入移位寄存器。在方式0时它的字长为8位，其他方式时为9位。当一帧接收完毕，移位寄存器中的数据字节装入串行数据缓冲器SBUF中，其第9位则装入SCON寄存器中的RB8位。如果由于SM2使得已接收到的数据无效时，RB8和SBUF中内容不变。

由于接收通道内设有输入移位寄存器和SBUF缓冲器，从而能使一帧接收完将数据由移位寄存器装入SBUF后，可立即开始接收下一帧信息，主机应在该帧接收结束前从SBUF缓冲器中将数据取走，否则前一帧数据将丢失。SBUF以并行方式送往内部数据总线。

4. 辅助寄存器AUXR

辅助寄存器AUXR的格式及各位含义见表3-7。

表3-7　　　　AUXR：辅助寄存器（不可位寻址）

SFR name	Address	bit	B7	B6	B5	B4	B3	B2	B1	B0
AUXR	8EH	name	T0x12	T1X12	UART_M0x6	T2R	T2_C/T	T2x12	EXTRAM	S1ST2

T0x12：定时器0速度控制位。

0，定时器0是传统8051速度，12分频。

1，定时器0的速度是传统8051的12倍，不分频。

T1x12：定时器1速度控制位。

0，定时器1是传统8051速度，12分频。

1，定时器1的速度是传统8051的12倍，不分频。

如果UART1/串行口1用T1作为波特率发生器，则由T1x12决定UART1/串行口是12T还是1T。

UART_M0x6：串口模式0的通信速度设置位。

0，串行口1模式0的速度是传统8051单片机串行口的速度，12分频。

1，串行口1模式0的速度是传统8051单片机串行口速度的6倍，2分频。

T2R：定时器2允许控制位。

0，不允许定时器2运行。

1，允许定时器2运行。

T2_C/T：控制定时器2用作定时器或计数器。

0，用作定时器（对内部系统时钟行计数）。

1，用作计数器（对引脚T2/P3.1的外部脉冲进行计数）。

T2x12：定时器2速度控制位。

0，定时器2是传统8051速度，12分频。

1，定时器2的速度是传统8051的12倍，不分频。

如果串行口1或串行口2用T2作为波特率发生器，则由T2x12决定串行口1或串行口2是12T还是1T。

EXTRAM：内部/外部RAM存取控制位。

0，允许使用逻辑上在片外、物理上在片内的扩展RAM。

1，禁止使用逻辑上在片外、物理上在片内的扩展RAM。

S1ST2：串行口1（UART1）选择定时器2波特率发生器的控制位。

0，选择定时器1作为串行口1（UART1）的波特率发生器。

1，选择定时器2作为串行口1（UART1）的波特率发生器，此时定时器1得到释放，可以作为独立定时器使用。

串行口1可以选择定时器1作为波特率发生器，也可以选择定时器2作为波特率发生器。当设置AUXR寄存器中的S1ST2位（串行口波特率选择位）为1时，串行口1选择定时器2作为波特率发生器，此时定时器1可以释放出来作为定时器/计数器/时钟输出使用。

对于STC15系列单片机，串行口2只能使用定时器2波特率发生器，不能够选择其他定时器作为其波特率发生器；而串行口1默认选择定时器2作为其波特率发生器，也可以选择定时器1作为其波特率发生器；串行口3默认选择定时器2作为其波特率发生器，也可以选择定时器3作为其波特率发生器；串行口4默认选择定时器2作为其波特率发生器，也可以选择定时器4作为其波特率发生器。

5. 定时器2的寄存器T2H，T2L

定时器2的寄存器T2H（地址为D6H，复位值为00H）及寄存器T2L（地址为D7H，复位值为00H）用于保存重装时间。

6. 与串行口1中断相关的寄存器位ES和PS

串行口中断允许位ES位于中断允许寄存器IE中，IE和IP寄存器的格式见表3-8和表3-9。

表3-8　　IE：中断允许寄存器（可位寻址）

SFR name	Address	bit	B7	B6	B5	B4	B3	B2	B1	B0
IE	A8H	name	EA	ELVD	EADC	ES	ET1	EX1	TE0	EX0

表3-9　　IP：中断优先级控制寄存器（可位寻址）

SFR name	Address	bit	B7	B6	B5	B4	B3	B2	B1	B0
IP	B8H	name	PPCA	PLVD	PADC	PS	PT1	PX1	PT0	PX0

EA：CPU的总中断允许控制位。

EA=1，CPU开放中断。

EA=0，CPU屏蔽所有的中断申请。

EA的作用是使中断允许形成多级控制，即各中断源首先受EA控制，其次还受各中断源自己的中断允许控制位控制。

ES：串行口中断允许位。

ES=1，允许串行口中断。

ES=0，禁止串行口中断。

PS：串行口1中断优先级控制位。

当PS=0时，串行口1中断为最低优先级中断（优先级0）。

当PS=1时，串行口1中断为最高优先级中断（优先级1）。

7. 将串行口1进行切换的寄存器AUXR1（P_SW1）

AUXR1（P_SW1）寄存器格式见表3-10，S1_S0及S1_S1控制位选择见表3-11。

表3-10　　AUXR1（P_SW1）寄存器格式

SFR name	Address	bit	B7	B6	B5	B4	B3	B2	B1	B0
AUXR1（P_SW1）	A2H	name	S1_S1	S1_S0	CCP_S1	CCP_S0	SPI_S1	SPI_S0	0	DPS

表3-11　　S1_S0及S1_S1控制位选择表

S1_S1	S1_S0	串口1/S1可以在3个地方切换
0	0	串口1/S1在[P3.0/RxD，P3.1/TxD]
0	1	串口1/S1在[P3.6/RxD_2，P3.7/TxD_2]
1	0	串口1/S1在[P1.6/RxD_3，P1.7/TxD_3]
1	1	无效

8. 串行口1工作模式

STC15系列单片机的串行通信接口有4种工作模式，可通过软件编程对SCON中的SM0、SM1的设置进行选择，其中模式1、模式2和模式3为异步通信，每个发送和接收的字符都带有1个启动位和1个停止位。在模式0中，串行口被作为1个简单的移位寄存器使用。

9. 串行口1工作模式1：8位UART，波特率可变

当软件设置SCON的SM0、SM1为“01”时，串行口1则以模式1工作，此模式为8位UART格式，一帧信息为10位：1位起始位，8位数据位（低位在先）和1位停止位。波特率可变，即可根据需要进行设置。TxD/P3.1为发送端发送信息，RxD/P3.0为接收端接收信息，串行口为全双工接收/发送串行口。

模式1的发送过程：串行通信模式发送时，数据由串行发送端TxD输出。当主机执行一条写“SBUF”的指令就启动串行通信的发送，写“SBUF”信号还把“1”装入发送移位寄存器的第9位，并通过TX控制单元开始发送。

模式1的接收过程：当软件置位接收允许标志位REN，即REN=1时，接收器便以选定波特率的16分频的速率采样串行接收端口RxD，当检测到RxD端口从“1”到“0”的负跳变时就启动接收器准备接收数据，并立即复位16分频计数器，将1FFH植装入移位寄存器。复位16分频计数器是使它与输入位时间同步。

串口接收到的数据有效时，将数据装入SBUF，停止位进入RB8，置位RI，即RI=1，向主机请求中断。在主机响应中断后，必须由软件清零，即RI=0。串行口模式1功能结构示意图及接收/发送时序图如图3-25所示。

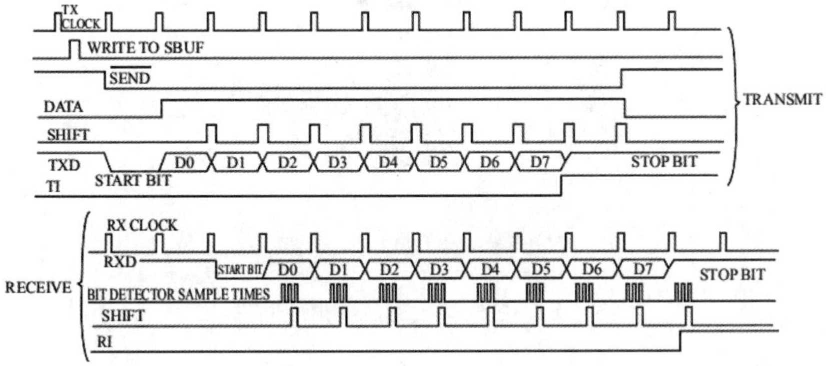

图3-25　串行口模式1功能结构示意图及接收/发送时序图

10. 串行口通信初始化程序自动生成

（1）打开STC-ISP软件，在右边选项卡中选择“波特率计算器”，如图3-26所示。

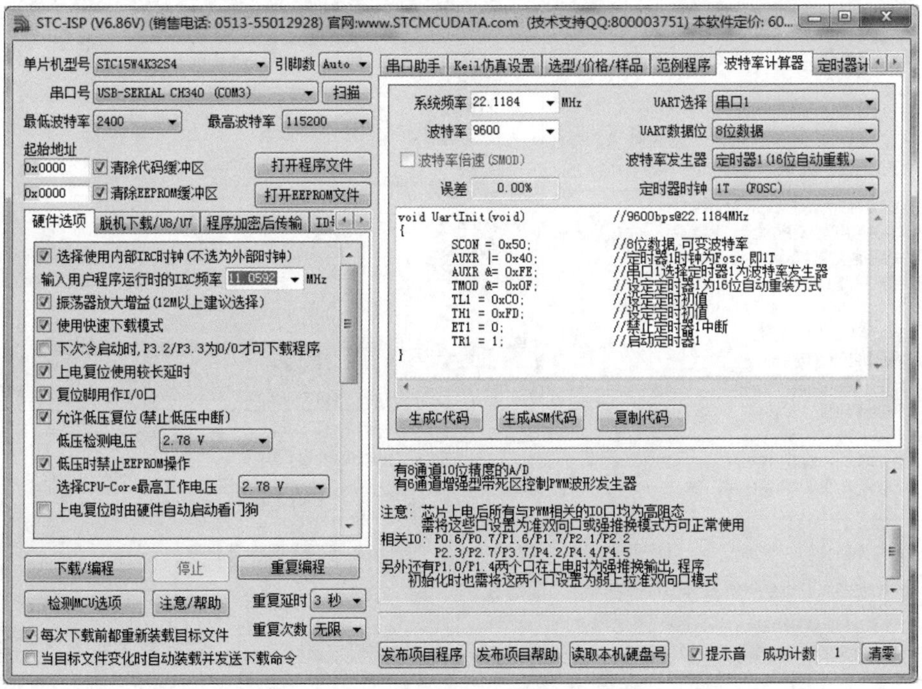

图3-26　选择波特率计算器选项卡

（2）选择系统频率“22.1184”MHz，波特率“9600”，UART选择“串口1”，UART数据位选择“8位数据”，波特率发生器选择“定时器1（16位自动重载）”，定时器时钟选择“1T（FOSC）”，最后单击“生成C代码”按钮，软件自动完成用户自定义串口通信初始化程序，如图3-27所示。

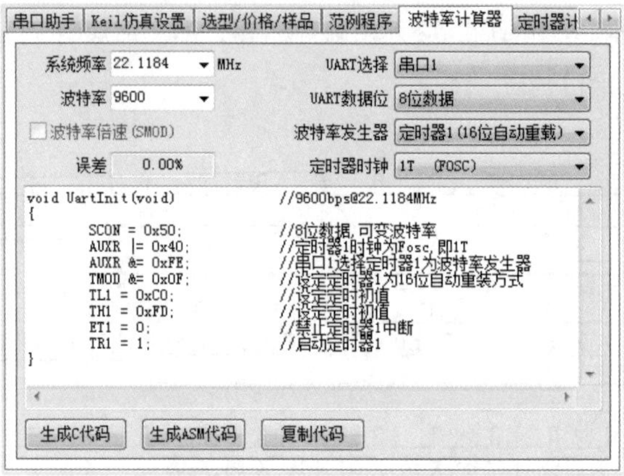

图3-27　生成串行口通信初始化程序

11. 串口助手应用

（1）打开STC-ISP软件，在右边选项卡中选择“串口助手”，如图3-28所示。

图3-28　选择串口助手选项卡

（2）接收缓冲区如图3-29所示，选择“文本模式”时，接收区域以文本形式显示接收数据，选择“HEX模式”时，接收区域以十六进制显示接收数据，单击“清空接收区”时，右边接收区域被清空，单击“保存接收数据”时，将右边接收区域数据保存到本地电脑。

图3-29　接收缓冲区

（3）发送缓冲区如图3-30所示，选择“文本模式”时，发送区域内的数据以文本形式进行发送，选择“HEX模式”时，发送区域内的数据以十六进制进行发送，单击“清空发送区”时，右边发送区域被清空，单击“保存发送数据”时，将右边发送区域数据保存到本地电脑。

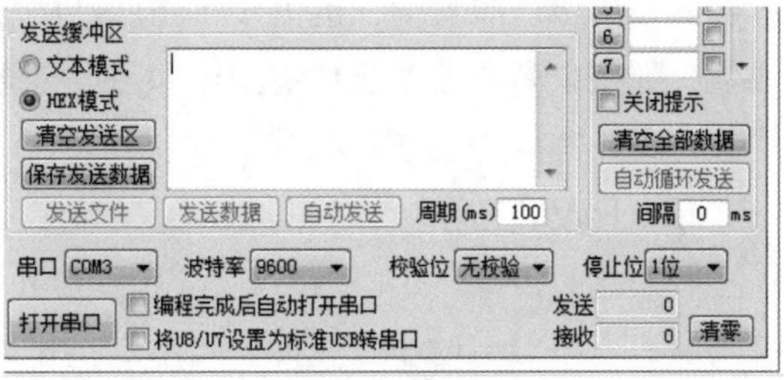

图3-30　发送缓冲区

（4）串口选择USB转串口模块在电脑里注册的串口号，可以在STC-ISP软件中查询到，如图3-31所示。

图3-31　查询串口号

（5）在图3-32中选择串口“COM3”，波特率选择“9600”，校验位选择“无校验”，停止位选择“1位”，单击“打开串口”按钮后串口助手如图3-32所示。注意：波特率、校验位、停止位的选择在串口通信时上位机与下位机应一致，否则会接收数据错误。

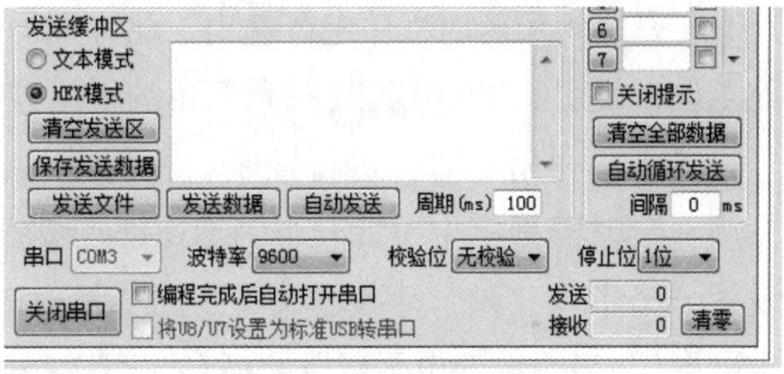

图3-32　打开串口通信

（6）打开串口后“发送文件”“发送数据”“自动发送”按钮被激活。单击“发送文件”，即可发送文件到下位机；单击“发送数据”，即将发送区域的内容以文件或十六进制形式发送；单击“自动发送”，即将发送区域的内容以文件或十六进制形式按周期进行自动发送，发送周期以“周期（ms）”后的数据为间隔，以图3-32为例则每0.1s自动发送区域内容一次。

12. PWM概念

脉冲宽度调制（Pulse Width Modulation，PWM）是利用微处理器的数字输出来对模拟电路进行控制的一种有效的技术。脉冲宽度调制，就是通过改变脉冲宽度来实现不同的效果。下面以三组不同的脉冲信号为例来说明，如图3-33所示。

图3-33所示3组不同脉冲信号周期均为10ms，即频率是100Hz的波形，但是每个周期内，高低电平脉冲宽度各不相同，这就是PWM的本质。我们把脉冲宽度不相同称为占空比

（占空比是指高电平的时间占整个周期的比例）不同。①组脉冲的占空比为50%，此时高低电平脉冲各占一半；②组脉冲的占空比为40%，此时同一周期内高电平时长少于低电平时长；③组脉冲的占空比为80%，此时同一周期内高电平时长大于低电平时长。

可以明显看出③组脉冲的输出电压平均值大于②组脉冲的输出电压平均值，也大于①组脉冲的输出电压平均值，那么只需要改变脉冲占空比即可改变输出电压平均值，实现数字信号控制模拟信号的功能。

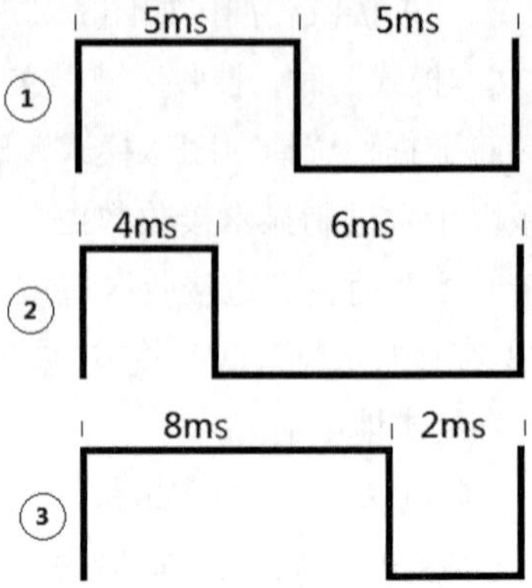

图3-33　三组不同脉冲信号

13. PWM应用

例如此时点亮一个LED小灯，设计电路LED=0时小灯长亮，当LED=1时小灯灭掉。当小灯亮和灭间隔运行的时候，小灯闪烁。如果把这个间隔不断地减小，减小到肉眼分辨不出来，也就是100Hz以上的频率，这个时候小灯表现出来的现象就是既保持亮的状态，但亮度又没有LED=0时的亮度高。此时将图3-33的三组不同占空比信号送入LED小灯，占空为80%时，小灯最暗，占空比40%时，小灯最亮，占空比为50%时小灯的亮度在两者之中，如果我们设计一个程序让占空比能从0到100%进行无级调节，即可使LED小灯从全亮到全灭进行亮度调节。占空比为0时全周期输出低电平，占空比100%时全周期输出高电平。

14. PWM实现

PWM可以利用两种程序设计方案实现：

一是，利用延时程序进行输出，此方案程序大部分时间在处理延时程序，而不能进行其他工作，仅用于单路占空比并且简单的程序控制。

二是，利用定时器进行控制，利用单片机定时器T0或T1产生1个0.1ms的中断定时，然后在定时器程序中设计一个0到100的计数器，相当于10ms的周期计数，在100计数器中设置一个中间变量，计数器大于中间变量时PWM输出高电平，计数器大于100时计数器清零同时PWM输出低电平，以此循环，可以得到一个固定占空比的输出，若改变中间变量的值，即可改变输出波形的占空比，此时得到一个周期为10ms，占空可调的输出波形，那么中间变量我们通常称为PWM控制变量。

【创新任务实施】

<table>
<tr><td>项目三</td><td colspan="2">汽车舒适系统设计</td><td>任务三</td><td colspan="2">设计汽车自动空调</td><td>学时</td><td>2</td></tr>
<tr><td>姓名</td><td></td><td>学号</td><td></td><td>班级</td><td></td><td>日期</td><td></td></tr>
<tr><td>团队成员</td><td colspan="7"></td></tr>
<tr><td>任务要求</td><td colspan="7">电机PWM远程控制，发送指令为“DJ78Z”，电机以78%的占空比转动，指令范围为“DJ00Z”～“DJ99Z”，00为电机停，其余数字为占空比，单片机接收到指令正确时回复“OK”字符，PWM数值不在范围内时返回“ERR”，数码管显示接收的PWM值</td></tr>
</table>

续表

一、电路设计
二、程序设计
三、功能测试 （1）检查电路连接是否正确：　是□　否□ （2）程序下载是否正常：　是□　否□ （3）发送DJ01Z～DJ99Z，可实现电机调速：　是□　否□ （4）LCD1602显示接收PWM值：　是□　否□ （5）发送DJ01Z～DJ99Z，返回“OK”：　是□　否□ （6）发送DJ00Z，电机停转：　是□　否□ （7）发送DJ110Z，单片机无处理操作：　是□　否□ （8）发送DJACZ，返回“ERR”：　是□　否□ （9）发送DJA9Z，返回“ERR”：　是□　否□ （10）发送DJ9CZ，返回“ERR”：　是□　否□
四、检查展示 1. 小组成员自查和互查，进行补充完善 2. 各小组推荐优秀作品进行展示

续表

五、总结评价

序号	评价项目	配分	自评分	组长评分	教师评分	备注
1	电路设计	15				
2	程序思路	20				
3	任务完成	35				
4	检查展示	10				
5	劳动纪律	5				
6	积极主动	5				
7	工匠精神	5				
8	贡献大小	5				
合计		100				

综合得分=自评分×20%+组长评分×30%+教师评分×50%=

六、反思

【任务测试】

1. STC15W4K32S4系列单片机具有________个采用________工作方式的________串行通信接口。

2. 对于STC15系列单片机，串口2只能使用________波特率发生器。

3. 串行口中断允许位是________。

4. 串行中断标志位RI被置位后，必须由________进行清零。

任务四 设计汽车倒车雷达

【任务目标】

知识目标	技能目标
1. 能描述LCD1602控制基本应用方法 2. 能描述超声测距的基本方法	能进行汽车倒车雷达控制程序编制、硬件调试、创新应用

【任务描述】

本任务要求实现汽车倒车雷达设计，通过单片机控制，在LCD1602显示屏上显示超声波探头测量的距离值。通过本任务学习，要求学习者能进行超声测距控制电路设计、程序编制、仿真调试、硬件调试和创新应用。

【探究任务实施】

1. 效果展示

硬件演示

学习板TT5实施效果如图3-34所示。

图3-34　学习板TT5实施效果

2. 任务要求

在学习板TT5上实现汽车倒车雷达设计。

3. 电路设计

学习板TT5 LCD显示和超声测距电路I/O分配如图3-35所示。

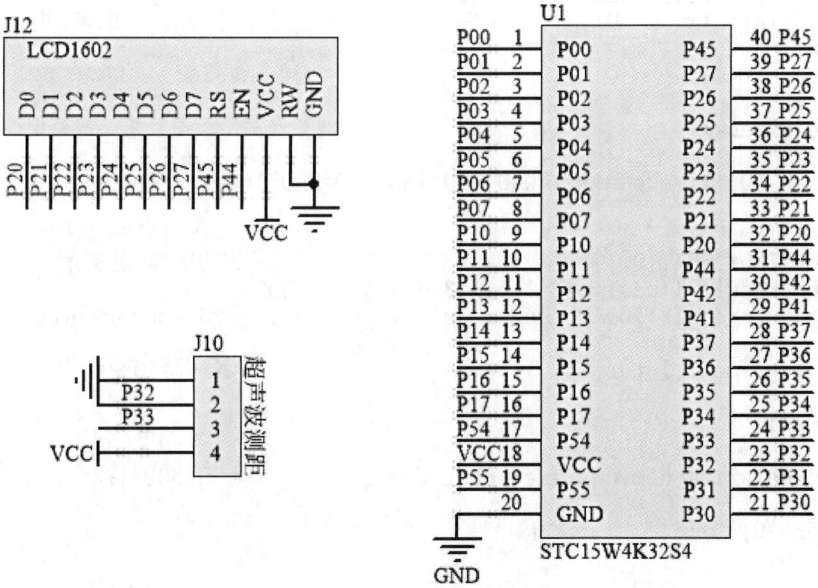

图3-35　学习板TT5 LCD显示和超声测距I/O分配图

4. 程序设计

（1）源程序

```
#include "STC15F2K60S2.h"
#include <intrins.h>
sbit lcden=P4^4;                                  //LCD1602使能端
sbit lcdrs=P4^5;                                  //LCD1602寄存器选择
sbit Tx_F=P3^3;                                   //产生脉冲引脚，延时20μs
sbit Rx_F=P3^2;                                   //回波引脚
bit TimeUp=0;                                     //定时器溢出标志位
long Th0,Tl0;                                     //超声波测距用变量
unsigned int ju_li_F=0;                           //距离
unsigned long Measureresult=0;                    //超声波测距用变量
unsigned long time0=0;                            //超声波测距用变量
unsigned char table1[16]="HNDQZY-QCXH-DPJ-";      //第一行显示数组
unsigned char table2[16]="Ju_Li:          ";      //第二行显示数组
void delay(unsigned int i)                        //约1ms延时函数，i为延时ms数
{unsigned int j,k;
for(j=0;j<i;j++)
  for(k=0;k<1200;k++);
}
void Measure_F( )                                 //超声波测距
{
unsigned char Del20us=0;                          //延时变量
bit RxBack=1;                                     //超声波返回标志位
Tx_F=0;                                           //将超声波脉冲引脚电位拉低
TR1=0;ET1=0;REN=0;
Th0=0;                                            //初始化变量值
Tl0=0;                                            //初始化变量值
TimeUp=0;                                         //初始化
EA=1;                                             //开总中断
ET0=1;                                            //开定时器0 中断
TR0=0;                                            //关定时器0
TH0=0;                                            //赋定时器初始值高8位为0
TL0=0;                                            //赋定时器初始值低8位为0
Tx_F=1;
for(Del20us=120;Del20us>0;Del20us--);             //延时20μs
Tx_F=0;while(Rx_F==0);                            //等待Rx_F变为高电平
TH0=0;
TL0=0;
TR0=1;                                            //开定时器0
while(RxBack)
{
if(Rx_F==0||TimeUp==1){TR0=0;Th0=TH0;Tl0=TL0;TR0=1;RxBack=0;}
}
while(!TimeUp);                                   //等待定时器溢出
time0=(Th0*256+Tl0);                              //取出定时器的值
Measureresult=((unsigned long)(344)*time0)/4000;
if(Measureresult>10&&Measureresult<1500) ju_li_F=Measureresult;
}
void T0_time() interrupt 1                        //定时器T0中断服务程序
{
TimeUp=1;
}
void lcd_write_com(unsigned char com)             //LCD1602写指令
{
  lcdrs=0;
  P2=com;
```

```
  lcden=1;
  delay(10);
  lcden=0;
}
void lcd_write_data(unsigned char dat)          //LCD1602写数据
{
  lcdrs=1;
  P2=dat;
  lcden=1;
  delay(10);
  lcden=0;
}
void display( )
{
unsigned char num;
  lcd_write_com(0x80);                          //第一行显示指令
  for(num=0;num<16;num++)
  {
  lcd_write_data(table1[num]);                  //第一行显示16个字符
  delay(10);
  }
  lcd_write_com(0x80+0x40);                     //第二行显示指令
  for(num=0;num<16;num++)
  {
  lcd_write_data(table2[num]);                  //第二行显示16个字符
  delay(10);
  }
}
void init( )
{ delay(1000);
  lcd_write_com(0x38);delay(100);             //显示模式设置
  lcd_write_com(0x08);delay(100);             //显示关闭
  lcd_write_com(0x01);delay(100);             //显示清屏
  lcd_write_com(0x06);delay(100);             //显示光标移动设置
  lcd_write_com(0x0C);delay(100);             //显示开及光标设置

}
void main()
{
P2M1=0x00;P2M0=0x00;                          //设置P2口为准双向I/O(传统51模式)
P3M1=0x00;P3M0=0x00;                          //设置P3口为准双向I/O(传统51模式)
P4M1=0x00;P4M0=0x00;                          //设置P4口为准双向I/O(传统51模式)
delay(100);
init();                                       //LCD1602初始化
Tx_F=0;                                       //将超声波脉冲引脚电位拉低
while(1)
{
Measure_F();                                 //取超声波测距数据
table2[6]=(ju_li_F%10000)/1000+0x30;         //取距离千位，变成ASCII码
table2[7]=(ju_li_F%1000)/100+0x30;           //取距离百位，变成ASCII码
table2[8]=(ju_li_F%100)/10+0x30;             //取距离十位，变成ASCII码
table2[9]= ju_li_F%10+0x30;                  //取距离个位，变成ASCII码
display();                                   //显示
}
}
```

（2）程序流程图

实现汽车倒车雷达设计程序流程如图3-36所示。

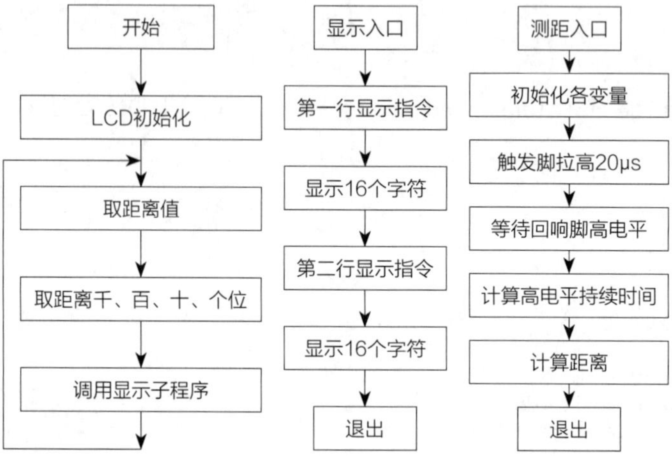

图3-36　程序流程图

5. HEX文件下载

单击“打开程序文件”选择需要下载的HEX文件，选择运行时钟为22.1184MHz，单击“下载/编程”按钮，进入自动程序下载过程，操作成功后如图3-37所示。

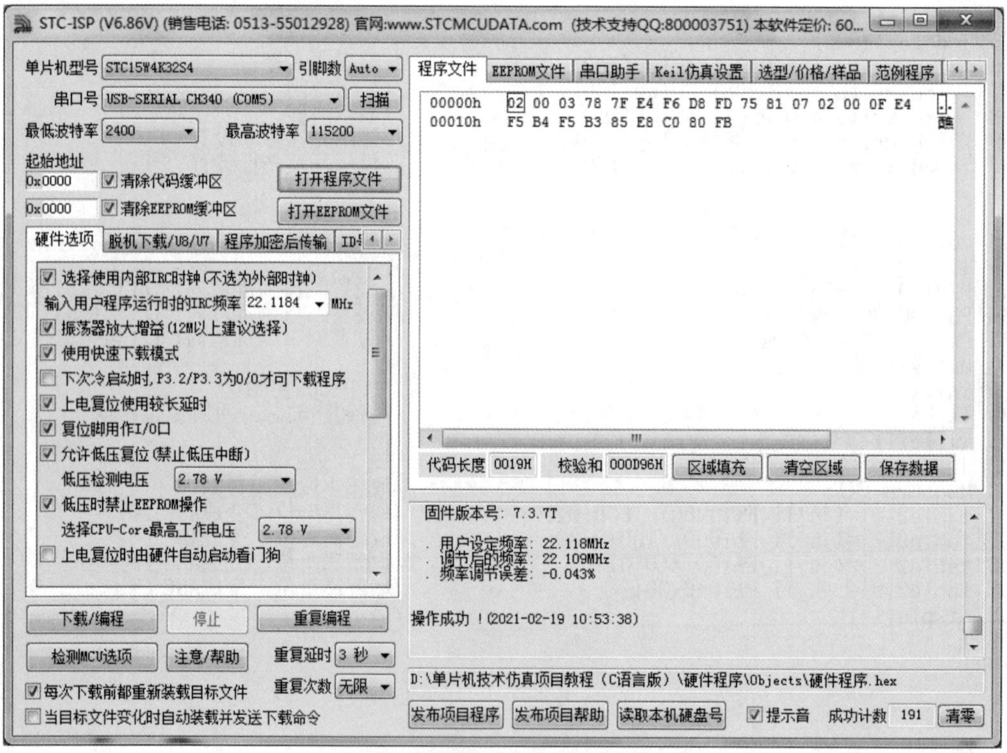

图3-37　下载程序

6. 功能测试

（1）检查电路连接是否正确：　　是□　否□

（2）程序下载是否正常：　　是□　否□

（3）LCD1602显示是否正常：　　是□　否□

（4）显示距离是否准确：　　是□　否□

【知识链接】

1. 初识LCD1602液晶模块

LCD1602中的LCD表示Liquid Crystal Display，1602表示一行可以显示16个字符，一共有两行。LCD1602是显示模块，主要包括两个方面的内容：

LCD1602应用、超声测距

第一点：你打算让它在哪里显示。（显示位置）

第二点：你要显示什么内容。（显示内容）

很明显，这两点都是来自单片机的控制，单片机让它显示什么它就显示什么，单片机让它在哪里显示它就在哪里显示。例如单片机告诉LCD1602模块：请你在第1行的第4个位置，显示字符“A”。

在正常显示之前单片机需要与LCD1602模块建立联系。比如打电话，不是一上来就开始谈论主题。先要发出一种信号，比如“喂”，打个招呼，确定对方能收到信号后才开始谈论主题。对于单片机与LCD1602的正常通信，同样需要先打个招呼，称之为“初始化”。

2. LCD1602基本操作思路

第一步：初始化。（单片机先跟LCD1602打个招呼）

第二步：确定显示位置。（单片机告诉LCD1602在哪里显示）

第三步：确定显示内容。（单片机告诉LCD1602显示什么内容）

LCD1602引脚如图3-38所示。

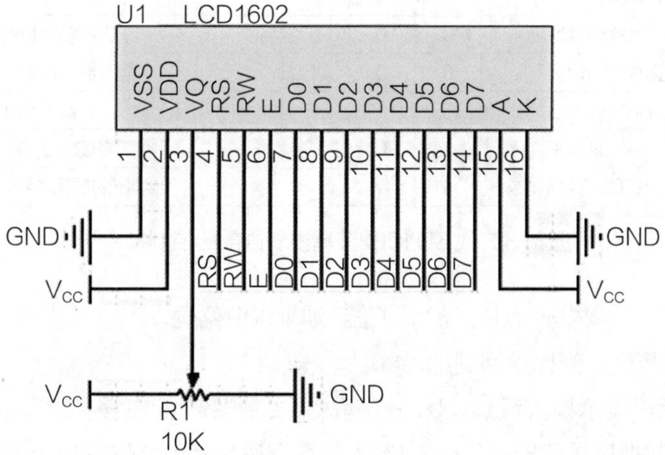

图3-38　LCD1602引脚图

第1引脚：GND为电源地。

第2引脚：V_{CC}接5V电源正极。

第3引脚：VQ为液晶显示器对比度调整端，接正电源时对比度最弱，接地电源时对比度最高（对比度过高时会产生“鬼影”，使用时可以通过一个10K的电位器调整对比度）。

第4引脚：RS为寄存器选择，高电平（1）时选择数据寄存器、低电平（0）时选择指令寄存器。

第5引脚：RW为读写信号线，高电平（1）时进行读操作，低电平（0）时进行写操作。

第6引脚：E（或EN）端为使能端，高电平（1）时读取信息，负跳变时执行指令。

第7～14引脚：D0～D7为8位双向数据端。

第15引脚：背光正极。

第16引脚：背光负极。

3. LCD1602的基本操作

（1）读状态：输入RS=0，RW=1，E=高脉冲。输出：D0～D7为状态字。

（2）读数据：输入RS=1，RW=1，E=高脉冲。输出：D0～D7为数据。

（3）写命令：输入RS=0，RW=0，E=低脉冲。输出：无。（写完置E=高脉冲）

（4）写数据：输入RS=1，RW=0，E=低脉冲。输出：无。

4. LCD1602指令说明

LCD1602液晶模块的读写操作、屏幕和光标的操作都是通过指令编程来实现的。LCD1602液晶模块内部的控制器共有11条控制指令，如图3-39所示。

序号	指令	RS	R/W	D7	D6	D5	D4	D3	D2	D1	D0
1	清显示	0	0	0	0	0	0	0	0	0	1
2	光标返回	0	0	0	0	0	0	0	0	1	*
3	置输入模式	0	0	0	0	0	0	0	1	I/D	S
4	显示开/关控制	0	0	0	0	0	0	1	D	C	B
5	光标或字符移位	0	0	0	0	0	1	S/C	R/L	*	*
6	置功能	0	0	0	0	1	DL	N	F	*	*
7	置字符发生存储器地址	0	0	0	1	字符发生存贮器地址					
8	置数据存贮器地址	0	0	1	显示数据存贮器地址						
9	读忙标志或地址	0	1	BF	计数器地址						
10	写数到（CGRAM或DDRAM）	1	0	要写的数据内容							
11	从CGRAM或DDRAM读数	1	1	读出的数据内容							

图3-39　LCD1602液晶模块内部的控制指令

指令1：清显示，指令码01H，光标复位到地址00H位置。

指令2：光标复位，光标返回到地址00H。

指令3：光标和显示模式设置。I/D：0写入新数据后光标左移，1写入新数据后光标右移。S：0写入新数据后显示屏不移动，1写入新数据后显示屏整体右移一个字符。

指令4：显示开/关控制。D：控制整体显示的开与关，高电平表示开显示，低电平表示关显示。C：控制光标的开与关，高电平表示有光标，低电平表示无光标。B：控制光标是否闪烁，高电平闪烁，低电平不闪烁。

指令5：光标或显示移位，S/C，R/L组成“00”时光标左移一格，且AC减1。组成“01”时光标右移一格，且AC加1。组成“10”时显示器字符全部左移一格，光标不动。组成“11”时显示器字符全部右移一格，光标不动。

指令6：功能设置命令。DL：高电平时为4位总线，低电平时为8位总线。N：低电平时为单行显示，高电平时为双行显示。F：低电平时显示5×7的点阵字符，高电平时显示5×10的点阵字符。

指令7：字符发生器RAM地址设置。

指令8：DDRAM地址设置。

指令9：读忙信号和光标地址。BF：忙标志位，高电平表示忙，此时模块不能接收命令或者数据，如果为低电平表示不忙。

指令10：写数据。

指令11：读数据。

5. LCD1602RAM地址映射

液晶显示模块是一个慢显示器件，所以在执行每条指令之前一定要确认模块的忙标志为低电平（表示不忙），否则此指令失效。要显示字符时要先输入显示字符地址，也就是告诉模块在哪里显示字符，图3-40所示是LCD1602的内部显示地址。

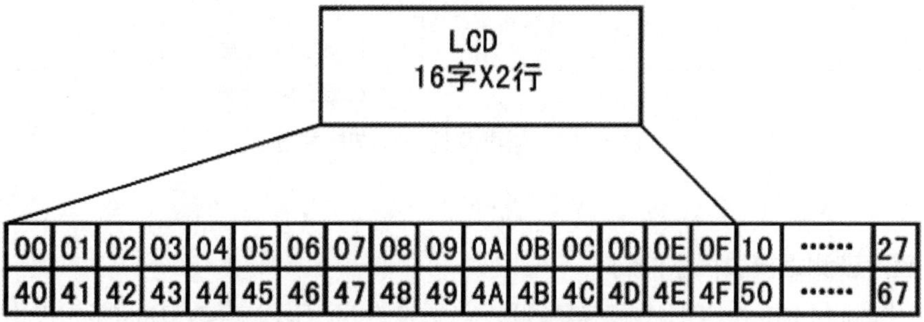

图3-40 LCD1602的内部显示地址

第一行第一个字符的地址是00H，那么是否直接写入00H就可以将光标定位在第一行第一个字符的位置呢？当然不行，因为写入显示地址时要求最高位D7恒定为高电平1，所以实际写入的数据应该是00H+80H=80H。第二行第一个字符的地址是40H，那么实际写入的数据应该是40H+80H=C0H。

6. HC-SR04介绍

HC-SR04超声测距模块可提供2~400cm的非接触式距离感测功能，测量精度可达3mm。实物图如图3-41所示。

图3-41 HC-SR04超声波测距模块实物图

7. 超声波测距模块工作原理

①采用I/O口TRIG触发测距，给至少10μs的高电平信号。

②模块自动发送8个40kHz的方波，自动检测是否有信号返回。

③有信号返回，通过I/O口ECHO输出一个高电平，高电平持续的时间就是超声波从发射到返回的时间。测试距离=（高电平时间×声速）/2，声速为340m/s。

超声波测距模块使用方法简单，一个控制口发一个10μs以上的高电平，就可以在接收口等待高电平输出。一有输出就可以开定时器计时，当此口变为低电平时就可以读定时器的值，此时就为此次测距的时间，方可算出距离。

8. 超声波测距模块时序图

超声波测距模块时序如图3-42所示。

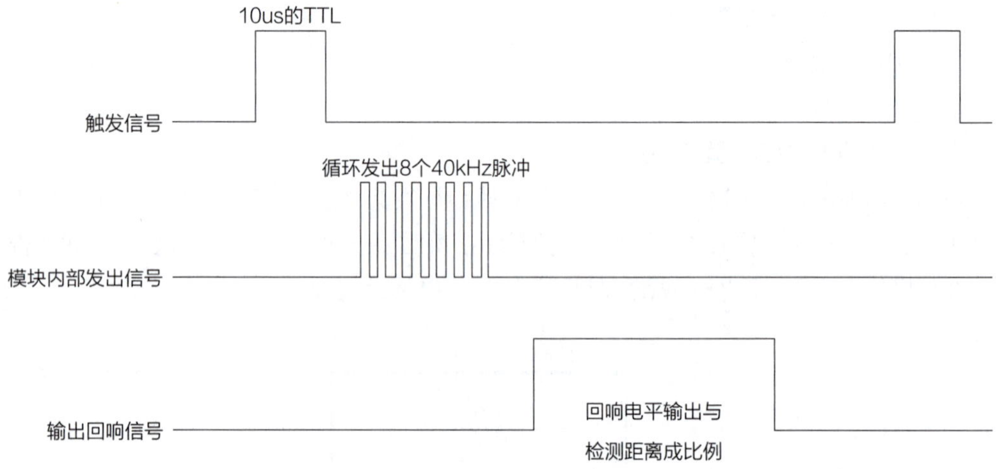

图3-42　超声波测距模块时序图

9. 超声波测距模块程序控制

初始化时将TRIG和ECHO端口都置低，首先先给TRIG发送至少10μs的高电平脉冲（模块自动向外发送8个40kHz的方波），然后等待捕捉ECHO端输出上升沿，捕捉到上升沿的同时，打开定时器开始计时，当捕捉到下降沿，读出计时器的时间，这就是超声波在空气中运行的时间，按照测试距离=（高电平时间×声速）/2就可以算出超声波到障碍物的距离。

【创新任务实施】

项目三	汽车舒适系统设计		任务四	设计汽车倒车雷达		学时	2
姓名		学号		班级		日期	
团队成员							
任务要求	设计一个汽车防碰撞系统，距离10～15cm时，电机减速亮1个灯，距离5～10cm时，电机再次减速亮2个灯，距离小于5cm时，电机反转，亮3个灯。距离大于15cm时，灯灭，电机全速正转						

续表

一、电路设计
二、程序设计
三、功能测试 （1）检查电路连接是否正确：　　是□　否□ （2）程序下载是否正常：　　是□　否□ （3）距离10～15cm，亮1灯，电机中速正转：　　是□　否□ （4）距离5～10cm，亮2灯，电机低速正转：　　是□　否□ （5）距离小于5cm，亮3灯，电机全速反转：　　是□　否□ （6）距离大于15cm，灯灭，电机全速正转：　　是□　否□
四、检查展示 1. 小组成员自查和互查，进行补充完善 2. 各小组推荐优秀作品进行展示

续表

五、总结评价

序号	评价项目	配分	自评分	组长评分	教师评分	备注
1	电路设计	15				
2	程序思路	20				
3	任务完成	35				
4	检查展示	10				
5	劳动纪律	5				
6	积极主动	5				
7	工匠精神	5				
8	贡献大小	5				
合计		100				

综合得分=自评分×20%+组长评分×30%+教师评分×50%=

六、反思

【任务测试】

1. LCD1602，LCD表示________，1602表示一行可以显示________个字符，一共有________行。

2. LCD1602显示屏的VQ为液晶显示器________调整端。

3. HC-SR04超声测距模块可提供________距离的非接触式距离感测功能。

4. 测试距离=________，就可以算出超声波到障碍物的距离。

项目四　汽车智能控制系统制作

本项目以制作遥控泊车小车、制作主动刹车小车为实例，介绍315MHz无线通信、电机无级调速、主动刹车等知识，通过对相关知识学习、单片机学习板TT5的实战、创新任务实施，达到制作遥控泊车小车和主动刹车小车的目标。

引导视频

【知识目标】

1. 能描述315MHz无线通信基本组成与应用。
2. 能描述主动刹车的基本原理。

【技能目标】

1. 能设计、搭建遥控泊车小车电路，能编制、调试、应用其程序。
2. 能设计、搭建主动刹车小车电路，能编制、调试、应用其程序。

【素质目标】

1. 规范操作过程，符合6S管理要求。
2. 具备自主学习、团队协作、精细严谨、持之以恒、守正创新、勇毅前行的态度。

任务一　制作遥控泊车小车

【任务目标】

知识目标	技能目标
能描述315MHz无线通信基本组成与应用	能进行无线遥控泊车控制程序编制、硬件调试、创新应用

【任务描述】

通过单片机控制，利用315MHz无线遥控器上的按键控制电动小车前进、后退、左转、右转、加速和减速。设计要求：按下遥控器“1”键，速度增加；按下遥控器“2”键，速度减少；按下遥控器“3”键，左转，左转车灯亮；按下遥控器“4”键，右转，右转车灯亮；按下遥控器“5”键，前进；按下遥控器“6”键，后退；LCD1602第一行显示无线解码数据，第二行显示速度值。通过本任务学习，要求学习者能进行无线遥控电路的设计及程序编制、仿真调试、硬件调试和创新应用。

【探究任务实施】

1. 效果展示

学习板TT5实施效果如图4-1所示。

硬件演示

2. 任务要求

在学习板TT5上实现遥控泊车小车。

3. 电路设计

315MHz无线遥控器如图4-2所示。

学习板TT5遥控泊车控制电路I/O分配如图4-3所示。

图4-1 学习板TT5实施效果

图4-2 8键无线遥控器

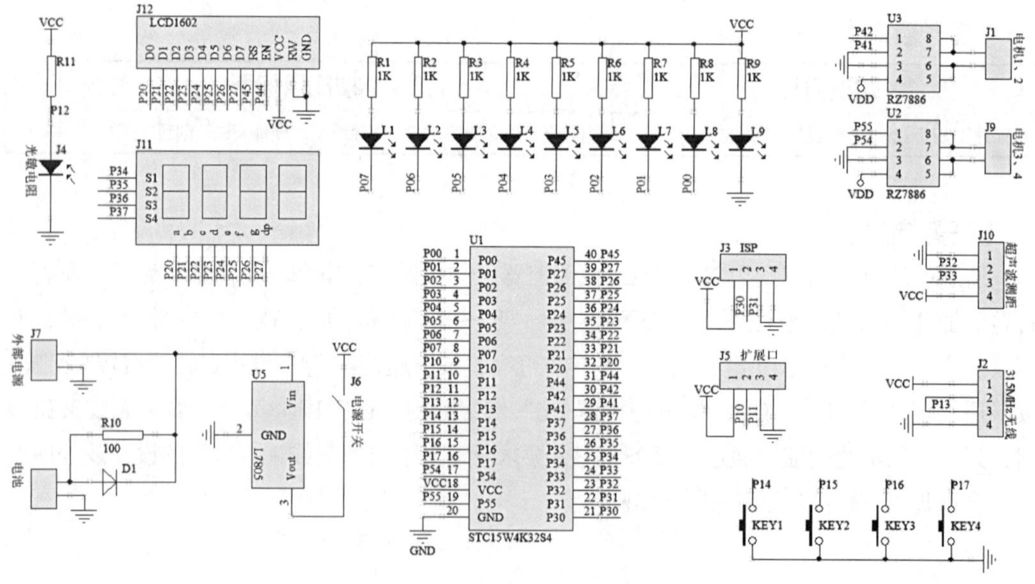

图4-3 学习板TT5遥控泊车控制电路I/O分配图

4. 程序设计

(1) 源程序

```c
#include "STC15F2K60S2.h"
unsigned char table1[16]="J:0x00,0x00,0x00"; //第一行显示无线遥控解码数据
unsigned char table2[16]="SPEED:          "; //第二行显示速度数据
sbit lcden=P4^4;                             //LCD1602使能端
sbit lcdrs=P4^5;                             //LCD1602寄存器选择
sbit wux=P1^3;                               //超再生315MHz接收数据口
sbit M1_1=P4^1;                              //定义电机1端口
sbit M1_2=P4^2;                              //定义电机1端口
sbit M2_1=P5^4;                              //定义电机2端口
sbit M2_2=P5^5;                              //定义电机2端口
unsigned char flag,flag1,flag2;              //定义无线解码相应标志位
unsigned char YK[3]={0xA7,0xE2,0x00};        //存放遥控器地址,根据实际修改前两位
unsigned char D[4]={0x55,0x55,0xFC};         //无线解码接收数据存放数组
unsigned char QD[3];                         //无线解码确认数据存放数组
unsigned char SPEED;                         //速度控制
unsigned char time_count=0;                  //无线解码计数
unsigned char cont;                          //PWM计数器
unsigned int m_s,m_f;                        //定义无线按键间隔计数器
bit pwm_out;                                 //PWM输出
bit qian_jin_bit=0;                          //前进标志
bit hou_tui_bit=0;                           //后退标志
bit zuo_zhuan_bit=0;                         //左转标志
bit you_zhuan_bit=0;                         //右转标志
bit time_bit=0;                              //无线解码计数标志
bit jia_bit=0;                               //速度加标志
bit jian_bit=0;                              //速度减标志
void delay(unsigned int i)                   //延时子程序
{
unsigned int j,k;
  for(j=0;j<i;j++)
   for(k=0;k<1200;k++);
}
void lcd_write_com(unsigned char com)        //LCD1602写指令
{
  lcdrs=0;
  P2=com;
  lcden=1;
  delay(10);
  lcden=0;
}
void lcd_write_data(unsigned char dat)       //LCD1602写数据
{
  lcdrs=1;
  P2=dat;
  lcden=1;
  delay(10);
  lcden=0;
}
void display( )                              //LCD1602显示子程序
{
unsigned char num;
table2[6]=SPEED+48;                          //速度值转成ASCII码值
if((QD[0]/16)<=9)   table1[4]=QD[0]/16+48;   //十六进制转成ASCII码值
else                table1[4]=QD[0]/16+55;   //十六进制转成ASCII码值
if((QD[0]%16)<=9)   table1[5]=QD[0]%16+48;   //十六进制转成ASCII码值
else                table1[5]=QD[0]%16+55;   //十六进制转成ASCII码值
if((QD[1]/16)<=9)   table1[9]=QD[1]/16+48;   //十六进制转成ASCII码值
else                table1[9]=QD[1]/16+55;   //十六进制转成ASCII码值
if((QD[1]%16)<=9)   table1[10]=QD[1]%16+48;  //十六进制转成ASCII码值
else                table1[10]=QD[1]%16+55;  //十六进制转成ASCII码值
if((QD[2]/16)<=9)   table1[14]=QD[2]/16+48;  //十六进制转成ASCII码值
else                table1[14]=QD[2]/16+55;  //十六进制转成ASCII码值
if((QD[2]%16)<=9)   table1[15]=QD[2]%16+48;  //十六进制转成ASCII码值
else                table1[15]=QD[2]%16+55;  //十六进制转成ASCII码值
lcd_write_com(0x80);                         //第一行显示指令
for(num=0;num<16;num++)
  {
  lcd_write_data(table1[num]);               //第一行显示16个字符
  delay(10);
  }
lcd_write_com(0x80+0x40);                    //第二行显示指令
for(num=0;num<16;num++)
  {
  lcd_write_data(table2[num]);               //第二行显示16个字符
  delay(10);
  }
}
```

```
void init( )                                          //LCD1602初始化
{  delay(1000);
  lcd_write_com(0x38);delay(100);                     //显示模式设置
  lcd_write_com(0x08);delay(100);                     //显示关闭
  lcd_write_com(0x01);delay(100);                     //显示清屏
  lcd_write_com(0x06);delay(100);                     //显示光标移动设置
  lcd_write_com(0x0C);delay(100);                     //显示开及光标设置
}
 void timer( ) interrupt 1                            //定时器T0服务子程序
 {
 TH0=0xFF;TL0=0x48;                                   //100μs
 if(time_bit==1) time_count++;                        //无线解码计数用
  cont++;m_s++;m_f++;

  if(cont>=100) {cont=0;pwm_out=0;}                   //PWM控制
  if(cont>=(100-(SPEED*10))) pwm_out=1;               //PWM控制
  else pwm_out=0;                                     //PWM控制
  if(qian_jin_bit)
  {M1_1=pwm_out;M1_2=0;M2_1=pwm_out;M2_2=0;}//前进
  if(hou_tui_bit)
  {M1_1=0;M1_2=pwm_out;M2_1=0;M2_2=pwm_out;}//后退
  if(zuo_zhuan_bit)
  {M1_1=0;M1_2=0;M2_1=pwm_out;M2_2=0;}                //左转
  if(you_zhuan_bit)
  {M1_1=pwm_out;M1_2=0;M2_1=0;M2_2=0;}                //右转
  if(m_s>=2000)                                       //0.1S未按键，控制车辆停
  {m_s=0;M1_1=0;M1_2=0;M2_1=0;M2_2=0;
  qian_jin_bit=0;hou_tui_bit=0;zuo_zhuan_bit=0;you_zhuan_bit=0;P0=0XFF;
  }
 }
void Timer0Init(void)                               //100μs@22.1184MHz
{
  AUXR &= 0x7F;                                     //定时器时钟12T模式
  TMOD &= 0xF0;                                     //设置定时器模式
  TMOD |= 0x01;                                     //设置定时器模式
  TL0 = 0x48;                                       //设置定时初值
  TH0 = 0xFF;                                       //设置定时初值
  TF0 = 0;                                          //清除TF0标志
  TR0 = 1;                                          //定时器T0开始计时
}
void jiema( )                                       //315无线解码
 { unsigned char j,i;
   time_count=0;
   while(wux);
   time_bit=1;
   while(!wux){if(time_count>200) {time_bit=0;flag1=1;time_count=0;}}
   if(flag1!=1)
     {time_bit=0;
      if((time_count>80)&&(time_count<180)) //判断同步码的宽度 110-160
      {
      for(j=0;j<3;j++)
      {
        for(i=0;i<8;i++)
        {
         time_count=0;
         while(!wux);
         time_bit=1;
         while(wux){if(time_count>200) goto RemExit;}
         time_bit=0;
         if((1<time_count)&&(time_count<9))       //窄 0 2~8
          {
          D[j]=D[j]<<1;
          }
        else if((9<=time_count)&&(time_count<20))//宽 1 9~18
          {
          D[j]=D[j]<<1;
          D[j]=D[j]+0x01;
          }
        else return;
        }
      }
      flag=1;
   }
   else goto RemExit;
   }
      RemExit:
      {
```

```
        time_bit=0;
        EA=1;
        time_count=0;
        wux=1;
        return;
        }
    }
void jie_shou( )                                        //无线接收控制子程序
{
 flag=0;
 flag1=0;
 time_bit=0;
 time_count=0;
 wux=1;
 if(wux) jiema( );
 if(flag==1)
 {
 flag=0;
 if(D[3]!=D[2])
 {D[3]=D[2];display( );                                  //更新数据，调用显示程序
 QD[0]=D[0];QD[1]=D[1];QD[2]=D[2];                       //确认数据转存
 display();
 }
 if((QD[0]==YK[0])&&(QD[1]==YK[1])&&(QD[2]==0xF1))    //1 C0 速度加
 {
 P0=0xFE;jia_bit=1;m_f=0;
 }
  if((QD[0]==YK[0])&&(QD[1]==YK[1])&&(QD[2]==0xF2))   //2 30 速度减
 {
 P0=0xFD;jian_bit=1;m_f=0;
 }
  if((QD[0]==YK[0])&&(QD[1]==YK[1])&&(QD[2]==0xF3))   //3 F0 左转
 {
 P0=0xFB;zuo_zhuan_bit=1;m_s=0;
 }
 if((QD[0]==YK[0])&&(QD[1]==YK[1])&&(QD[2]==0xF4))    //4 0C 右转
 {
 P0=0xF7;you_zhuan_bit=1;m_s=0;
 }
 if((QD[0]==YK[0])&&(QD[1]==YK[1])&&(QD[2]==0xF5))    //5 CC 前
 {
 P0=0xEF;qian_jin_bit=1;m_s=0;
 }
  if((QD[0]==YK[0])&&(QD[1]==YK[1])&&(QD[2]==0xF6))   //6 3C 退
 {
 P0=0xDF;hou_tui_bit=1;m_s=0;
 }
 }
}

void main( )                                          //主程序
{P0M1=0x00;P0M0=0x00;                                 //设置P0口为准双向I/O（传统51模式）
P2M1=0x00;P2M0=0x00;                                 //设置P2口为准双向I/O（传统51模式）
P3M1=0x00;P3M0=0x00;                                 //设置P3口为准双向I/O（传统51模式）
P4M1=0x00;P4M0=0x00;                                 //设置P4口为准双向I/O（传统51模式）
P5M1=0x00;P5M0=0x00;                                 //设置P5口为准双向I/O（传统51模式）
Timer0Init( );                                       //调用定时器T0初始化子程序
ET0=1;                                               //允许T0中断
EA=1;                                                //打开总中断
SPEED=7;                                             //速度初始化
init( );                                             //LCD1602显示初始化
display( );
while(1)
{  jie_shou();                                       //无线接收控制子程序
  if(m_f>=10000)                                     //速度调节间隔大于1秒工作
  { m_f=0;
  if(jia_bit)                                        //速度加
  {if(SPEED<=8){SPEED++;}                            //确认音
   display();
  }
  if(jian_bit)                                       //速度减
 {if(SPEED>=2){SPEED--;}
  display();
 }
  jia_bit=0;jian_bit=0;                              //速度加、减标志清零
} } }
```

（2）程序设计流程

实现遥控泊车小车程序设计流程如图4-4所示。

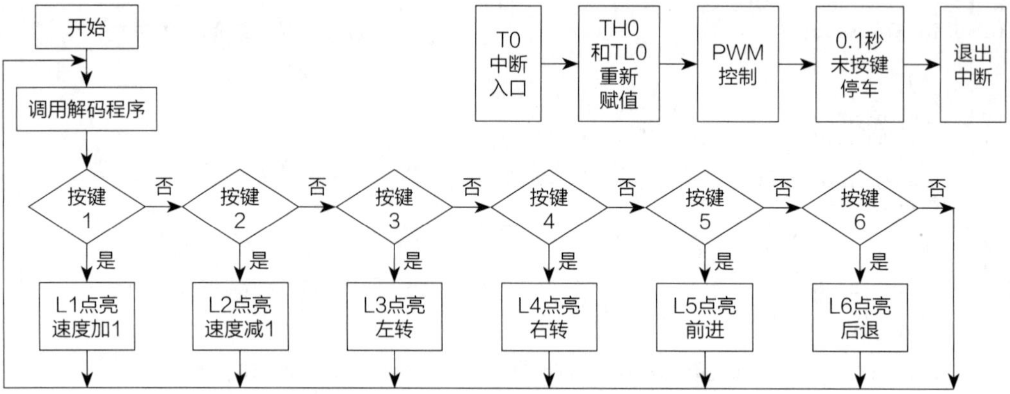

图4-4　实现遥控泊车小车程序设计流程图

5. HEX文件下载

单击“打开程序文件”选择需要下载的HEX文件，选择运行时钟为22.1184MHz，单击“下载/编程”按钮，进入自动程序下载过程，操作成功后如图4-5所示。

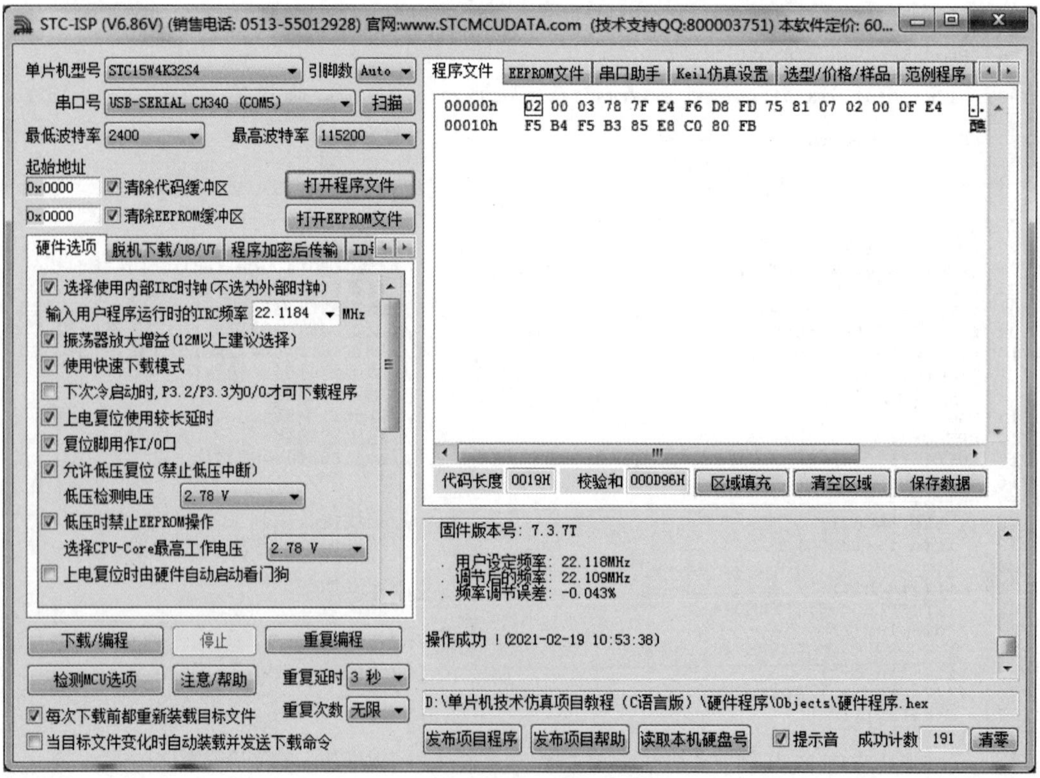

图4-5　下载程序

6. 功能测试

(1) 检查电路连接是否正确：　　是□　否□

(2) 检查程序下载器是否连接正常：　　是□　否□

(3) 下载程序到目标板是否完成：　　是□　否□

(4) 按下“1”，速度增加：　　是□　否□

(5) 按下“2”，速度减小：　　是□　否□

(6) 按下“3”，左转，亮左车灯：　　是□　否□

(7) 按下“4”，右转，亮右车灯：　　是□　否□

(8) 按下“5”，前进：　　是□　否□

(9) 按下“6”，后退：　　是□　否□

(10) 是否可以调节速度：　　是□　否□

【知识链接】

1. PT2262与PT2272概述

无线遥控应用

PT2262与PT2272是我国台湾普城公司生产的一种CMOS工艺制造的低功耗低价位通用编解码芯片，PT2262与PT2272最多可有12位（A0～A11）三态地址端管脚（悬空、接高电平、接低电平），任意组合可提供531441个地址码，PT2262最多可有6位（D0～D5）数据端管脚，设定的地址码和数据码从17脚串行输出，可用于无线遥控发射电路。编码芯片PT2262发出的编码信号由地址码、数据码、同步码组成一个完整的码字，解码芯片PT2272接收到信号后，其地址码经过两次比较核对后，VT脚才输出高电平，与此同时相应的数据脚也输出高电平，如果发送端一直按住按键，编码芯片也会连续发射。当发射机没有按键按下时，PT2262不接通电源，其17脚为低电平，所以315MHz的高频发射电路不工作，当有按键按下时，PT2262得电工作，其第17脚输出经调制的串行数据信号，当17脚为高电平期间，315MHz的高频发射电路起振并发射等幅高频信号，当17脚为低电平期间，315MHz的高频发射电路停止振荡，所以高频发射电路完全受控于PT2262的17脚输出的数字信号，从而对高频电路完成幅度键控（ASK调制），相当于调制度为100%的调幅。

2. PT2262输出波形及编程规则

PT2262输出数据每帧由24个脉冲、一个停止位和一个帧间隔（同步头）组成，如图4-6所示。

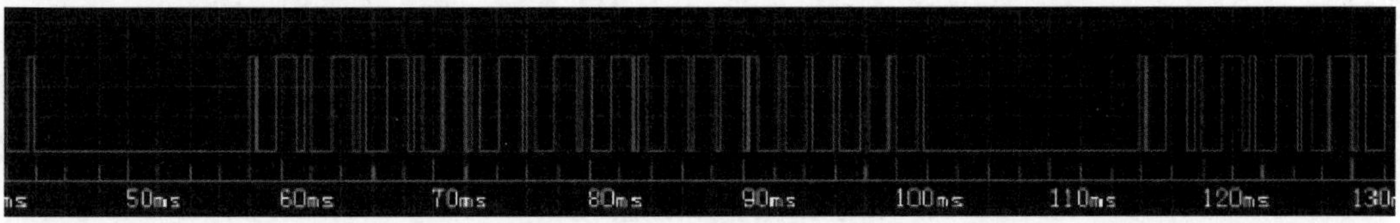

图4-6　PT2262输出波形图

用两个脉冲来表示一个状态，00代表数据“0”、11代表数据“1”、01代表悬空（数据“f”）。前16个脉冲定义为地址码，后8个脉冲定义为数据码。数据“0”、数据“1”、数据“f”发送的码位如图4-7所示。

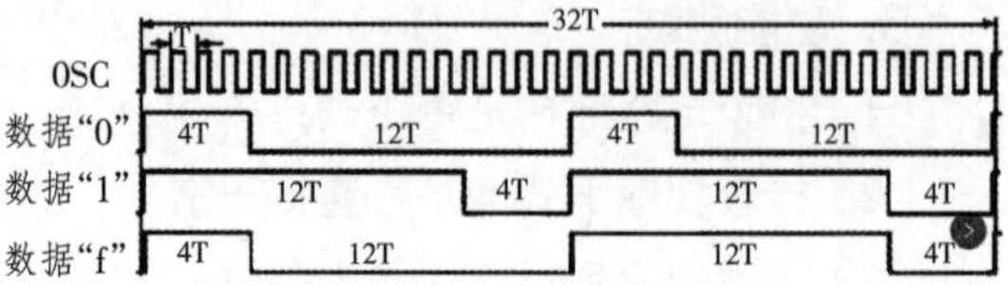

图4-7　PT2262数据发送码位图

3. 315MHZ超再生接收模块

315MHz超再生接收模块实物如图4-8所示。

图4-8　315MHZ超再生接收模块实物图

DF接收模块的工作电压为5V，静态电流为4mA，接收灵敏度为-105dbm，接收天线需要25~30cm的导线，竖立起来接收效果与距离最佳。接收模块本身不带解码集成电路，因此接收电路仅是一种组件，需要在具体电路中进行二次开发才能发挥应有的作用，这种设计有很多优点，它可以和各种解码电路或者单片机配合，设计电路灵活方便。

4. 单片机实现软件解码

315MHz超再生接收模块输出波形与PT2262输出波形一致，因此可利用单片机对图4-6所示波形解码出相应的地址码和数据信息，以实现单片机对无线遥控器的软件解码功能。

PT2262每次至少发送4次编码，首先可以通过检测11ms宽度的同步码头，有码头才开始进行编码解码，无码头则继续等待。

（1）软件解码同步头

①time_bit=0;//停止计时

②time_count=0;//计时清零

③while（wux）;//等待数据为低电平

④time_bit=1;//低电平时开始计时100μs计时器

⑤while(!wux){if(time_count>200)goto RemExit;}//等待低电平结束，大于20ms超时退出

⑥time_bit=0;//停止计时

⑦if((time_count>80)&&(time_count<180))//判断同步码的宽度，低电平持续时间在8~18ms时确认为同步头

（2）软件解码0

①time_count=0;//计时清零

②while（!wux）;//等待数据跳为高电平

③time_bit=1;//开始计时，计高电平持续时间

④while(wux){if(time_count>200)goto RemExit;}//等待高电平结束，超时则退出

⑤time_bit=0;//停止计时

⑥if((1<time_count)&&(time_count<9))//判断高电持续时间，在0.1～0.9ms为数据0

（3）软件解码1

①time_count=0;//计时清零

②while(!wux);//等待数据跳为高电平

③time_bit=1;//开始计时，计高电平持续时间

④while(wux){if(time_count>200)goto RemExit;}//等待高电平结束，超时则退出

⑤time_bit=0;//停止计时

⑥if((9<time_count)&&(time_count<20))//判断高电持续时间，在0.9～2ms为数据1

【注意事项】

因每个无线遥控的编码均不同，在实际设计程序时需要提前确定按键值与解码值，例程中利用LCD1602第一行显示出了解码值。编程时需要修改：if（（QD[0]==0x55）&&（QD[1]==0x55）&&（QD[2]==0xC0））这些指令，将指令中的数据与LCD1602第一行显示数据修改为一致，即可实现相应控制。

【创新任务实施】

<table>
<tr><td>项目四</td><td colspan="2">汽车智能控制系统制作</td><td>任务一</td><td colspan="2">制作遥控泊车小车</td><td>学时</td><td>4</td></tr>
<tr><td>姓名</td><td></td><td>学号</td><td></td><td>班级</td><td></td><td>日期</td><td></td></tr>
<tr><td>团队成员</td><td colspan="7"></td></tr>
<tr><td>任务要求</td><td colspan="7">按下“1”键，速度加；按下“2”键，速度减；按下“3”键，左转；按下“4”键，右转；按下“5”键，前进；按下“6”键，后退；按下“7”键，原地转；按下“8”键，模拟漂移动作（全速前进——左前轮刹车，右后轮高速前进）
注：RZ7886的两个控制脚为高电平时实现电磁刹车</td></tr>
<tr><td colspan="8">一、电路设计</td></tr>
</table>

续表

二、程序设计

三、功能测试

(1) 检查电路连接是否正确:　　是□　否□

(2) 程序下载是否正常:　　是□　否□

(3) 按下“1”，速度增加:　　是□　否□

(4) 按下“2”，速度减小:　　是□　否□

(5) 按下“3”，左转，亮左车灯:　　是□　否□

(6) 按下“4”，右转，亮右车灯:　　是□　否□

(7) 按下“5”，前进:　　是□　否□

(8) 按下“6”，后退:　　是□　否□

(9) 是否可以调节速度:　　是□　否□

(10) 是否可以原地转弯:　　是□　否□

(11) 是否可以实施漂移:　　是□　否□

四、检查展示

1. 小组成员自查和互查，进行补充完善

2. 各小组推荐优秀作品进行展示

五、总结评价

序号	评价项目	配分	自评分	组长评分	教师评分	备注
1	电路设计	15				
2	程序思路	20				
3	任务完成	35				
4	检查展示	10				
5	劳动纪律	5				
6	积极主动	5				
7	工匠精神	5				
8	贡献大小	5				
合计		100				

综合得分=自评分×20%+组长评分×30%+教师评分×50%=

续表

六、反思

【任务测试】

1. PT2262与PT2272最多可有＿＿＿＿＿＿＿＿三态地址端管脚。
2. PT2262输出数据每帧由＿＿＿＿、＿＿＿＿和＿＿＿＿组成。
3. 描述单片机实现软件解码的工作原理。

任务二　制作主动刹车小车

【任务目标】

知识目标	技能目标
能描述主动刹车的基本原理	能进行无线主动刹车控制程序编制、硬件调试、创新应用

【任务描述】

通过单片机控制，利用超声测距模块实现汽车主动刹车功能。

【探究任务实施】

1. 任务要求

在学习板TT 5上通过单片机控制，在项目四任务一遥控小车的基础上加入超声测距模块，要求在离障碍物30cm时实施主动刹车。要求学习者能进行无线遥控、超声测距、LCD显示等模块融合的电路设计及程序编制、硬件调试和创新应用。

2．电路设计

请根据前面所学知识，在方框中完成电路设计。

3．程序设计流程

请根据前面所学知识，在方框中完成程序设计流程。

4. 功能测试

（1）检查电路连接是否正确：　是□　否□

（2）检查程序下载器是否连接正常：　是□　否□

（3）下载程序到目标板是否完成：　是□　否□

（4）按下“1”，速度增加：　是□　否□

（5）按下“2”，速度减小：　是□　否□

（6）按下“3”，左转，亮左车灯：　是□　否□

（7）按下“4”，右转，亮右车灯：　是□　否□

（8）按下“5”，前进：　是□　否□

（9）按下“6”，后退：　是□　否□

（10）是否可以调节速度：　是□　否□

（11）是否可以在30cm时主动刹车：　是□　否□

【创新任务实施】

<table>
<tr><td>项目四</td><td colspan="2">汽车智能控制系统制作</td><td>任务二</td><td colspan="2">制作主动刹车小车</td><td>学时</td><td>4</td></tr>
<tr><td>姓名</td><td></td><td>学号</td><td></td><td>班级</td><td></td><td>日期</td><td></td></tr>
<tr><td>团队成员</td><td colspan="7"></td></tr>
<tr><td>任务要求</td><td colspan="7">要求在超声测距的基础上，通过时间控制车辆实现自动倒车入库</td></tr>
<tr><td colspan="8">一、电路设计</td></tr>
<tr><td colspan="8">二、程序设计</td></tr>
</table>

续表

三、功能测试

(1) 检查电路连接是否正确:　　是□　否□

(2) 程序下载是否正常:　　是□　否□

(3) 是否实现倒车入库:　　是□　否□

四、检查展示

1. 小组成员自查和互查,进行补充完善

2. 各小组推荐优秀作品进行展示

五、总结评价

序号	评价项目	配分	自评分	组长评分	教师评分	备注
1	电路设计	15				
2	程序思路	20				
3	任务完成	35				
4	检查展示	10				
5	劳动纪律	5				
6	积极主动	5				
7	工匠精神	5				
8	贡献大小	5				
合计		100				

综合得分=自评分×20%+组长评分×30%+教师评分×50%=

六、反思

拓展项目

本项目以交通灯设计与制作、矩阵键盘设计与制作、点阵显示器设计与制作、温度计设计与制作、万年历设计与制作介绍交通灯设计、矩阵键盘应用、点阵应用、DS18B20应用、DS1302应用等知识，通过对相关知识学习、单片机学习板TT5的实战、创新任务实施，达到利用单片机进行项目设计的目标。

【知识目标】

1. 能描述交通灯基本组成与应用。
2. 能描述矩阵键盘基本组成与应用。
3. 能描述点阵显示器基本组成与应用。
4. 能描述DS18B20的基本应用。
5. 能描述DS1302的基本应用。

【技能目标】

1. 能设计、搭建交通灯电路，能编制、调试、应用其程序。
2. 能设计、搭建矩阵键盘电路，能编制、调试、应用其程序。
3. 能设计、搭建点阵显示器电路，能编制、调试、应用其程序。
4. 能设计、搭建温度计电路，能编制、调试、应用其程序。
5. 能设计、搭建万年历电路，能编制、调试、应用其程序。

任务一　交通灯设计与制作

【任务目标】

知识目标	技能目标
能描述交通灯基本组成与应用	能进行交通灯控制程序编制、调试、创新应用

【任务描述】

本任务要求实现交通灯设计与制作，红灯亮10s，绿灯亮7s，黄灯亮3s，东西与南北方向各灯点亮时间相同。通过本任务学习，要求学习者能进行交通灯电路设计、程序编制、仿真调试、硬件调试和创新应用。

【探究任务实施】

1. 效果展示

效果展示如图5-1所示。

硬件演示

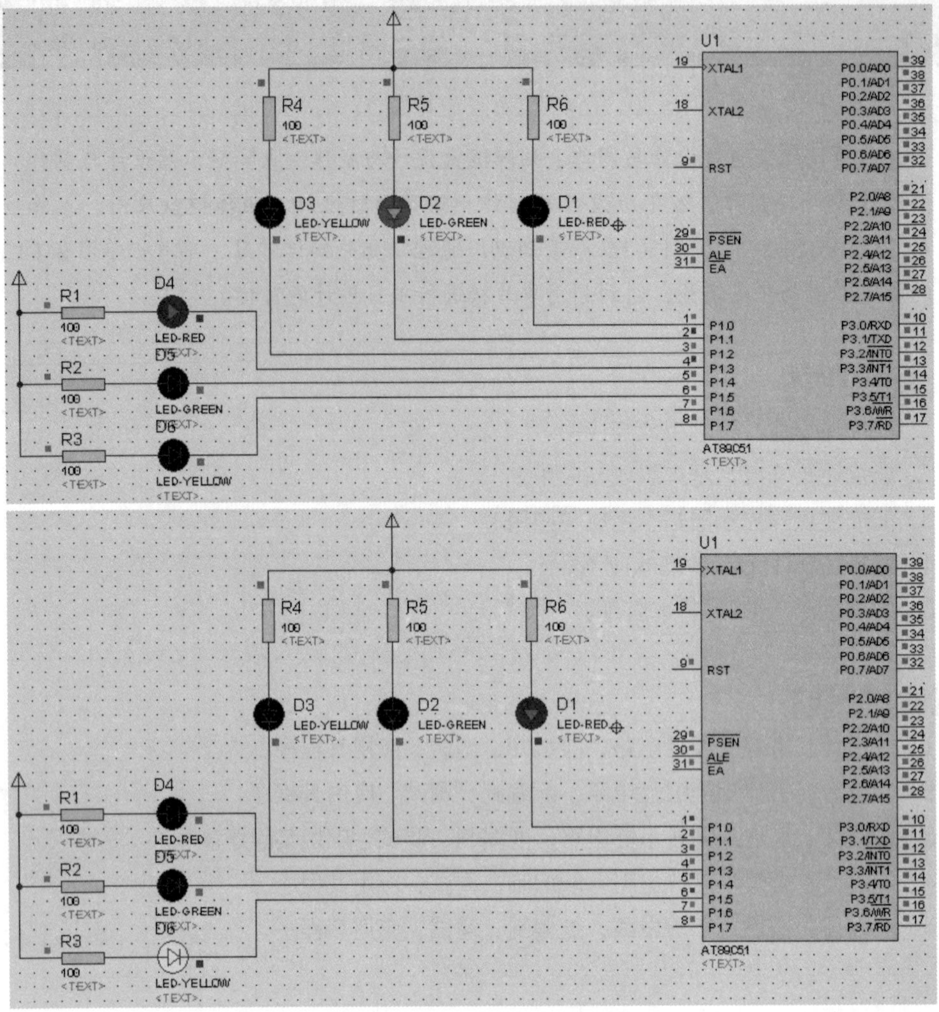

图5-1　交通灯模拟展示

2. 程序设计

```
#include<reg51.h>          //引用头文件
void delay(unsigned int i)
{
unsigned int j,k;
for(j=0;j<i;j++)
  for(k=0;k<120;k++);
}
void main( )               //主程序
{
while(1)                   //循环指令，一直执行下面括号中的内容
{
P1=0XF5;                   //东西红、南北绿
delay(7000);               //调用延时程序
P1=0xF3;                   //东西红、南北黄
delay(3000);               //调用延时程序
P1=0xEE;                   //东西绿、南北红
delay(7000);               //调用延时程序
P1=0xDE;                   //东西黄、南北红
delay(3000);               //调用延时程序
}
}
```

3. 功能测试

（1）检查电路连接是否正确： 是□ 否□

（2）程序下载是否正常： 是□ 否□

（3）东西方向红绿灯是否正常： 是□ 否□

（4）南北方向红绿灯是否正常： 是□ 否□

【知识链接】

（1）东西方向红灯时，令南北方向为绿灯，状态表计算如图5-2所示。

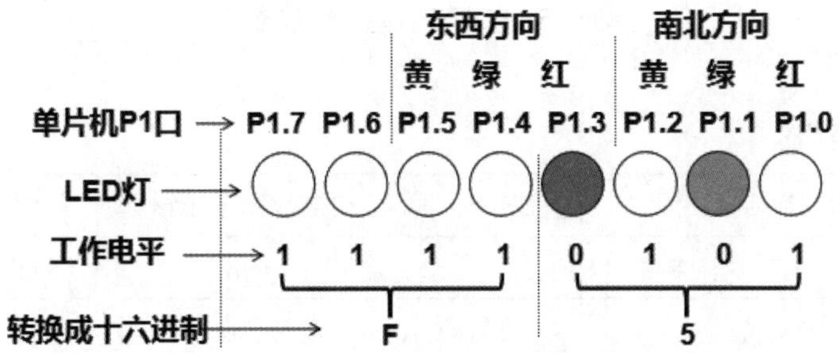

图5-2 东西红、南北绿状态图

（2）东西方向红灯时，令南北方向为黄灯，状态表计算如图5-3所示。

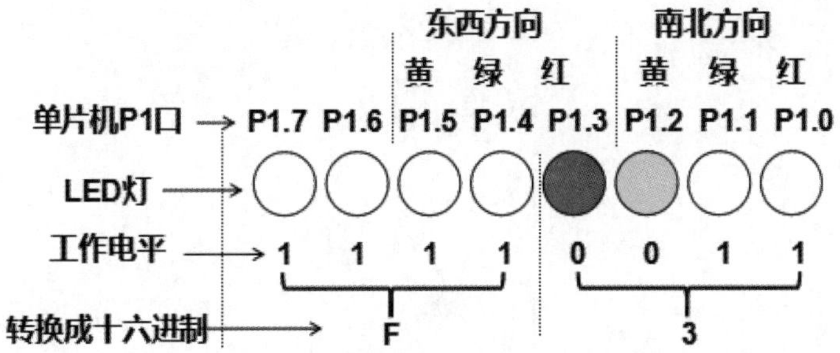

图5-3 东西红、南北黄状态图

（3）东西方向绿灯时，令南北方向为红灯，状态表计算如图5-4所示。

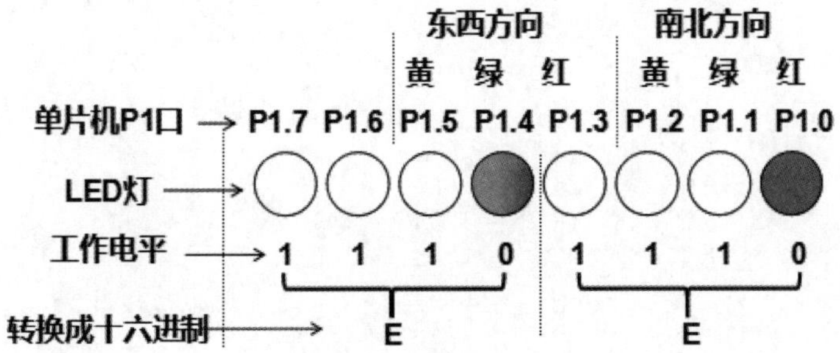

图5-4 东西绿、南北红状态图

（4）东西方向黄灯时，令南北方向为红灯，状态表计算如图5-5所示。

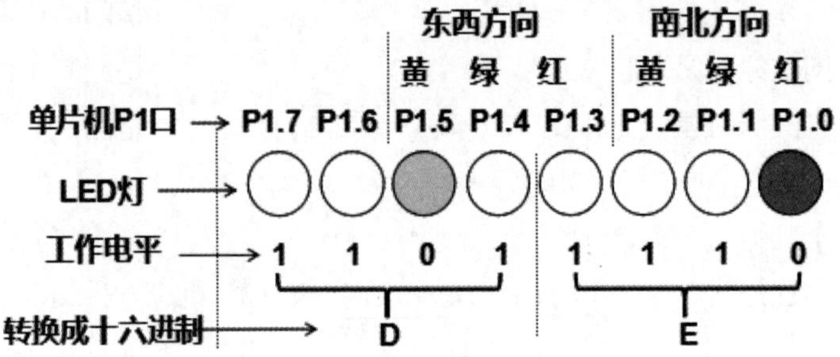

图5-5　东西黄、南北红状态图

【创新任务实施】

拓展任务			任务一	交通灯设计与制作		学时	2
姓名		学号		班级		日期	
团队成员							
任务要求	实现绿灯最后3s闪动，闪动频率为0.5s						
一、电路设计							
二、程序设计							

续表

三、功能测试
（1）检查电路连接是否正确： 是□ 否□
（2）程序下载是否正常： 是□ 否□
（3）红绿灯是否工作正常： 是□ 否□
（4）绿灯最后3s是否闪动： 是□ 否□
（5）闪动频率是否为0.5s： 是□ 否□
四、检查展示
1. 小组成员自查和互查，进行补充完善
2. 各小组推荐优秀作品进行展示
五、总结评价

序号	评价项目	配分	自评分	组长评分	教师评分	备注
1	电路设计	15				
2	程序思路	20				
3	任务完成	35				
4	检查展示	10				
5	劳动纪律	5				
6	积极主动	5				
7	工匠精神	5				
8	贡献大小	5				
合计		100				

综合得分=自评分×20%+组长评分×30%+教师评分×50%=

六、反思

任务二　矩阵键盘设计与制作

【任务目标】

知识目标	技能目标
能描述矩阵键盘的基本原理	能进行矩阵键盘控制程序编制、调试、创新应用

【任务描述】

本任务要求设计2×2矩阵键盘控制电路（按S1，亮L1；按S2，亮L2；按S3，亮L3；按S4，亮L4；各按键松开时相应灯灭）。通过本任务学习，要求学习者能进行矩阵键盘控制电路设计、程序编制、仿真调试、硬件调试和创新应用。

【探究任务实施】

1. 效果展示

矩阵键盘设计与制作仿真展示如图5-6所示。

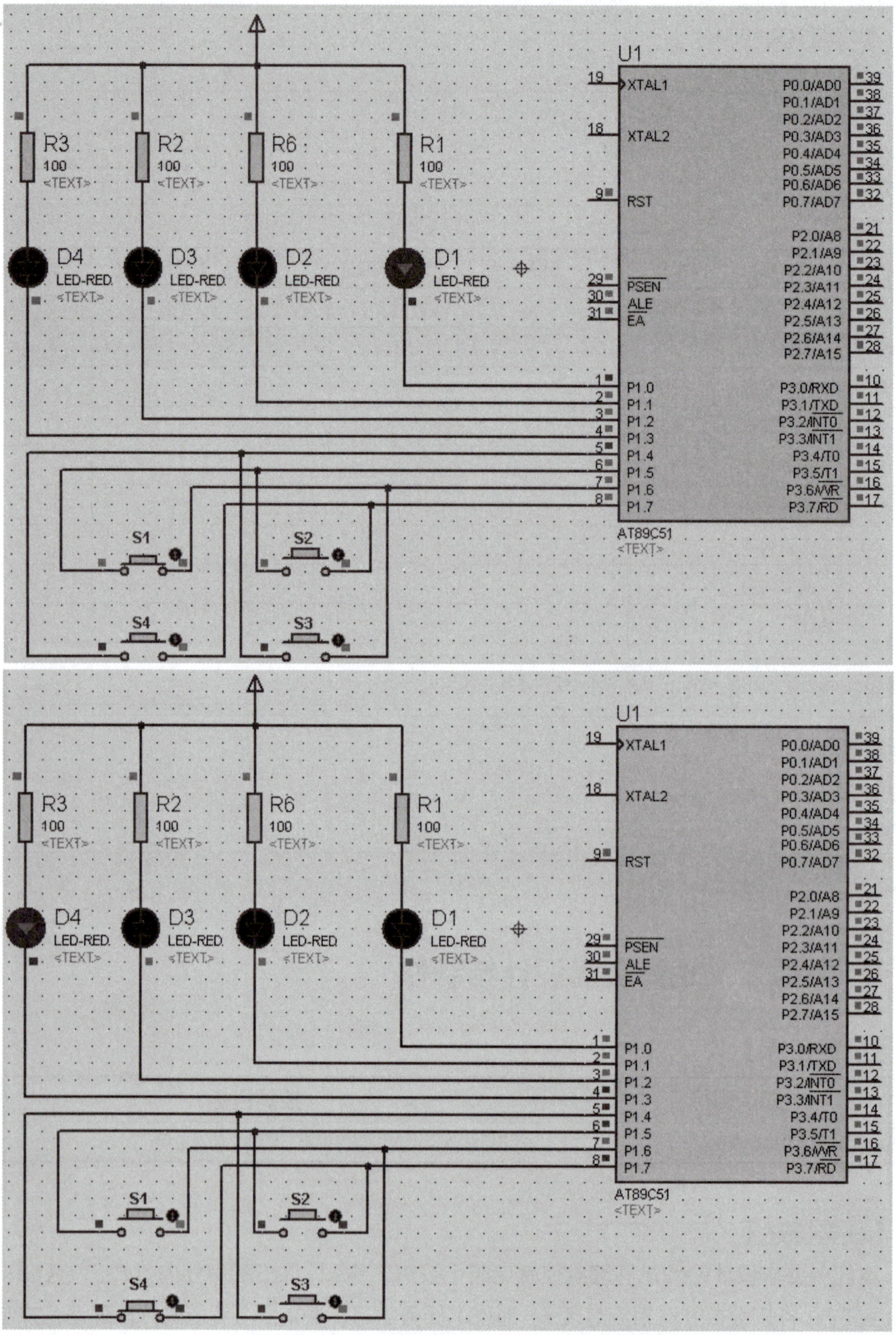

图5-6　矩阵键盘设计与制作仿真展示

2. 程序设计

```
#include<reg51.h>  //引用头文件
sbit L1 =P1^0;     //定义第1个LED灯
sbit L2 =P1^1;     //定义第2个LED灯
sbit L3 =P1^2;     //定义第3个LED灯
sbit L4 =P1^3;     //定义第4个LED灯
sbit S1 =P1^4;     //矩阵行1
sbit S2 =P1^5;     //矩阵行2
sbit S3 =P1^6;     //矩阵列1
sbit S4 =P1^7;     //矩阵列2
void main()       //主程序
{
while(1)         //循环指令，一直执行下面括号中的内容
{
S1=1;S2=0;       //行1输出高，行2输出低
if(S3==0){L1=0;} //检测按键1是否按下
else      {L1=1;}
if(S4==0){L2=0;} //检测按键2是否按下
else      {L2=1;}
S1=0;S2=1;        //行1输出低，行2输出高
if(S3==0){L3=0;}  //检测按键3是否按下
else      {L3=1;}
if(S4==0){L4=0;}  //检测按键4是否按下
else      {L4=1;}
}
}
```

3. 功能测试

（1）检查电路连接是否正确：　　是□　否□

（2）程序下载是否正常：　　是□　否□

（3）按下各按键，相应灯是否点亮：　　是□　否□

（4）松开各按键，相应灯是否熄灭：　　是□　否□

【知识链接】

1. 矩阵键盘

（1）矩阵键盘

矩阵键盘是单片机外部设备中所使用的排布类似于矩阵的键盘组。矩阵式结构的键盘显然比直接法要复杂一些，识别也要复杂一些，列线通过电阻接正电源，并将行线所接的单片机的I/O口作为输出端，而列线所接的I/O口则作为输入端。

（2）组成结构

在键盘中按键数量较多时，为了减少I/O口的占用，通常将按键排列成矩阵形式。在矩阵式键盘中，每条水平线和垂直线在交叉处不直接连通，而是通过一个按键加以连接。这样，一个端口（如P1口）就可以构成4×4=16个按键，比直接将端口线用于键盘多出了一倍，而且线数越多，区别越明显。由此可见，在需要的键数比较多时，采用矩阵法来做键盘是合理的。

2. 矩阵按键检测原理

矩阵按键检测一般采用扫描方式进行，在行部分逐个拉低，拉低一行时，检测列位是否有低电平，若检测到低电平则说明有按键按下，根据行、列位置判断按键序号。

举个例：

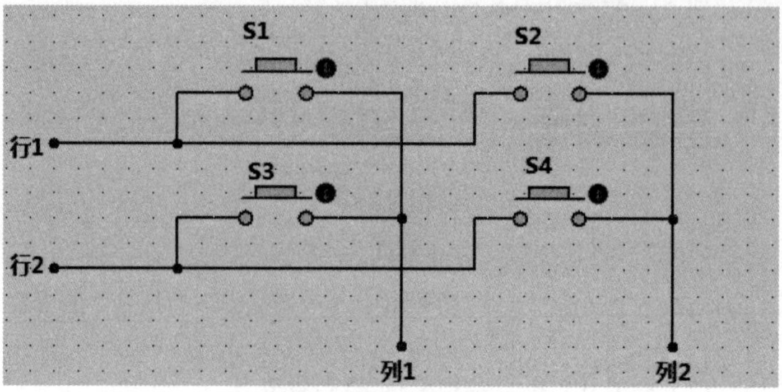

图5-7　矩阵键盘电路图

如图5-7所示，步骤1：行1拉低、行2拉高；检测列1和列2是否为低，若列1为低则说明按键S1被按下；若列2为低则说明按键S2被按下。

步骤2：行1拉高、行2拉低；检测列1和列2是否为低，若列1为低则说明按键S3被按下；若列2为低则说明按键S4被按下。

【创新任务实施】

拓展任务			任务二	矩阵键盘设计与制作		学时	2
姓名		学号		班级		日期	
团队成员							
任务要求	设计一个4×2矩阵键盘，8个按键分别对应8个指示灯						
一、电路设计							

续表

二、程序设计

三、功能测试

（1）检查电路连接是否正确：　　是□　否□

（2）程序下载是否正常：　　是□　否□

（3）按下各键，对应灯是否点亮：　　是□　否□

（4）松开各键，对应灯是否熄灭：　　是□　否□

四、检查展示

1. 小组成员自查和互查，进行补充完善
2. 各小组推荐优秀作品进行展示

五、总结评价

序号	评价项目	配分	自评分	组长评分	教师评分	备注
1	电路设计	15				
2	程序思路	20				
3	任务完成	35				
4	检查展示	10				
5	劳动纪律	5				
6	积极主动	5				
7	工匠精神	5				
8	贡献大小	5				
合计		100				

综合得分=自评分×20%+组长评分×30%+教师评分×50%=

六、反思

任务三　点阵显示器设计与制作

【任务目标】

知识目标	技能目标
能描述8×8点阵显示器基本组成与应用	能进行点阵显示器控制程序编制、调试、创新应用

【任务描述】

本任务要求设计一个8×8点阵显示器，显示一个右上方向箭头。通过本任务学习，要求学习者能进行点阵显示器控制电路设计、程序编制、仿真调试、硬件调试和创新应用。

【探究任务实施】

1. 效果展示

点阵显示器仿真展示如图5-8所示。

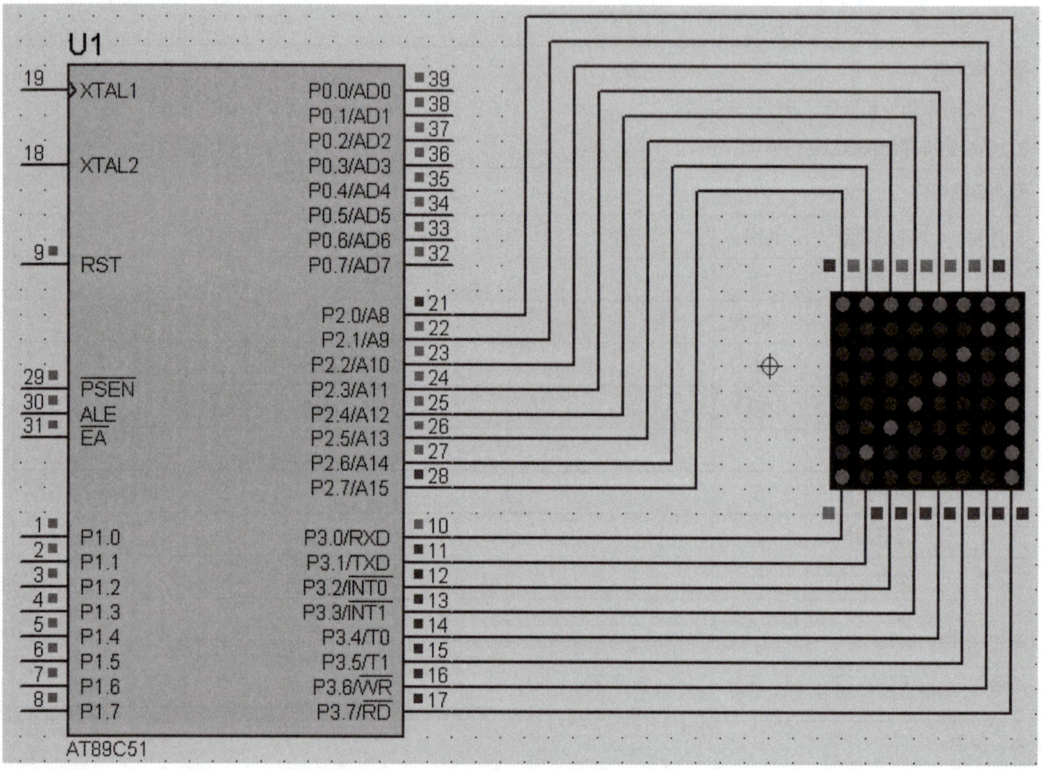

图5-8　点阵显示器仿真展示图

2. 程序设计

```
#include<reg51.h>
unsigned char dat1[8]={0x00,0x3F,0x5F,0x6F,0x77,0x7B,0x7D,0x7E};//箭头标志
void delay(unsigned int i)
{
unsigned int j,k;
  for(j=0;j<i;j++)
    for(k=0;k<120;k++);
}
void main()                        //主函数
{
unsigned char i;
unsigned char ds;
while(1)
{
ds=0x80;
for(i=0;i<8;i++)
{
P3=ds;P2=dat1[i];
delay(5);
ds=ds>>1;
}
}
}
```

3. 功能测试

（1）检查电路连接是否正确：　　是□　否□

（2）程序下载是否正常：　　是□　否□

（3）是否显示右上箭头：　　是□　否□

【知识链接】

1. 8×8单色LED点阵工作原理

8×8单色LED点阵共需要64个发光二极管，且每个发光二极管都放置在行线和列线的交叉点上，发光二极管的阳极接行线、阴极接列线，当某一行置1电平、某一列置0电平时，交叉点的发光二极管点亮，其他发光二极管不亮。

点阵显示器设计与制作

2. 外观与引脚图

8×8单色LED点阵外观与引脚图如图5-9所示。

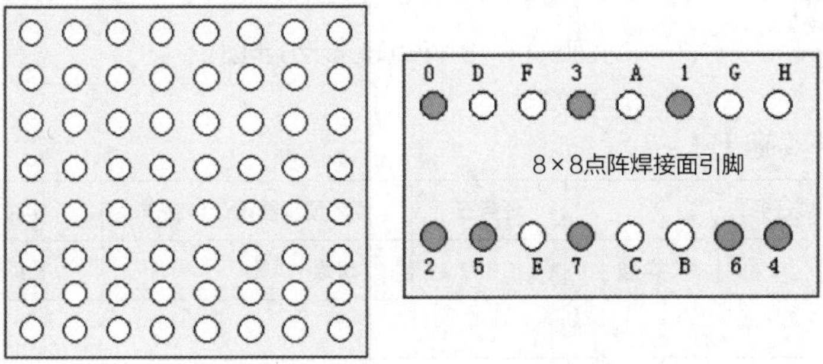

图5-9　8×8LED点阵外观与引脚图

3. 8×8单色LED点阵显示图形

假设显示如图5-10所示。

具体显示控制步骤如图5-11所示。

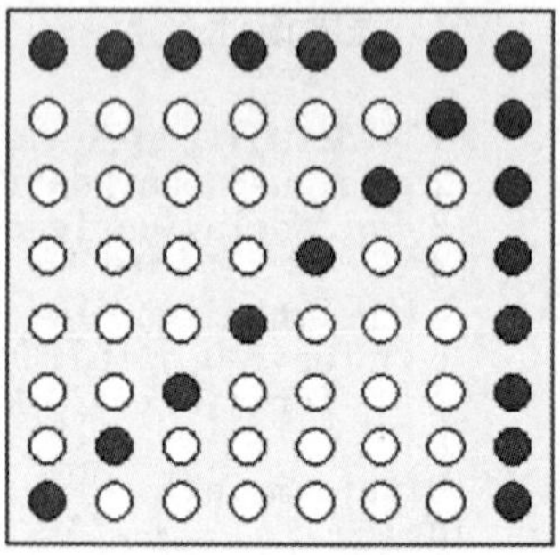

图5-10　显示图形效果图

4. 8×8单色LED点阵显示程序设计

假设x为行数据，y为列数据。

```
x=0x01；y=0x00；delay（10）；
x=0x02；y=0x3F；delay（10）；
x=0x04；y=0x5F；delay（10）；
x=0x08；y=0x6F；delay（10）；
x=0x10；y=0x77；delay（10）；
x=0x20；y=0x7B；delay（10）；
x=0x40；y=0x7D；delay（10）；
x=0x80；y=0x7E；delay（10）；
```

delay延时时间约为10ms，延时太长显示闪动，延时过短显示不足（高度不足）。

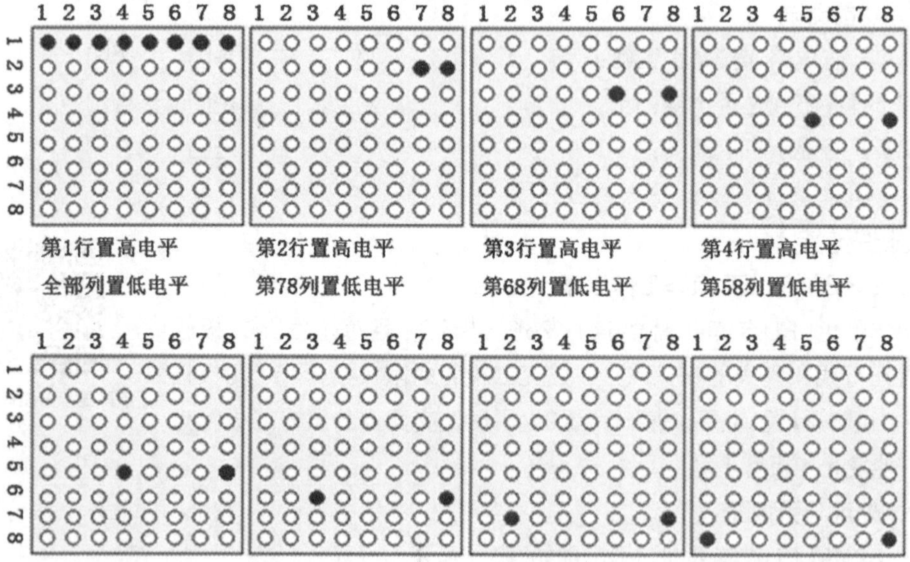

图5-11　8×8点阵显示分步图

【创新任务实施】

拓展任务			任务三	点阵显示器设计与制作		学时	2
姓名		学号		班级		日期	
团队成员							
任务要求	设计一个点阵显示电路，要求显示数字“0”~“9”						

续表

一、电路设计
二、程序设计
三、功能测试 (1)检查电路连接是否正确:　　是□　否□ (2)程序下载是否正常:　　是□　否□ (3)是否显示数字0~9:　　是□　否□
四、检查展示 1. 小组成员自查和互查，进行补充完善 2. 各小组推荐优秀作品进行展示

续表

五、总结评价

序号	评价项目	配分	自评分	组长评分	教师评分	备注
1	电路设计	15				
2	程序思路	20				
3	任务完成	35				
4	检查展示	10				
5	劳动纪律	5				
6	积极主动	5				
7	工匠精神	5				
8	贡献大小	5				
合计		100				

综合得分=自评分×20%+组长评分×30%+教师评分×50%=

六、反思

任务四　温度计设计与制作

【任务目标】

知识目标	技能目标
能描述DS18B20基本组成与应用	能进行温度计控制程序编制、调试、创新应用

【任务描述】

本任务要求实现温度计设计，利用DS18B20温度传感器设计一个温度计，利用LCD1602显示实时温度。通过本任务学习，要求学习者能进行温度计控制电路设计、程序编制、仿真调试、硬件调试和创新应用。

【探究任务实施】

1．效果展示

温度计仿真展示如图5-12所示。

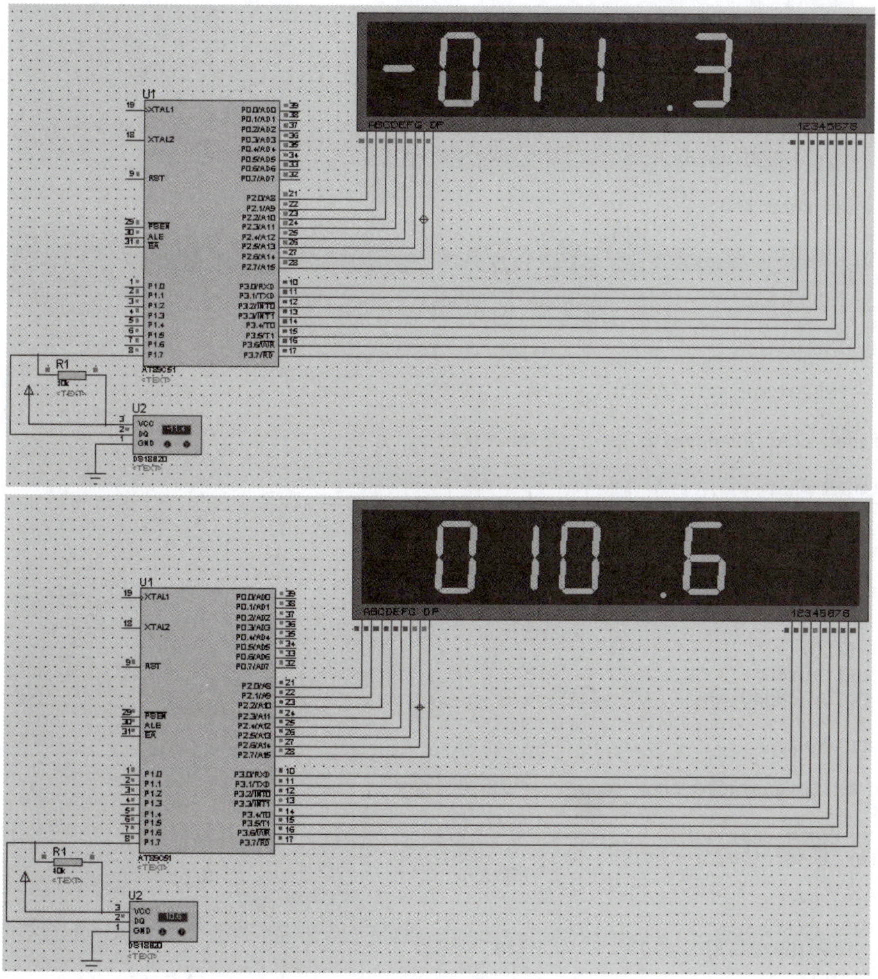

图5-12　温度计仿真展示图

2．程序设计

```
#include<reg52.h>
#include<intrins.h>
#define uchar unsigned char
#define uint unsigned int
unsigned int temp;                //温度变量
bit zhen_bit;                     //正负温度标志
sbit DQ = P1^7;                   //温度传感器
unsigned char table[]={0xc0,0xf9,0xa4,0xb0,0x99,0x92,0x82,0xf8,0x80,0x90,0xBF,0x7F};
void delay(unsigned int i)
{
unsigned int j,k;
  for(j=0;j<i;j++)
   for(k=0;k<120;k++);
```

```
}
void delay_18B20(unsigned char t) //10μs延时
{
  do{
         _nop_();
         _nop_();
         _nop_();
         _nop_();
         _nop_();
         _nop_();
         _nop_();
         _nop_();
    } while(--t);
}
void Init_18B20(void)       //温度检测复位程序
{
unsigned char x=0;
DQ = 1;                 //DQ复位
delay_18B20(8);         //稍做延时
DQ = 0;                 //单片机将DQ拉低
delay_18B20(50);        //精确延时 大于 480μs
DQ = 1;                 //拉高总线
delay_18B20(8);
x=DQ;
delay_18B20(20);        //延时
}
unsigned char Read(void)      //18b20读指令
{
unsigned char i=0;
unsigned char dat = 0;
for (i=8;i>0;i--)
{
     DQ = 0;                // 给脉冲信号
     dat>>=1;
     DQ = 1;                // 给脉冲信号
     if(DQ)
     dat|=0x80;
     delay_18B20(5);        //延时
}
return(dat);
}
void Write(unsigned char dat)   //18b20写指令
{
    unsigned char i=0;
    for (i=8; i>0; i--)
    {
    DQ = 0;
    DQ = dat&0x01;
    delay_18B20(5);             //延时
    DQ = 1;
    dat>>=1;
  }
}
unsigned int ReadTemp(void)       //读18B20温度数据
{
unsigned char a=0;
unsigned char b=0;
unsigned int temp_value=0;
Init_18B20( );                    //复位
Write(0xCC);                      //跳过ROM指令
Write(0x44);                      //温度转换指令
delay_18B20(50);                  //延时
Init_18B20( );                    //复位
Write(0xCC);                      //跳过ROM指令
Write(0xBE);                      //读取暂存寄存器
delay_18B20(50);                  //延时
a=Read( );                        //读取温度值低位
b=Read( );                        //读取温度值高位
temp_value = b<<8;                //高位数据左移8位
temp_value |= a;                  //高低位数据合并
```

```
return temp_value;              //返回温度数据
}

void temp_read_1( )             //读温度程序
{
  float f_temp;
  temp=ReadTemp( );            //读温度数据
  if(temp<=0x0800)             //正温度
  {
  f_temp=temp*0.0625;          //精度为12位，所以分辨率为0.0625
  temp=f_temp*10;              //乘以10，将实际温度扩大10倍
  zhen_bit=1;                  //正温度标志位
  }
else                           //负温度
{
  zhen_bit=0;                  //负温度标志位
  temp=~temp;temp+=1;
  temp*=5;temp/=8;             //处理负温度数据
}
}
void display( )               //显示程序
{
P3=0x01;
if(zhen_bit==0) P2=table[10]; //负温度显示“-”
else            P2=0xFF;      //正温度不显示。
delay(2);
P3=0x02;P2=table[(temp%10000)/1000];delay(5);  // 显示 温度百位
P3=0x04;P2=table[(temp%1000)/100];delay(5);    // 显示 温度十位
P3=0x08;P2=table[(temp%100)/10];delay(5);      // 显示 温度个位
P3=0x10;P2=table[11];delay(5);                 // 显示 小数点
P3=0x20;P2=table[temp%10];delay(5);            // 显示 温度小数位
}
void main( )                                    //主程序
{
unsigned int i;
 while(1)
  {
  temp_read_1( );     //读温度值
  for(i=0;i<10;i++)   //降低温度刷新频率
  display( );         //调用显示程序
}
}
```

3. 功能测试

（1）检查电路连接是否正确：　　是□　　否□

（2）程序下载是否正常：　　是□　　否□

（3）能显示正温度：　　是□　　否□

（4）能显示负温度：　　是□　　否□

【知识链接】

1. DS18B20概述

DS18B20数字温度传感器能提供9-Bit到12-Bit的摄氏温度测量精度，且具有过温和低温报警功能。DS18B20采用 1-Wire通信，即仅采用一个数据线与微控制器进行通信。该传感器的温度检测范围为-55℃至125℃，并且在温度范围超过-10℃至85℃之外时还具有±0.5℃的精度。

温度计设计与制作

2. 管脚定义图

DS18B20有两种封装：三脚TO-92直插式（用得最多、最普遍的封装）和八脚SOIC贴片式。DS18B20管脚中N.C.引脚为置空。V_{DD}：电源正引脚。DQ：数据输入/输出脚。当采用“寄生电源”供电方式时，同时向设备提供电源。GND：电源地引脚。

DS18B20管脚定义如图5-13所示。

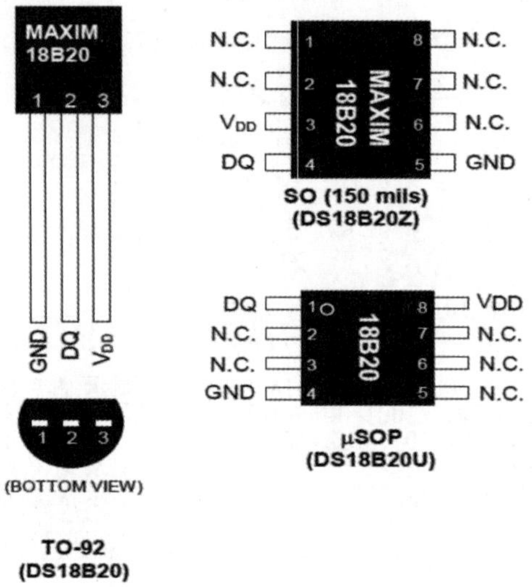

图5-13　DS18B20引脚图

3. 单片机控制DS18B20

（1）初始化程序

与DS18B20所有的通信都是由初始化序列开始的，该序列包括从主设备发出的复位脉冲及从DS18B20响应的存在脉冲。当DS18B20响应复位信号的存在脉冲后，则其向主设备表明其在该总线上，并且已经做好操作命令，如图5-14所示。

单片机程序设计过程：

①先将数据线置高电平1；

②延时（该时间要求不是很严格，但是要尽可能短一点）；

③数据线拉到低电平0；

④延时750μs（该时间范围可以在480～960μs）；

⑤数据线拉到高电平1；

⑥延时等待，如果初始化成功则在17～60ms内产生一个由DS18B20返回的低电平0，根据该状态可以确定它的存在。但是应注意，不能无限地等待，不然会使程序进入死循环，所以要进行超时判断；

⑦若CPU读到数据线上的低电平0后，还要进行延时，其延时时间从发出高电平算起（第⑤步的时间算起）最少要480μs；

⑧将数据线再次拉到高电平1后结束。

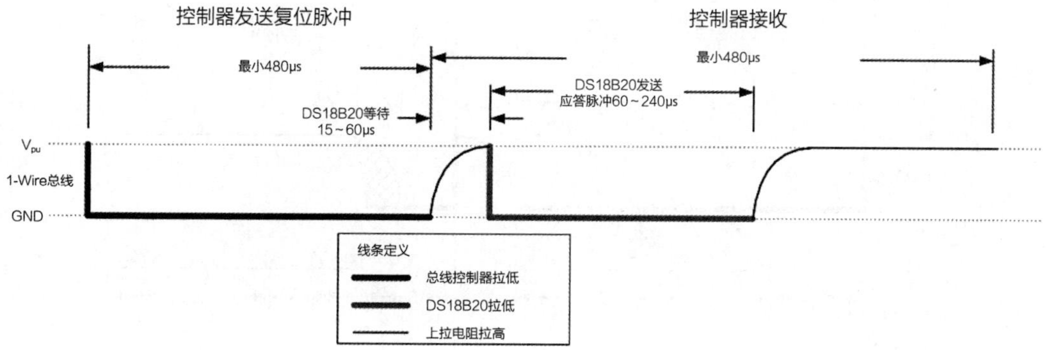

图5-14　初始化时序图

单片机程序：

```
void Init_18B20(void)
{
unsigned char x=0;
DQ = 1;                 //DQ复位
delay_18B20(8);         //稍做延时
DQ = 0;                 //单片机将DQ拉低
delay_18B20(50);        //精确延时 大于 480μs
DQ = 1;                 //拉高总线
delay_18B20(8);
x=DQ;
delay_18B20(20);        //延时
}
```

（2）写数据

主设备通过写数据向 DS18B20 中写入数据，通过读数据从DS18B20中读取数据。1-Wire 总线上每一个读写数据只能传送一个位的数据，如图5-15所示。

单片机程序设计过程：

①数据线置低电平0；

②延时确定的时间为15μs；

③按从低位到高位的顺序发送数据（若发送数据为1，数据线拉高置高电平；若发送数据为0，数据线拉低置低电平。一次只发送一位）；

④延时时间45μs；

⑤将数据线拉到高电平1；

⑥重复①～⑤步骤，直到发送完整个字节；

⑦最后将数据线拉高到1。

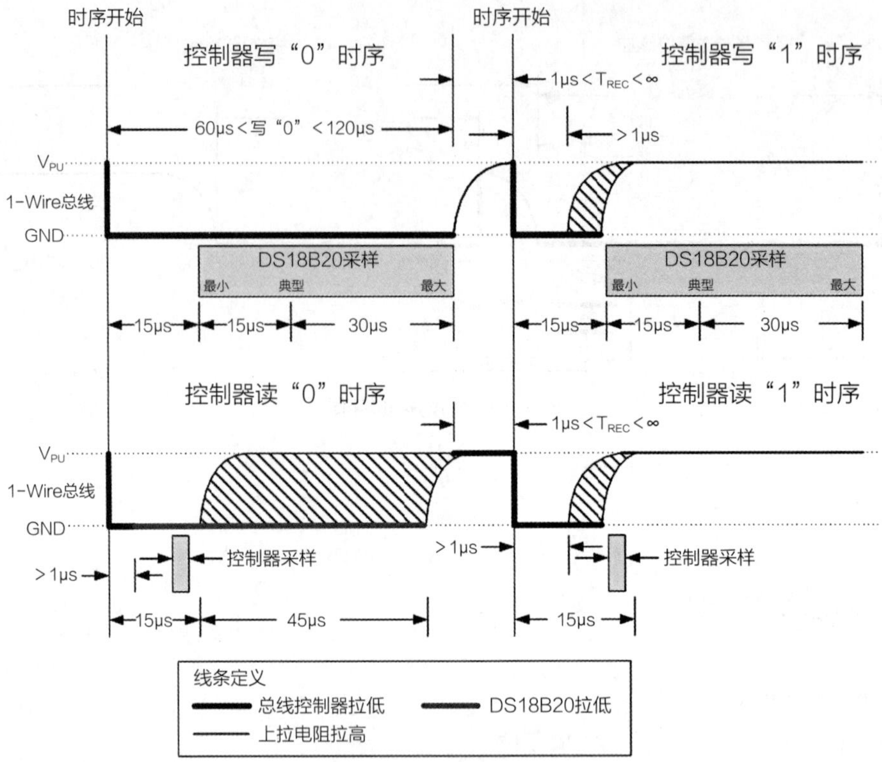

图5-15　读/写时序图

单片机程序：

```
void Write(unsigned char dat)
{   unsigned char i=0;
  for (i=8; i>0; i--)
  {
  DQ = 0;
  DQ = dat&0x01;
  delay_18B20(5);   //延时
  DQ = 1;
  dat>>=1;
   }
 }
```

（3）读数据

仅在读数据期间 DS18B20才能向主设备传送数据。因此，主设备在执行完读暂存寄存器[BEh]或读取供电模式[B4h]后，必须及时地生成读数据，这样 DS18B20才能提供所需的数据。

单片机程序设计过程：

①将数据线拉高到1；

②延时2μs；

③将数据线拉到0；

④延时6μs；

⑤将数据线拉高到1；

⑥延时4μs；

⑦读数据线的状态得到一个状态位，并进行数据处理（若此时数据线为高，则读取数据为1，若此时数据线为低，则读取数据为0）；

⑧延时30μs；

⑨重复③～⑧步骤，直到读取完一个字节。

单片机程序：

```
unsigned char Read(void)
{
unsigned char i=0;
unsigned char dat = 0;
for (i=8;i>0;i--)
{
  DQ = 0;                //给脉冲信号
  dat>>=1;
  DQ = 1;                //给脉冲信号
  if(DQ)
  dat|=0x80;
  delay_18B20(5);        //延时
}
return(dat);
}
```

（4）DS18B20 温度读取操作指令

```
unsigned int ReadTemp(void)
{
unsigned char a=0;
unsigned char b=0;
unsigned int temp_value=0;
Init_18B20();              //复位
Write(0xCC);               //跳过ROM指令
Write(0x44);               //温度转换指令
delay_18B20(50);           //延时
Init_18B20();              //复位
Write(0xCC);               //跳过ROM指令
Write(0xBE);               //读取暂存寄存器
```

```
delay_18B20(50);           //延时
a=Read();                  //读取温度值低位
b=Read();                  //读取温度值高位
temp_value = b<<8;         //高位数据左移8位
temp_value |= a;           //高低位数据合并
return temp_value;         //返回温度数据
}
```

4. 主要命令介绍

（1）跳过ROM[CCh]

主设备可以使用该命令来同时向总线上的所有从设备发送不要发送任何的 ROM编码命令。例如，主设备通过向总线上所有的DS18B20发送跳过ROM命令后再发送温度转换[44h]命令，则所有设备将会同时执行温度转换。需要注意的是，当总线上仅有一个从设备时，读取暂存寄存器[BEh]命令后面可以跟随跳过ROM命令。在这种情况下，主设备可以读取从设备中的数据而不发送 64位ROM编码。当总线上有多个从设备时，若在跳过ROM命令后再发送读取暂存寄存器[BEh]命令，则所有的从设备将会同时开始传送数据而导致总线上的数据冲突。

（2）温度转换[44h]

该命令为初始化单次温度转换。温度转换完成后，温度转换的数据存储在暂存寄存器的2个字节长度的温度寄存器中，之后DS18B20恢复到低功耗的闲置状态。如果该设备采用的是外部供电模式，主设备在温度转换命令之后可以执行读取数据时序，若DS18B20正在进行温度转换则会响应0电平，温度转换完成则响应1电平。

（3）读取暂存寄存器[BEh]

该命令使得主设备可以读取暂存寄存器中存储的值。数据从Byte 0的低位开始传送直到第9个字节（Byte 8 - CRC）读取完毕。主设备若只需要暂存寄存器中的部分数据，则可以在读取数据中通过复位来终止。

（4）读取供电模式[B4h]

主设备通过执行该命令之后再执行读取数据时序来确定总线上的DS18B20是不是由“寄生电源”供电。在读取数据时序中，“寄生电源”供电的DS18B20将会拉低总线，外部电源独立供电模式的DS18B20则会释放总线让其保持在高电平。

【创新任务实施】

拓展任务			任务四	温度计设计与制作		学时	2
姓名		学号		班级		日期	
团队成员							
任务要求	设计一个温度报警电路，当温度高于50℃时，灯长亮，高于80℃时灯1秒1闪，高于100℃时灯0.5秒1闪						

续表

一、电路设计		
二、程序设计		
三、功能测试		
（1）检查电路连接是否正确：	是□	否□
（2）程序下载是否正常：	是□	否□
（3）温度高于50℃时，灯长亮：	是□	否□
（4）高于80℃时灯1秒1闪：	是□	否□
（5）高于100℃时灯0.5秒1闪：	是□	否□
四、检查展示		
1. 小组成员自查和互查，进行补充完善		
2. 各小组推荐优秀作品进行展示		

续表

五、总结评价

序号	评价项目	配分	自评分	组长评分	教师评分	备注
1	电路设计	15				
2	程序思路	20				
3	任务完成	35				
4	检查展示	10				
5	劳动纪律	5				
6	积极主动	5				
7	工匠精神	5				
8	贡献大小	5				
合计		100				

综合得分=自评分×20%+组长评分×30%+教师评分×50%=

六、反思

任务五　万年历设计与制作

【任务目标】

知识目标	技能目标
能描述DS1302基本组成与应用	能进行万年历控制程序编制、调试、创新应用

【任务描述】

本任务要求利用DS1302设计一个实时时钟，用LCD1602显示出年、月、日、星期、时、分、秒数据信息，并设置功能、加、减、确认按键对时钟数据进行调节，调节时相应数据位进行闪烁。通过本任务学习，要求学习者能进行万年历控制电路设计、程序编制、仿真调试、硬件调试和创新应用。

【探究任务实施】

1. 效果展示

万年历仿真展示如图5-16所示。

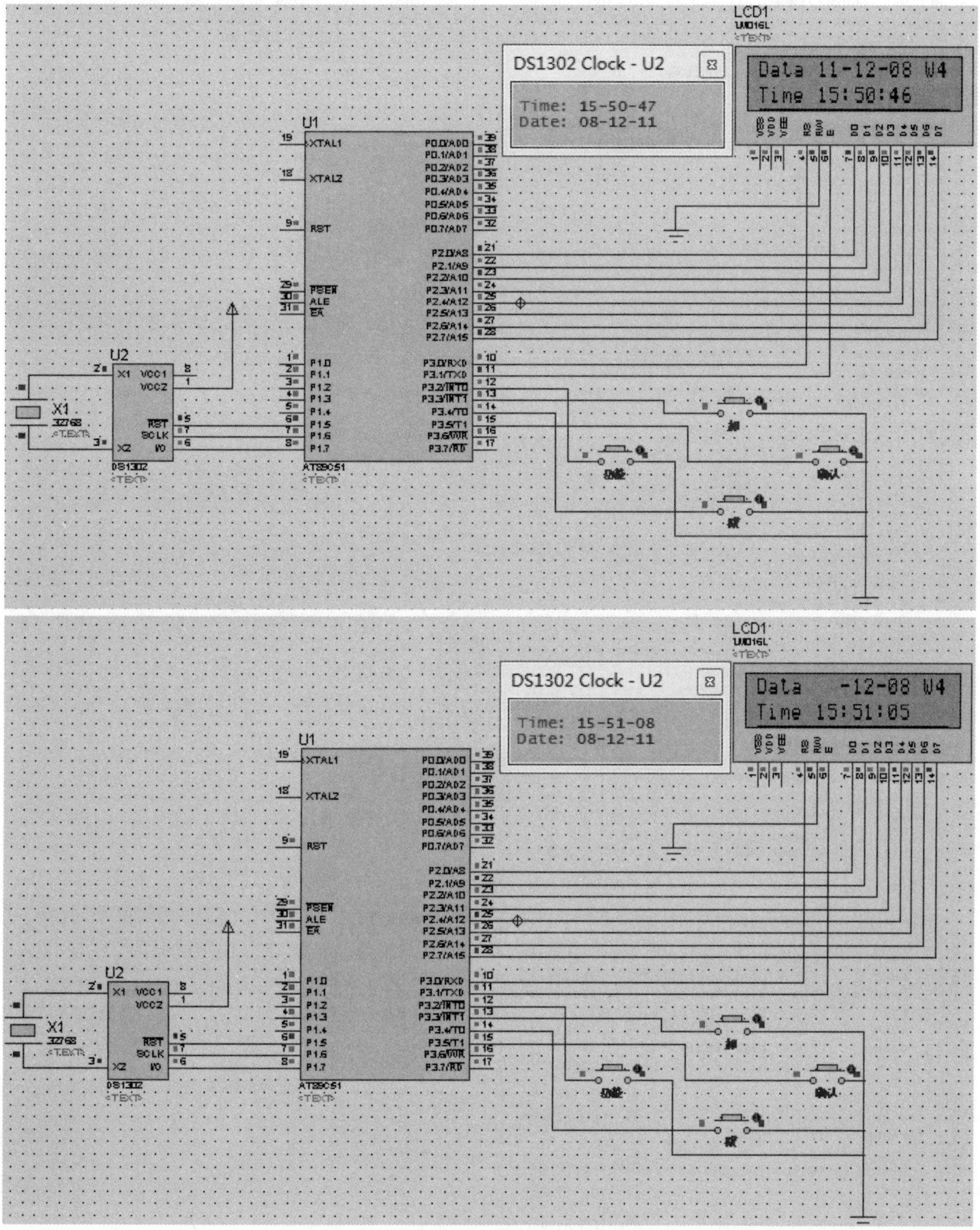

图5-16　万年历仿真展示电路设计图

2. 程序设计

```
#include<reg51.h>
#include<intrins.h>
sbit lcden  =P3^1; //LCD1602使能端
sbit lcdrs  =P3^0; //LCD1602寄存器选择
sbit sclk   =P1^6; //DS1302串行时钟
sbit io     =P1^7; //DS1302数据
sbit rst    =P1^5; //控制端  1为读写  0为禁止操作
sbit key_ch =P3^2; //功能选择
sbit key_add=P3^3; //加键
sbit key_sub=P3^4; //减键
sbit key_esc=P3^5; //确认退出
unsigned char table1[16]="Data 20-12-17 W1";//第一行显示数组
unsigned char table2[16]="Time 16:46:50   ";//第二行显示数组
unsigned char time_data[7]={0x11,0x04,0x12,0x08,0x15,0x50,0x45}; //year week month date hour minute second
unsigned char write_addr[7]={0x8c,0x8a,0x88,0x86,0x84,0x82,0x80};//要写入的年星期地址
unsigned char read_addr[7]={0x8d,0x8b,0x89,0x87,0x85,0x83,0x81}; //要读的年月日地址
unsigned char shi,fen,miao;        //时 分 秒
unsigned char year,month,day,week;//年 月 日
unsigned int cont;                 //计数器
unsigned m_s_bit;                  //秒闪
bit an_jian_bit;                   //按键功能选中标志
unsigned char an_jian_cont;        //功能位计数
unsigned char key_dat;             //按键中间变量
void delay(unsigned int x)         //延时程序
{unsigned int i,j;
  for(i=x;i>0;i--)
  {
  for(j=240;j>0;j--);
  }
}
void lcd_write_com(unsigned char com) //LCD写命令
{
  lcdrs=0;            //指令
  P2=com;             //转换成并口数据
  lcden=1;            //LCD1602使能置高
  delay(1);           //适当延时
  lcden=0;            //LCD1602使能拉低，实现下降沿跳变
}
void lcd_write_data(unsigned char dat)  //LCD写数据
{
  lcdrs=1;            //数据
  P2=dat;             //转换成并口数据
  lcden=1;            //LCD1602使能置高
  delay(1);           //适当延时
  lcden=0;            //LCD1602使能拉低，实现下降沿跳变
}
void display( )       //LCD显示
{
unsigned char num;
  table1[5]=(year>>4)+0x30;   //显示年十位，BCD码显示高4位
  table1[6]=(year&0x0F)+0x30; //显示年个位，BCD码显示低4位
  table1[8]=(month>>4)+0x30;  //显示月十位，BCD码显示高4位
  table1[9]=(month&0x0F)+0x30;//显示月个位，BCD码显示低4位
  table1[11]=(day>>4)+0x30;   //显示日十位，BCD码显示高4位
  table1[12]=(day&0x0F)+0x30; //显示日个位，BCD码显示低4位
  table1[15]=week+0x30;       //显示星期
  table2[5]=(shi>>4)+0x30;    //显示时十位，BCD码显示高4位
  table2[6]=(shi&0x0F)+0x30;  //显示时个位，BCD码显示低4位
  table2[8]=(fen>>4)+0x30;    //显示分十位，BCD码显示高4位
  table2[9]=(fen&0x0F)+0x30;  //显示分个位，BCD码显示低4位
  table2[11]=(miao>>4)+0x30;  //显示秒十位，BCD码显示高4位
  table2[12]=(miao&0x0F)+0x30;//显示秒个位，BCD码显示低4位

  if(an_jian_bit)             //根据相应调节位控制秒闪
  {
   switch( an_jian_cont )
   {
    case 1 : if(m_s_bit){table1[5]=' '; table1[6]=' '; }  break;//年闪
    case 2 : if(m_s_bit){table1[8]=' '; table1[9]=' '; }  break;//月闪
    case 3 : if(m_s_bit){table1[11]=' ';table1[12]=' ';}  break;//日闪
    case 4 : if(m_s_bit){table1[15]=' ';}                 break;//星期闪
    case 5 : if(m_s_bit){table2[5]=' '; table2[6]=' '; }  break;//时闪
    case 6 : if(m_s_bit){table2[8]=' '; table2[9]=' '; }  break;//分闪
    case 7 : if(m_s_bit){table2[11]=' ';table2[12]=' ';}  break;//秒闪
   }
  }
  lcd_write_com(0x80);          //第一行显示指令
  for(num=0;num<16;num++)
  {
  lcd_write_data(table1[num]);  //第一行显示16个字符
  delay(1);
  }
  lcd_write_com(0x80+0x40);     //第二行显示指令
  for(num=0;num<16;num++)
  {
```

```
  lcd_write_data(table2[num]);  //第二行显示16个字符
  delay(1);
  }
}
void init( )                    //LCD初始化
{
  lcd_write_com(0x38);delay(10);//显示模式设置
  lcd_write_com(0x08);delay(10);//显示关闭
  lcd_write_com(0x01);delay(10);//显示清屏
  lcd_write_com(0x06);delay(10);//显示光标移动设置
  lcd_write_com(0x0C);delay(10);//显示开及光标设置
}
void ds1302_write_byte(unsigned char dat) //DS1302写一个字节
{
 unsigned char i;
 for(i=0;i<8;i++)    //串行bit写入
 {
  sclk=0;
  io=dat&0x01;      //先写最低位，与0x01
  dat=dat>>1;       //数据左移一位
  sclk=1;           //时钟拉高
 }
}
void ds1302_write(unsigned char addr,unsigned char dat) ///写1302数据
{
 rst=0;
 sclk=0;
 rst=1;                     //拉高准备写入
 ds1302_write_byte(addr);
 ds1302_write_byte(dat);
 rst=0;                     //置低，写保护
 io=1;
 sclk=1;                    //释放总线
}
unsigned char ds1302_read(addr) //读取1302数据
{
unsigned char i,value;
 rst=0;
 sclk=0;
 rst=1;
 ds1302_write_byte(addr);
 for(i=0;i<8;i++)      //循环读取一个字节位
 {
  value=value>>1;
  sclk=0;
  if(io)             //数据口为高
  value=value|0x80;  //当前位置1  或运算
  sclk=1;
 }
 rst=0;
 sclk=0;
 sclk=1;
 io=1;               //释放bus
 return value;       //返回数据
}
void ds1302_set_rtc( )      //设置1302数据
{
 unsigned char i;
 ds1302_write(0x8e,0x00);  //去除写保护 准备写入数据
 for(i=0;i<7;i++)
 {
 ds1302_write(write_addr[i],time_data[i]);
 }
 ds1302_write(0x8e,0x80); //设置时间完成 加上写保护
}
void ds1302_read_rtc( )  //1302读取时间
{
 unsigned char i;
 for(i=0;i<7;i++)
 {
  time_data[i]=ds1302_read(read_addr[i]); //读取时间此刻读回来的数据为BCD码
 }
}
void time0() interrupt 1          //11.0592MHz 100μs
{
TH0=0xFF;TL0=0xA4;
if(cont<5000) cont++;
else {cont=0;m_s_bit=~m_s_bit;}  //产生秒闪信号
}
void an_jian_test( )              //按键检测程序
{
unsigned char a_1,a_2;
if(key_ch==0)                     //功能键
{
while(key_ch==0);
an_jian_bit=1;
an_jian_cont++;
if(an_jian_cont>=8) an_jian_cont=1;//功能键计数1~7
  switch( an_jian_cont )
```

```
  {
    case 1 : key_dat=year;  break; //将数据根据功能位送中间变量
    case 2 : key_dat=month; break;
    case 3 : key_dat=day;   break;
    case 4 : key_dat=week;  break;
    case 5 : key_dat=shi;   break;
    case 6 : key_dat=fen;   break;
    case 7 : key_dat=miao;  break;
  }
}
if(key_esc==0)                    //确认退出，并修改时钟数据
{
while(key_esc==0);
an_jian_bit=0;an_jian_cont=0;
time_data[0]=year;
time_data[1]=week;
time_data[2]=month;
time_data[3]=day;
time_data[4]=shi;
time_data[5]=fen;
time_data[6]=miao;
ds1302_set_rtc( );              //设置数据
}
if(an_jian_bit)                 //仅在按键功能选中后加、减按键才有效
  {
  if(key_add==0)                //加操作
  {
  while(key_add==0);
  if(key_dat<0x99)
  {

  a_2=key_dat>>4;              //BCD码操作
  a_1=key_dat&0x0F;
  a_1++;
  if(a_1>=10) {a_1=0;a_2++;}
  if(a_2>=10) {a_2=0;}
  a_2=a_2<<4;
  key_dat=a_2|a_1;
  }
  }
  if(key_sub==0)              //减操作
  {
  while(key_sub==0);
  if(key_dat>=0x01)
  {
  a_2=key_dat>>4;             //BCD码操作
  a_1=key_dat&0x0F;
  a_1--;
  if(a_1==255) {a_1=9;a_2--;}
  if(a_2==255) {a_2=9;}
  a_2=a_2<<4;
  key_dat=a_2|a_1;
  }
  }
  }
}
void main()
{
init( );              //LCD1602初始化
TMOD=0x01;
TH0=0xFF;
TL0=0xA4;
ET0=1;
TR0=1;
EA=1;
ds1302_set_rtc( );   //设置DS1302时钟
while(1)
{
if(an_jian_bit==0)  //按键功能未选中
{
ds1302_read_rtc( ); //读时钟信息
year= time_data[0];
week= time_data[1];
month=time_data[2];
day=  time_data[3];
shi=  time_data[4];
fen=  time_data[5];
miao= time_data[6];
}
else                          //按键功能选中
{
  switch( an_jian_cont ) //根据功能计数选择将加、减数据赋值相应位，并进行大小限制
  {
    case 1 : year=key_dat; break;
    case 2 : if(key_dat>=0x13||key_dat==0) key_dat=1;month=key_dat; break; //避免调节时出现0
    case 3 : if(key_dat>=0x32||key_dat==0) key_dat=1;day=key_dat; break;   //避免调节时出现0
    case 4 : if(key_dat>=0x08||key_dat==0) key_dat=1;week=key_dat; break;  //避免调节时出现0
    case 5 : if(key_dat>=0x24) key_dat=0;shi=key_dat; break;
    case 6 : if(key_dat>=0x60) key_dat=0;fen=key_dat; break;
```

```
        case 7 : if(key_dat>=0x60) key_dat=0;miao=key_dat; break;
    }
}
an_jian_test( );    //按键检测程序
display( );         //显示
}
```

3. 功能测试

(1) 检查电路连接是否正确：　是□　否□

(2) 程序下载是否正常：　是□　否□

(3) LCD进行显示各参数：　是□　否□

(4) 设置功能按键对时钟数据进行调节：　是□　否□

(5) 调节时相应数据位进行闪烁：　是□　否□

【知识链接】

1. DS1302描述

DS1302时钟芯片是具有涓细电流充电能力的低功耗实时时钟芯片，可以对年、月、日、星期、时、分、秒进行计时，且具有闰年补偿等多种功能，时钟可以工作在 12 小时制或者 24小时制。DS1302芯片可通过简单的接口与微处理器进行通信。

万年历和BCD转换

2. 引脚说明

DS1302DIP封装及引脚功能如图5-17所示。

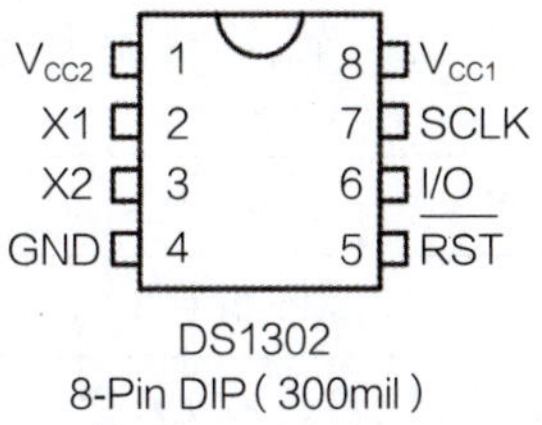

V_{CC2}	工作电源
GND	电源地
V_{CC1}	后备电源
SCLK	时钟信号
I/O	数据输入输出
RST	复位信号/片选信号

图5-17　DS1302DIP封装及引脚功能图

DS1302采用的是三线接口的双向数据通信模式。RST是片选引脚，低电平有效；SCLK是时钟信号脚，为通信提供时钟源；I/O为数据输入输出引脚，用于传输及接收数据；DS1302还采用了双电源供电模式，V_{CC2}为工作电源引脚，V_{CC1}为备用电源引脚，在V_{CC2}主电源失效时保持时钟数据，GND为电源地引脚。

3. 参考电路

DS1302芯片参考电路如图5-18所示，其中Y2为32.768k外部晶振，为芯片提供时钟源；P2为备用电池，以保证在主电源掉电后，芯片仍可继续运行；D1为二极管，保证电压的单向导通，防止主电源电压过高烧坏备用电池；R6为上拉电阻，增强信号传输的稳定性。

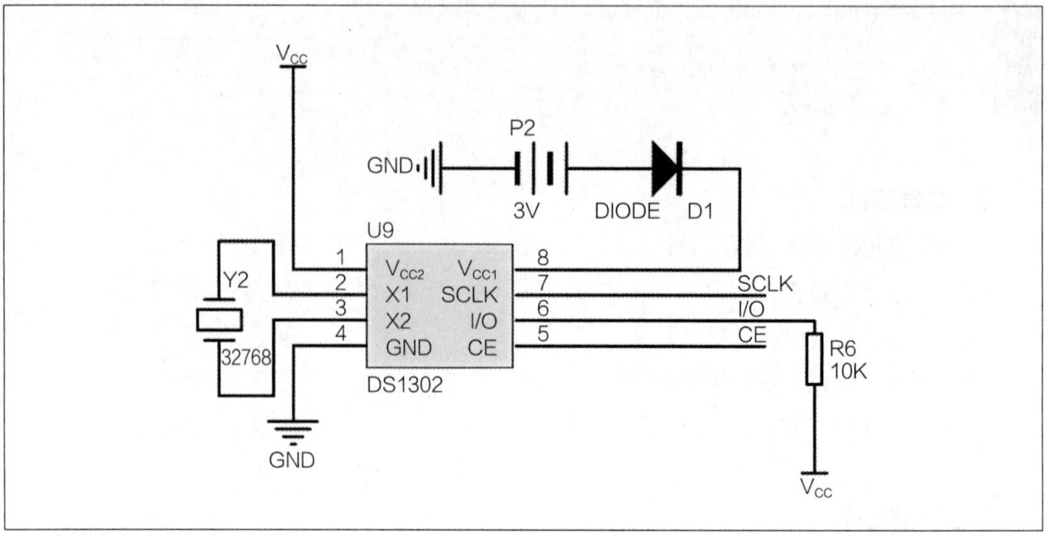

图5-18　DS1302芯片基本电路

4. 控制程序

（1）时钟数据的读写地址

READ	WRITE	BIT7	BIT6	BIT5	BIT4	BIT3	BIT2	BIT1	BIT0	RANGE
81h	80h	CH	10Seconds			Seconds				00～59
83h	82h		10Minutes			Minutes				00～59
85h	84h	12√24	0	10 $\overline{AM}$/PM	Hour	Hour				1～12/0～23
87h	86h	0	0	10Date		Date				1～31
89h	88h	0	0	0	10Month	Month				1～12
8Bh	8Ah	0	0	0	0	0	Day			1～7
8Dh	8Ch	10Year				Year				00～99
8Fh	8Eh	WP	0	0	0	0	0	0	0	—
91h	90h	TCS	TCS	TCS	TCS	DS	DS	RS	RS	—

图5-19　时钟数据的读写地址图

如图5-19所示，DS1302芯片的时钟数据的读和写地址中：

读地址：0x81（秒），0x83（分），0x85（时），0x87（日），0x89（月），0x8b（星期），0x8d（年）；

写地址：0x80（秒），0x82（分），0x84（时），0x86（日），0x88（月），0x8a（星期），0x8c（年）。

（2）读时序

读时序如图5-20所示。

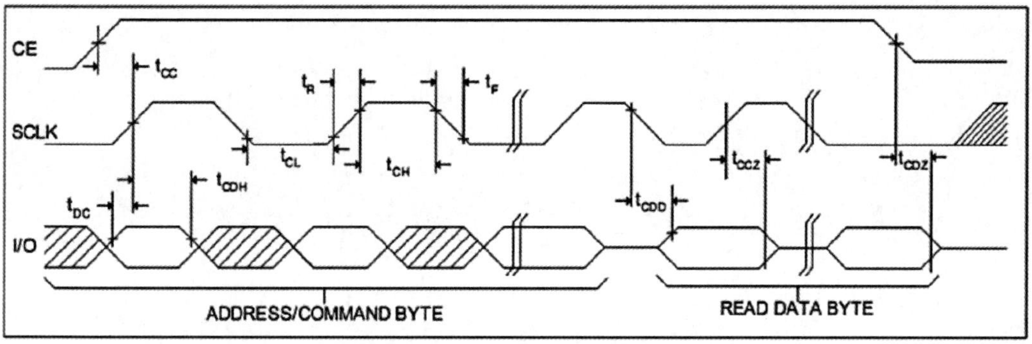

图5-20　DS1302读时序图

（3）写时序

写时序如图5-21所示。

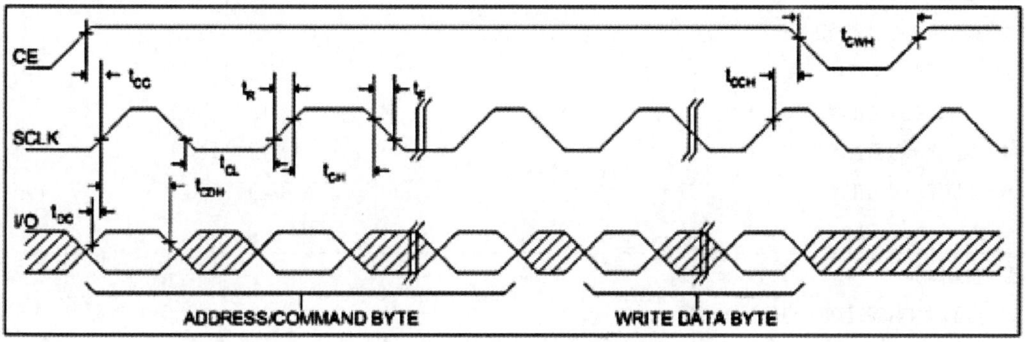

图5-21　DS1302写时序图

【创新任务实施】

拓展任务			任务五	万年历设计与制作		学时	2
姓名		学号		班级		日期	
团队成员							
任务要求	设计一个万年历，要求显示年、月、日、时、分、秒、星期、温度、阴历信息，并能对相应年、月、日、时、分、秒进行调节						
一、电路设计							

续表

二、程序设计

三、功能测试

（1）检查电路连接是否正确：　是□　否□

（2）程序下载是否正常：　是□　否□

（3）时钟功能是否正常：　是□　否□

（4）温度显示是否正常：　是□　否□

（5）阴历显示是否正常：　是□　否□

四、检查展示

1. 小组成员自查和互查，进行补充完善

2. 各小组推荐优秀作品进行展示

五、总结评价

序号	评价项目	配分	自评分	组长评分	教师评分	备注
1	电路设计	15				
2	程序思路	20				
3	任务完成	35				
4	检查展示	10				
5	劳动纪律	5				
6	积极主动	5				
7	工匠精神	5				
8	贡献大小	5				
合计		100				

综合得分=自评分 × 20%+组长评分 × 30%+教师评分 × 50%=

续表

六、反思

参考文献

[1] 张良智，张吉卫，刘美丽．单片机原理与应用[M]．北京：中国铁道出版社，2022.

[2] 石鑫．电子设计与制作实战宝典[M]．北京：电子工业出版社，2021.

[3] 沈放，何尚平，万彬．MCS-51单片机应用实验教程[M]．重庆：重庆大学出版社，2019.

[4] 王卫星，邓小玲，孙道宗．单片机原理与开发技术[M]．北京：中国水利水电出版社，2019.

[5] 周伟，林凡强．单片微机原理及应用[M]．重庆：重庆大学出版社，2018.

[6] 周润景，韩亦俍，刘艳珍．PROTEUS原理图仿真与PCB设计实例精解[M]．北京：电子工业出版社，2016.

[7] 张毅刚，王少军，付宁．单片机原理及接口技术[M]．北京：人民邮电出版社，2015.